高等职业教育新形态精品教材

人工智能基础与应用

主　编　陈兴威　韩建民
副主编　郑路倩　王永忠　周红晓
参　编　赵利平　李浩波　董峻玮
　　　　朱窕窕　张旺俏

北京理工大学出版社
BEIJING INSTITUTE OF TECHNOLOGY PRESS

内 容 提 要

本书致力于提升大学生的信息素养、计算思维和人工智能素养，基于"教、学、做、评"一体化的教学理念，并采用项目化思想重构了循序渐进式的任务组成教学案例，支持课堂分层教学实施，以新型活页式教材的形式编写而成。不同专业的学生可根据自身的专业特点选择不同的模块进行弹性组合，柔性课程的学习为学生发展提供个性化服务。本书从贴近学生生活的实例出发设计学习任务，选取人工智能中的典型应用案例，同时采用Python作为载体，具有很强的可操作性。在动手实践与应用体验的基础上，让学生潜移默化地认知人工智能技术的核心思想与方法。本书主要内容包括人工智能概述、Python基础、人工智能典型应用和智慧办公4个模块，共有22个项目。强调知识性、技能性与应用性的紧密结合。

本书结构编排合理，案例典型实用，内容图文并茂，语言通俗易懂，可作为高等院校信息技术类课程的入门教材，也可作为广大计算机爱好者的自学参考书。

版权专有　侵权必究

图书在版编目（CIP）数据

人工智能基础与应用 / 陈兴威，韩建民主编．
北京：北京理工大学出版社，2024.8
ISBN 978-7-5763-4431-8

Ⅰ.TP18

中国国家版本馆 CIP 数据核字第 2024QP9859 号

责任编辑：李　薇	文案编辑：李　薇
责任校对：周瑞红	责任印制：王美丽

出版发行 ／ 北京理工大学出版社有限责任公司
社　　址 ／ 北京市丰台区四合庄路6号
邮　　编 ／ 100070
电　　话 ／（010）68914026（教材售后服务热线）
　　　　　 （010）68944437（课件资源服务热线）
网　　址 ／ http://www.bitpress.com.cn
版 印 次 ／ 2024年8月第1版第1次印刷
印　　刷 ／ 河北鑫彩博图印刷有限公司
开　　本 ／ 787 mm×1092 mm　1/16
印　　张 ／ 22
字　　数 ／ 477千字
定　　价 ／ 78.00元

图书出现印装质量问题，请拨打售后服务热线，负责调换

PREFACE
前言

人工智能（Artificial Intelligence，AI）作为当今科技层面最前沿和引人注目的领域之一，已经深刻地改变了人们的生活方式、工作方式及社会交往方式。作为计算机科学与技术的重要研究与应用分支，人工智能的发展几起几落，终于迎来了硕果累累的时期。

党的二十大报告中也强调："构建新一代信息技术、人工智能、生物技术、新能源、新材料、高端装备、绿色环保等一批新的增长引擎。"在迎接人工智能时代的当下，具备人工智能素质的人才将是推动我国人工智能发展的重要基础。

本书面向高等院校各专业所开设的通识类课程"人工智能基础与应用"开发，旨在让各专业学生对人工智能技术有一定的了解，帮助学生结合专业需要进一步学习相关知识。本书主要内容包括人工智能概述、Python 基础、人工智能典型应用和智慧办公 4 个模块，共 22 个项目，强调知识性、技能性与应用性的紧密结合。

本书主要特色如下：

（1）采用项目化模式编写，改变了以知识能力点为体系框架的编写模式，改为以任务驱动为主线组织编写，融"教、学、做、评"为一体。

（2）采用新型"活页式"形态呈现，方便教师和学生根据专业特点与学习需要及时动态更新。每个项目注重培养学生的任务思维，项目小结、自我提升和评价反馈可以拆下交给教师批阅，完成"师生交流"。

（3）价值引领、育人为本，以实用核心技术与素养教育作为两个主要教学目标，同时又互为辅助，并融入自主学习能力、逻辑思维能力、沟通协作能力、创新能力等教学目标。本书将"旗帜引领""文化自信""健康中国""算法思维"等内容融入教材中，有效促进职业素养的养成。

本书由金华职业技术大学和浙江师范大学教师联合编写，由陈兴威、韩建民担任主编，由郑路倩、王永忠、周红晓担任副主编，赵利平、李浩波、董峻玮、朱窈窕、张旺俏参与编写。本书具体编写分工：模块1由周红晓、赵利平编写；模块2由陈兴威、韩建民、李浩波编写；模块3由王永忠、董峻玮编写；模块4由郑路倩、朱窕窕、张旺俏编写。全书由陈兴威、韩建民负责总体设计，由陈兴威、郑路倩、王永忠修改定稿。本书在编写过程中，参阅和借鉴了大量相关书籍与网络资料，在此对相关作者一并表示衷心的感谢。

由于编者学识水平和能力限制，加之AI技术发展迅猛，书中难免存在纰漏与不妥之处，敬请广大读者批评指正。

编 者

CONTENTS 目录

模块 1　人工智能概述

项目 1　走近人工智能 // 002

项目导读 // 002

学习目标 // 002

　　任务 1　亲历图灵测试 // 003

　　任务 2　体验 AI 开放平台 // 008

项目小结 // 012

自我提升 // 014

评价反馈 // 014

项目 2　人工智能伦理 // 015

项目导读 // 015

学习目标 // 015

　　任务 1　AI 伦理案例分析 // 016

　　任务 2　AI 伦理的治理 // 020

项目小结 // 024

自我提升 // 025

评价反馈 // 025

模块 2　Python 基础

项目 3　走进 Python 编程世界 // 028

项目导读 // 028

学习目标 // 028

　　任务 1　搭建 Python 开发环境 // 028

　　任务 2　开发第一个 Python 程序 // 032

项目小结 // 038

自我提升 // 040

评价反馈 // 040

项目 4　Python 编程基础知识 // 041

项目导读 // 041

学习目标 // 041

　　任务 1　输出个人简介 // 042

　　任务 2　实现数据加密和解密 // 044

　　任务 3　开发"你问我答"小游戏 // 050

项目小结 // 052

自我提升 // 053

评价反馈 // 054

项目 5　程序控制结构 // 055

项目导读 // 055

学习目标 // 055

　　任务 1　分类输出 BMI 体质指数 // 056

　　任务 2　开发"人机猜拳"小游戏 // 061

项目小结 // 068

自我提升 // 069

评价反馈 // 071

项目 6　熟识序列结构 // 072

项目导读 // 072

学习目标 // 072

　　任务 1　判断回文串 // 072

　　任务 2　模拟双色球号码生成器 // 079

　　任务 3　开发"诗词大会"游戏 // 082

项目小结 // 087

自我提升 // 088

评价反馈 // 089

项目 7　函数的应用 // 090

项目导读 // 090

学习目标 // 090

　　任务 1　制作简易计算器 // 090

　　任务 2　闯关汉诺塔 // 094

　　任务 3　绘制太极双鱼图 // 098

项目小结 // 102

自我提升 // 103

评价反馈 // 104

模块 3　人工智能典型应用

项目 8　人工智能微体验 // 106

项目导读 // 106

学习目标 // 106

　　任务 1　智能 OCR 工具的应用 // 107

　　任务 2　调用百度 API 接口实现文字识别 // 111

　　任务 3　展会图像静态人数统计 // 117

项目小结 // 120

自我提升 // 122

评价反馈 // 122

项目 9　文字音频化 // 123

项目导读 // 123

学习目标 // 123

　　任务 1　AI 文字音频化工具的应用 // 124

　　任务 2　调用百度 API 接口实现文字音频化 // 126

项目小结 // 134

自我提升 // 136

评价反馈 // 136

项目 10　录音文本化 // 137

项目导读 // 137

学习目标 // 137

　　任务 1　AI 录音文本化工具的应用 // 138

　　任务 2　转换语音文件格式 // 141

　　任务 3　调用百度 API 接口实现录音文本化 // 145

项目小结 // 148

自我提升 // 150

评价反馈 // 150

项目 11　图像处理及情感分析 // 151

项目导读 // 151

学习目标 // 151

　　任务 1　AI 图像处理工具的应用 // 152

任务 2　用户评价情感分析 // 160

　　项目小结 // 163

　　自我提升 // 165

　　评价反馈 // 165

项目 12　图像创意体验 // 166

　　项目导读 // 166

　　学习目标 // 166

　　　　任务 1　图像读取与几何变换 // 167

　　　　任务 2　Canny 边缘检测 // 177

　　　　任务 3　创意美术——拼接苹果橙 // 179

　　项目小结 // 183

　　自我提升 // 185

　　评价反馈 // 185

项目 13　人脸检测与颜值打分 // 186

　　项目导读 // 186

　　学习目标 // 186

　　　　任务 1　人脸检测 // 187

　　　　任务 2　颜值打分 // 190

　　项目小结 // 199

　　自我提升 // 201

　　评价反馈 // 201

项目 14　人脸识别与对比 // 202

　　项目导读 // 202

　　学习目标 // 202

　　　　任务 1　两张图片的对比 // 203

　　　　任务 2　一张图片和多张图片的对比 // 205

　　任务 3　两组图片的对比 // 208

　　项目小结 // 213

　　自我提升 // 215

　　评价反馈 // 215

项目 15　机器学习 // 216

　　项目导读 // 216

　　学习目标 // 216

　　　　任务 1　鸢尾花分类 // 217

　　　　任务 2　销售数据分析与预测 // 222

　　项目小结 // 228

　　自我提升 // 230

　　评价反馈 // 230

模块 4　智慧办公

项目 16　信息检索 // 232

　　项目导读 // 232

　　学习目标 // 232

　　　　任务 1　使用搜索引擎 // 232

　　　　任务 2　专用平台检索期刊论文 // 237

　　　　任务 3　利用数据平台统计数据 // 243

　　项目小结 // 246

　　自我提升 // 248

　　评价反馈 // 248

项目 17　使用 AI 润色文章 // 249

　　项目导读 // 249

　　学习目标 // 249

　　　　任务 1　文本纠错 // 249

　　　　任务 2　文本优化 // 253

任务 3　标题生成 // 256
　　任务 4　提示词润色 // 258
项目小结 // 261
自我提升 // 263
评价反馈 // 263

项目 18　Word 文档的高效排版 // 264

项目导读 // 264
学习目标 // 264
　　任务 1　使用"查找和替换" // 265
　　任务 2　表格的排版 // 269
　　任务 3　图片的排版 // 274
项目小结 // 277
自我提升 // 279
评价反馈 // 279

项目 19　AI 协助数据处理 // 280

项目导读 // 280
学习目标 // 280
　　任务 1　使用 AI 生成 Excel 数据 // 281
　　任务 2　数据清洗与保护 // 282
　　任务 3　合并和拆分 Excel 工作表 // 289
项目小结 // 294
自我提升 // 296
评价反馈 // 296

项目 20　公式与函数的应用 // 297

项目导读 // 297
学习目标 // 297
　　任务 1　使用 AI 编写和解释公式 // 298
　　任务 2　函数的简单使用 // 300
　　任务 3　函数的嵌套使用 // 308
项目小结 // 310
自我提升 // 312
评价反馈 // 312

项目 21　AI 协助 PPT 制作 // 313

项目导读 // 313
学习目标 // 313
　　任务 1　使用"文心一言"生成 PPT 大纲 // 314
　　任务 2　借助 AI 工具制作 PPT // 317
项目小结 // 324
自我提升 // 326
评价反馈 // 326

项目 22　PPT 的创意设计 // 327

项目导读 // 327
学习目标 // 327
　　任务 1　制作 3D 图片旋转动画 // 328
　　任务 2　iSlide 插件赋能 PPT 设计 // 333
项目小结 // 341
自我提升 // 343
评价反馈 // 343

参考文献 // 344

模块 1

人工智能概述

项目 1　走近人工智能

PROJECT 1

项目导读

从工业革命到信息革命，科技的突破一次次引领着人类进入新的时代。近年来，全球 IT 巨头纷纷布局人工智能领域：Google 相继收购以 DeepMind、Kaggle 为代表的人工智能公司，IBM 打造 Watson 平台，百度进军无人驾驶汽车领域，阿里巴巴大力建设"城市大脑"，腾讯成立 AI 实验室……毋庸置疑，人工智能时代已经到来。如今，我们正站在第四次科技革命的门槛上，人工智能（Artificial Intelligence，AI）作为第四次科技革命最具代表性的力量，正迅猛崛起，引发全球范围内的关注和探讨。本项目主要介绍人工智能的基本知识、发展历史和常用 AI 能力体验平台，学生可对人工智能有一个初步的了解。

旗帜引领

2017 年 7 月 8 日，国务院印发《新一代人工智能发展规划》，提出了面向 2030 年我国新一代人工智能发展的指导思想、战略目标、重点任务和保障措施，部署构筑我国人工智能发展的先发优势，加快建设创新型国家和世界科技强国。而在 2024 年第十四届全国人民代表大会第二次会议上的政府工作报告中，"人工智能+"行动被首次提出。从"互联网+""智能+"到"人工智能+"，中国人工智能的发展正踏入一个新时代。面向新一轮科技革命和产业变革，人工智能（AI）是战略技术，也是核心驱动力。"人工智能+"行动为中国 AI 的发展指明了方向，也留下了一道"必答题"：我们需要怎样的自主能力，才能够让 AI 技术真正转化为赋能千行百业的新质生产力？

学习目标

知识目标

1. 了解人工智能的概念内涵及历史演进。
2. 了解人工智能的应用领域。

项目1 | 走近人工智能

能力目标
1. 能够使用 AI 能力体验中心初步体验 AI。
2. 能够分析不同人工智能操作平台的优势。

素质目标
1. 培养学生乐于探索、勇于实践的能力。
2. 具有动手意识和团队意识。

认识人工智能的五个层次

任务1　亲历图灵测试

任务描述

现如今，随着基于大型语言模型的 ChatGPT 的出现，尤其是 GPT-4 的发布，人们发现 AI 已具备游刃有余的对话能力，在某些方面甚至接近真人的表现。请针对一款你熟悉的人工智能产品，设计一个图灵测试。例如，针对一款智能语音助手（如聪明灵犀、Siri、Google Assistant、Amazon Alexa、小爱同学），设计 20 个问题，并针对人工智能产品所回答的结果，在笔记中记录你的满意程度。如果能够让你确定对方是机器，则计 0 分；如果不能让你确定对方是机器，则计 1 分。最后统计结果，看该款产品是否通过图灵测试。

任务实施

在这个科技日新月异的时代，人工智能已经渗透到人们生活的各个领域。其中，AI 智能语音机器人以其人性化的界面和友好的交互方式，为人们提供了全新的沟通体验。在本任务中，我们设计一个简单的图灵测试，来判断你选择的智能语音机器人是否具有人类智能。

步骤一：了解图灵测试。

如何测试人工智能是否真正具有人类智能？为解决这个问题，计算机先驱、"人工智能之父"阿兰·图灵在 1950 年作出了最有影响力和里程碑意义的尝试，他提出了一个简单的测试，来消除人类和机器智能之间的模糊性。

知识链接

图灵测试 (The Turing Test)

图灵测试是指在测试者与被测试实体（一个人和一台机器）隔开的情况下，测试者通过一些装置（如键盘）向被测试实体随意提问，根据两个实体对其提出的各种问题的反应来判断该实体是人还是机器，如图1-1所示。进行多次测试后，如果机器让平均每个测试者作出超过30%的误判（认为与之沟通的是人而非机器），那么这台机器就通过了测试，并被认为具有人类智能。图灵测试一词来自图灵于1950年发表的一篇划时代的论文《计算机器与智能》，文中预言了创造出具有真正智能的机器的可能性，其中30%的内容是图灵对2000年的机器思考能力的预测。

图1-1　图灵测试

由于注意到"智能"这一概念难以确切定义，图灵由此提出一个假想：一个人在不接触对方的情况下，通过一种特殊的方式，和对方进行一系列的问答，如果在相当长时间内，无法根据这些问题判断对方是人还是计算机，那么，就可以认为这个计算机具有同人相当的智力，即这台计算机是能够思维的。

图灵预言，在20世纪末，一定会有计算机通过图灵测试。2014年6月7日，在英国皇家学会举行的"2014图灵测试"大会上，举办方英国雷丁大学发布新闻稿，宣称俄罗斯人弗拉基米尔·维西罗夫创立的人工智能软件尤金·古斯特曼（Eugene Goostman）成功让人类相信它是一个13岁的男孩，成为有史以来首台通过图灵测试的计算机。虽然该软件还远不能"思考"，但这也是人工智能乃至于计算机史上的一个标志性事件。

2015年11月，*Science*杂志封面刊登了一篇重磅研究：人工智能终于能像人类一样学习，并通过了图灵测试。测试的对象是一种AI系统，研究者展示了它未见过的书写系统（如藏文）中的一个字符例子，并让它写出同样的字符、创造相似字符等。结果表明，这个系统能够迅速学会写陌生的文字，同时还能识别出非本质特征（因书写造成的轻微变异），通过了图灵测试，这也是人工智能领域的一大进步。

步骤二：设计对话。

图灵测试采用"问"与"答"模式，要求观察者不断提出各种问题，从而辨别回答者是人还是机器。图灵还为这项测试亲自拟定了几个示范性问题。

（1）请给我写出有关"第四号桥"主题的十四行诗。
（2）34957 加 70764 等于多少？
（3）你会下国际象棋吗？
（4）我在我的 K1 处有棋子 K；你在 K6 处有棋子 K，在 R1 处有棋子 R。轮到你走，你应该下哪步棋？

图灵指出："如果机器在某些现实的条件下，能够非常好地模仿人回答问题，以至提问者在相当长时间里误认它不是机器，那么机器就可以被认为是能够思维的。"

请选择一款身边的智能语音助手，与其展开对话，设计 20 个问题，比如以下几种。

（1）你最喜欢什么颜色？为什么？
（2）你有没有兄弟姐妹？他们都叫什么名字？
（3）你最近看过什么书？可以给我推荐一本吗？
（4）你认为人生的意义是什么？
（5）你有没有宠物？如果有，它是什么动物？如果没有，你想养什么动物？
（6）你平时喜欢做什么运动？你觉得运动对身心有什么好处？
（7）你最尊敬或最欣赏的人是谁？为什么？
（8）你最怕什么？你是怎么克服恐惧的？
（9）你有没有特别的爱好或才艺？你是怎么培养和发展它们的？
……

根据对智能语音助手问题回答的满意程度做好记录，如果能够确定对方是机器回答，则计 0 分；如果不能确定对方是机器回答，则计 1 分。

步骤三：用温诺格拉德测试来替代图灵测试，并进行评分。

知识链接

温诺格拉德测试

温诺格拉德测试是一种机器智能测试，由多伦多大学的赫克托·莱韦斯克提出，旨在改进传统的图灵测试。它是通过向机器询问特别设计的选择题来检测其智能的，这些问题都包含一种特殊结构，被称为"温诺格拉德模式"（Winograd Schema），其名称源于斯坦福大学的计算机科学家特里·温诺格拉德。机器需要识别问题中的前指关系（anaphora），即指出问题中某一代词的先行词。为了正确回答问题，机器需要拥有常识推理的能力。

请采用"前指关系"结构，设计若干选择题，与智能语音助手再次展开对话，比如以下内容。

（1）小明把玻璃杯放在桌子上，因为它太重了。什么太重了？
　　A. 小明　　　　　　B. 玻璃杯　　　　　　C. 桌子

（2）小红给小花买了一束花，因为今天是她的生日。今天过生日的是谁？
　　A. 小红　　　　　　　　B. 小花　　　　　　　　C. 花
（3）老师对学生说："你们要好好听讲，否则你们会考不及格。"谁会考不及格？
　　A. 老师　　　　　　　　B. 学生　　　　　　　　C. 听讲
（4）小刚把钥匙交给了小强，因为他要出门了。谁要出门了？
　　A. 小刚　　　　　　　　B. 小强　　　　　　　　C. 钥匙
（5）吕琼对苏珊谢了又谢，因为她伸出了援手。是谁伸出了援手？
　　A. 吕琼　　　　　　　　B. 苏珊
（6）那颗大球击穿了桌子，因为它是泡沫塑料制成的。什么是泡沫塑料制成的？
　　A. 大球　　　　　　　　B. 桌子

步骤四：判别结果。

根据记录情况，从智能语音助手回答的答案的合理性、逻辑性、情感性等方面，能够反映出它多少的知识和能力？你觉得与你对话的智能语音助手通过图灵测试了吗？它是否是一款理想的人工智能产品呢？

知识链接

人工智能概述

1. 人工智能的概念

人工智能，英文表述为 Artificial Intelligence，简称 AI。关于人工智能的定义，目前尚未形成统一标准的表述。有的界定将人工智能称为机器智能，是指人制造出的机器所展现出的智能；也有的界定将人工智能视为利用计算机模拟人类智能行为的统称，涵盖了训练计算机使其能够完成自主学习、判断、决策等人类行为的范畴。

总体来看，人工智能是研究开发能够模拟、延伸和扩展人类智能的理论、方法、技术及应用系统的一门新的技术科学。人工智能可以促使智能机器：会听，如语音识别和机器翻译等；会看，如图像识别和文字识别等；会说，如语音合成和人机对话等；会思考，如人机对弈和定理证明等；会学习，如机器学习和知识表示等；会行动，如机器人和自动驾驶汽车等。

2. 人工智能的历史演进

1956年夏季，以麦卡赛、明斯基、罗切斯特和申农等为首的一批有远见卓识的年轻科学家一起聚会，共同研究和探讨用机器模拟智能的一系列有关问题，并首次提出了"人工智能"这一术语，它标志着"人工智能"这门新兴学科的正式诞生。IBM公司"深蓝"计算机击败了人类的世界国际象棋冠军更是人工智能技术的一个完美表现。

从1956年人工智能学科正式提出算起，60多年来，这一学科取得长足的发展，成为一门广泛的交叉和前沿科学。总体说来，发展人工智能的目的就是让计算机这台机器能够像人一样思考。如果希望做出一台能够思考的机器，那就必须知道什么是思考，更进一步讲就是什么是智慧。什么样的机器才是智慧的呢？科学家已经做出了汽车、火车、飞机和收音机等，它们模仿人类身体器官的功能，但是能不能模仿人类大脑的功能呢？我们也仅仅知道这个装在我们天灵盖里面的东西是由数十亿个神经细胞组成的器官，我们对这个东西知之甚少，模仿它或许是天下最困难的事情了。

当计算机出现后，人类开始真正有了一个可以模拟人类思维的工具，在以后的岁月中，无数科学家为这个目标努力着。现如今人工智能已经不再是几个科学家的专利了，全世界几乎所有大学的计算机系都有人在研究这门学科，学习计算机的大学生也必须学习这样一门课程，在大家不懈的努力下，现如今计算机似乎已经变得十分聪明了。例如，1997年5月，IBM公司研制的深蓝（Deep Blue）计算机战胜了国际象棋大师卡斯帕洛夫（Kasparov）。大家或许不会注意到，在一些地方，计算机帮助人进行其他原来只属于人类的工作，计算机以它的高速和准确为人类发挥着它的作用。人工智能始终是计算机科学的前沿学科，计算机编程语言和其他计算机软件都因为有了人工智能的进展而得以存在。

2017年12月，人工智能入选"2017年度中国媒体十大流行语"。

2019年3月4日，十三届全国人大二次会议举行新闻发布会，大会发言人张业遂表示，已将与人工智能密切相关的立法项目列入立法规划。

《深度学习平台发展报告（2022年）》认为，伴随技术、产业、政策等各方环境成熟，人工智能已经跨过技术理论积累和工具平台构建的发力储备期，开始步入以规模应用与价值释放为目标的产业赋能黄金十年。

2021年9月25日，为促进人工智能健康发展，《新一代人工智能伦理规范》发布。

2023年4月，美国《科学时报》刊文介绍了正在深刻改变医疗保健领域的五大领先技术：可穿戴设备和应用程序、人工智能与机器学习、远程医疗、机器人技术、3D打印。

2024年2月，文生视频模型Sora的推出引起广泛关注。人工智能技术快速发展，其潜在的风险也随之出现，真假的界限似乎变得更加模糊。

2024年，谷歌DeepMind和斯坦福大学的研究人员推出了一种基于大语言模型的工具——搜索增强事实评估器（SAFE），可对聊天机器人生成的长回复进行事实核查。

3. 人工智能的三种类型

（1）弱人工智能（Artificial Narrow Intelligence，ANI）：这类人工智能专注于完成特定的任务，如语音识别、图像识别和翻译等。它们是优秀的信息处理者，但在理解信息方面存在局限性。例如，AlphaGo是一个著名的弱人工智能应用，它擅长围棋，但并不具备真正的理解能力。

（2）强人工智能（Artificial General Intelligence，AGI）：强人工智能系统具备学习、语言、认知、推理、创造和计划的能力。它们的目标是在非监督学习情况下处理前所未有的细节，并与人类进行交互式学习。强人工智能在各个方

笔记

面都能与人类比肩，但在创造强人工智能的过程中，难度远大于弱人工智能，目前的技术还难以实现。

（3）超人工智能（Artificial Super Intelligence，ASI）：超人工智能是指那些在几乎所有领域都比最聪明的人类大脑聪明很多的人工智能。它们可以是各方面都比人类强一点，也可以是各个方面都比人类强亿万倍。超人工智能能够模拟人类的智慧，并具备自主思维意识，形成新的智能群体，能够像人类一样独自地进行思维。

目前，大部分实现的人工智能属于弱人工智能，它们已经被广泛应用在教育、安全、金融、交通、医疗健康、家居、游戏娱乐等多个领域。

4. 人工智能的影响

（1）人工智能对自然科学的影响。在需要使用数学计算机工具解决问题的学科，人工智能带来的帮助不言而喻。更重要的是，人工智能反过来有助于人类最终认识自身智能的形成。

（2）人工智能对经济的影响。人工智能使专家系统深入各行各业，带来巨大的宏观效益。人工智能也促进了计算机工业、网络工业的发展，但同时，也带来了劳务就业问题。由于人工智能在科技和工程中的应用，能够代替人类进行各种技术工作和脑力劳动，因此造成了社会结构的剧烈变化。

（3）人工智能对社会的影响。随着人工智能技术的深度发展和机器人的广泛应用，人们会从许多传统生产活动中解放出来，有了更多闲暇时间。人工智能也为人类文化生活提供了新的模式，现有的游戏将逐步发展为更高智能的交互式文化娱乐手段，游戏中的人工智能应用已经深入各大游戏制造商的开发中。

一个理想的人工智能社会是人类与人工智能友好相处的社会。伴随着人工智能和智能机器人的发展，不得不讨论人工智能本身就是超前研究，需要用未来的眼光开展现代的科研，因此很可能触及伦理底线。作为科学研究可能涉及的敏感问题，需要针对可能产生的冲突及早预防，而不是等到问题矛盾发展到了不可解决的地步才去想办法化解。在人工智能发展上首先要做好风险管控，这样发展起来的人工智能才是人类之福。

任务 2　体验 AI 开放平台

任务描述

国内外好用的人工智能开放平台较多，如百度 AI 开放平台、腾讯 AI 开放平台、阿里云 AI 开放平台、华为 AI 开放平台、快商通 AI 开放平台、讯飞 AI 开放平台、图灵机器人AI开放平台、360奇虎安全大脑、商汤科技智能视觉、华为云ModelArts、科大讯飞智能语音、旷视科技Face++、海康威视视频感知、微软Azure的AI服务、亚马逊人工智能服务、英特尔人工智能服务、Google的AI平台、IBM的Watson等。这些平台提供了包括语音识别、图像识别、自然语言处理等多种人工智能技术的API接口，可以帮助人们快速管理数据，整合资源，提高创作效率，智能解析和分析大量文本数据，提取出有用的信息，应用在多个领域，包括智能客服、舆情监测、法律、金融、艺术创作。本任务通过使用"AI能力体验中心-百度智能云"平台，了解文字识别、语音技术、人脸与人体识别、图像识别等多项人工智能技术的应用。

任务实施

"AI能力体验中心-百度智能云"（以下简称AI能力体验中心）提供了全球领先的图像识别、语音识别等多项人工智能技术，在浏览器中搜索"AI能力体验中心-百度智能云"即可找到AI能力体验中心，首页如图1-2所示。

图1-2　AI能力体验中心首页

步骤一：体验图像识别。

AI能力体验中心的图像识别主要包括通用物体和场景识别、植物识别、动物识别、菜品识别、地标识别、果蔬识别、红酒识别、货币识别、图像主体检测、车型识别、车辆检测等。AI能力体验中心的图像识别种类及功能描述见表1-1。

表1-1　AI能力体验中心的图像识别种类及功能描述

图像识别种类	功能描述
通用物体和场景识别	识别图片中的场景及物体标签，可识别超过10万类常见物体和场景，广泛适用于图像或视频内容分析、拍照识图等业务场景
植物识别	检测用户上传的植物图片，并显示植物名称和置信度信息，可识别超过2万种常见植物和近8000种花卉，适用于拍照识图、幼教科普、图像内容分析等场景
动物识别	检测用户上传的动物图片，并显示动物名称和置信度信息，可识别近8000种常见动物，接口返回动物名称，适用于拍照识图、幼教科普、图像内容分析等场景
菜品识别	检测用户上传的菜品图片，并显示菜名、卡路里和置信度信息，可识别近万种菜品，适用于多种客户识别菜品的业务场景

续表

图像识别种类	功能描述
地标识别	检测用户上传的地标图片,并显示地标名称,支持识别约12万种中外著名地标和热门景点,广泛适用于拍照识图、幼教科普、图片分类等场景
果蔬识别	检测用户上传的果蔬类图片,并显示果蔬名称和置信度信息,可识别近千种水果和蔬菜,适用于识别只含一种果蔬的图片,也适用于果蔬介绍相关的美食类App
红酒识别	识别图像中的红酒标签,并显示红酒名称、国家、产区、酒庄、类型、糖分、葡萄品种和酒品描述等信息,可识别数十万种中外红酒
货币识别	识别图像中的货币类型,并显示货币名称、代码、面值和年份信息,可识别百余种国内外常见货币
图像主体检测	检测图片中的主体,支持单主体检测和多主体检测,可识别图片中主体的位置和标签,方便裁剪对应主体的区域,适用于后续图像处理、海量图片分类打标等场景
车型识别	识别车辆的具体车型,以小汽车为主,输出图片中主体车辆的品牌、型号、年份、颜色和百科词条信息,可识别3 000款常见车型
车辆检测	识别图像中所有车辆的类型和位置,并对小汽车、卡车、巴士、摩托车和三轮车五类车辆分别计数,同时可定位小汽车、卡车和巴士的坐标位置

用户单击"图像识别"→"动物识别"按钮,然后单击"本地上传"按钮,例如选择D:\图像素材\动物\dog1.jpg文件,最后单击"打开"按钮,即可观察识别结果,如图1-3所示。同学们可以参照表1-1选取感兴趣的内容进行识别。

图1-3 动物识别效果

步骤二:体验图像增强与特效。

AI能力体验中心的图像增强与特效主要包括黑白图像上色、图像风格转换、人像动漫化、图像去雾、图像对比度增强、图像无损放大、拉伸图像恢复、图像修复、图像清晰度增强、图像色彩增强。AI能力体验中心的图像增强与特效种类及功能描述见表1-2。

表 1-2　AI 能力体验中心的图像增强与特效种类及功能描述

图像增强与特效种类	功能描述
黑白图像上色	智能识别黑白图像内容并填充色彩，使黑白图像变得鲜活
图像风格转换	提供多种艺术风格转换特效，可用于开展趣味活动，或集成到美图应用中对图像进行风格转换
人像动漫化	运用人脸检测、头发分割、人像分割等技术，为用户量身定制千人千面的二次元动漫形象
图像去雾	对浓雾天气下拍摄导致细节无法辨认的图像进行去雾处理，还原更清晰、真实的图像
图像对比度增强	调整过暗或过亮图像的对比度，使图像更加鲜明
图像无损放大	将图像在长、宽方向各放大 2 倍，并保持图像质量无损，可用于彩印照片美化、监控图片质量重建等场景
拉伸图像恢复	自动识别过度拉伸图像，并将图像恢复成正常比例
图像修复	对图像进行智能修复或去除图像中不需要的物体，可集成到图像美化、创意处理等软件中
图像清晰度增强	对压缩后的模糊图像进行智能快速去噪，优化图像纹理细节，使画像更加自然、清晰
图像色彩增强	可智能调节图像的色彩饱和度、亮度和对比度，使图像细节和色彩更加逼真

同学们可以参照表 1-2 选取感兴趣的内容进行体验。例如人像动漫化效果，如图 1-4 所示。

步骤三：体验语言生成。

AI 能力体验中心的语言生成主要包括智能创作、文章标签、文章分类、新闻摘要、祝福语生成、智能春联、智能写诗等。在 AI 能力体验中心首页执行"语言生成"→"智能创作"→"智能写诗"→"用户至上"命令，即可生成关于用户至上的诗词，如图 1-5 所示。

图 1-4　人像动漫化效果

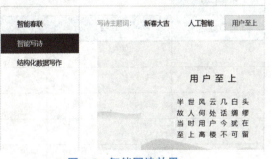

图 1-5　智能写诗效果

步骤四：体验通用文字识别。

AI 能力体验中心的通用文字识别主要包括通用文字识别、网络图片文字识别、办公文档识别、数字识别、手写文字识别、二维码识别、印章识别。在 AI 能力体验中心首页单击"通用文字识别"→"通用文字识别"按钮，在弹出界面的"功

笔记

能演示"选区中选择系统提供的示例图片,可以看到通用文字识别效果,如图 1-6 所示。

图 1-6　通用文字识别效果

返回 AI 能力体验中心首页,用类似的方法可以继续体验用户感兴趣的其他应用。

项目小结

本项目以团队协作的方式完成,任务实施前先组建团队,明确组长人选和小组任务分工,填写表 1-3。

表 1-3　学生任务分配表

组号		成员数量	
组长			
组长任务			
组员姓名	学号	任务分工	

体验 AI Studio 平台

根据任务分工要求，协作完成相关操作，并填写任务报告，见表1-4。

表1-4 任务报告表

学生姓名		学号		班级	
实施地点			实施日期	年 月 日	
任务类型	□演示性 □验证性 □综合性 □设计研究 □其他				
任务名称					
一、任务中涉及的知识点					
二、任务实施环境					
三、实施报告（包括实施内容、实施过程、实施结果、所遇到的问题、采用的解决方法、心得反思等）					
小组互评					
教师评价				日期	

人工智能基础与应用

🗨 自我提升

引导问题 1：请观看一到两部有关人工智能的影片,并写一篇不少于 800 字的观后感。

_____

_____

引导问题 2：请描述生活中接触到的 3 种以上的人工智能应用场景,写清楚内容,明确应用的人工智能关键技术是什么。例如:在疫情防控中被广泛使用的人脸测温设备,主要应用了人脸识别技术和红外测温技术。

_____

_____

引导问题 3：使用 AI 能力体验中心的情感倾向分析功能,输入几段文字,识别情感偏向。

_____

_____

✏ 评价反馈

考核学生的专业能力和关键能力,采用过程性评价和结果评价相结合、定性评价与定量评价相结合的考核方法,填写考核评价表。注重学生动手能力和在实践中分析问题、解决问题能力的考核,对于在学习和应用上有创新的学生应给予特别鼓励(表 1-5)。

表 1-5 考核评价表

评价项目		评价内容	分值	自评	师评
相关知识（20%）		基本理解人工智能的概念、内涵	10		
		能够使用 AI 平台体验 AI 的初步应用	10		
工作过程（80%）	计划方案	工作计划制订合理、科学	10		
	自主学习	有计划地进行相关信息的探索,发现问题能及时和教师或同学讨论交流	15		
	任务及汇报	参见"任务报告表"任务完成情况进行评估	40		
	职业素养	注重团队合作,态度端正、工作认真、主动;具有良好的计算机使用习惯,爱护公共设施与环境	15		
附加分		考核学生的创新意识,在工作中有突出表现或特色做法	5		

项目 2 人工智能伦理

项目导读

随着科技的日新月异，人工智能（AI）技术正逐步融入人们生活的每个角落，为社会带来了前所未有的便利与进步。然而，正如任何技术都具有的双刃剑特性，人工智能的迅猛发展也伴随着一系列伦理问题的浮现。人工智能所带来的隐私泄漏、偏见歧视、责权归属、技术滥用等伦理问题已引起社会各界的广泛关注，人工智能伦理成为无法绕开的重要议题。因此，在享受技术革新带来的诸多益处的同时，我们绝不能忽视伦理的约束，以确保冰冷的科技能展现出温暖的底色，共同创造和谐共生的未来。

学习目标

知识目标
1. 了解人工智能可能带来的伦理问题。
2. 掌握人工智能基本伦理规范。

能力目标
1. 能够防范人工智能带来的风险。
2. 能够分析发现不同领域的人工智能存在的伦理问题。

素质目标
1. 提高学生的道德意识和责任感。
2. 培养学生的批判性思维。
3. 培养学生的问题解决能力和创新思维。

任务 1 AI 伦理案例分析

任务描述

在网络搜索资料，选取具有代表性的 AI 伦理案例，并通过深入的分析，探究 AI 技术在实际应用过程中所面临的伦理挑战。

任务实施

1. 自动驾驶汽车的道德困境

伦理学领域中的著名思想实验之一"电车难题"如图 2-1 所示。这个实验描绘了一个场景：一辆失控的电车正在铁轨上飞驰，前方的铁轨分叉成两条，一条铁轨上有五个人，而另一条铁轨上只有一个人；电车正朝五个人驶去，唯一的拯救方法是通过操作开关，让电车改道至另一条轨道，但这样做会导致一个人丧命。面对这样的抉择，你是否会按下开关，让电车改变行驶轨道？

图 2-1 "电车难题"思想实验

随着无人驾驶汽车的日益普及，尤其是一些无人驾驶车祸事故的发生，这一"电车难题"已成为保障无人驾驶安全，甚至探讨人工智能伦理时必须深思的问题。面对"电车难题"等不可避免的道德困境，自动驾驶系统代替人类作出的选择，可能隐含着数据、算法、系统和人为歧视，并可能把个体的偏差放大到社会面。

步骤一：案例收集。

自动驾驶是人工智能技术最受社会公众关注的应用场景之一。自动驾驶汽车在面对复杂的交通情况时，可能需要作出涉及人类生命安全的决策，例如：是选择撞击行人，还是选择偏离车道可能导致车毁人亡？

通过百度搜索"自动驾驶汽车的道德困境"，如图 2-2 所示，浏览生成的相关内容，并选择其中一个典型案例进行简要描述，形成文字材料。

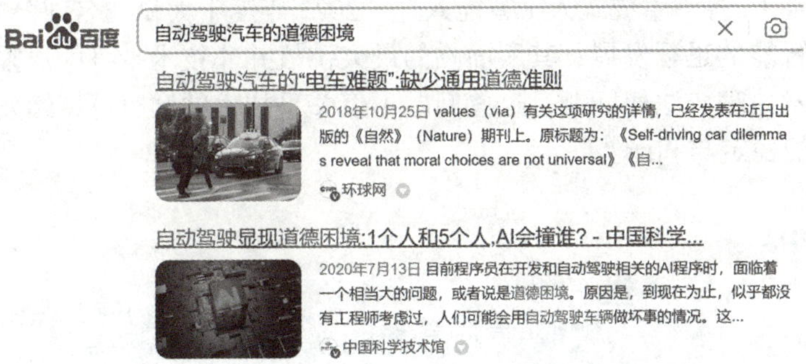

图 2-2　网络搜索"自动驾驶汽车的道德困境"案例

步骤二：问题探讨。

组建团队，小组内进行案例分享，并选择其中一位成员的案例进行组内讨论。

例如：选择的案例揭示了自动驾驶汽车在面临复杂道德决策时的困境，涉及对伤害最小化原则的考虑，以及如何在不同利益之间作出权衡。大家可围绕不同角度深入探讨"自动驾驶汽车"的利与弊。

你或许会发现，你认为符合道德的选择与周围人的看法大相径庭。道德作为一种主观存在，深受每个人独特价值观的影响。不得不承认，无论选择看似多么明智，它们本质上都带有局限性：它们往往基于过往的经验、预判和潜在偏见。当面临在事故中应拯救 A 还是 B 的困境时，很难给出一个明确的答案，因为人们会根据一些抽象的标准及社会普遍认同的观念来评估一个人的价值。

步骤三：撰写文案。

在组内深入探讨后，整理出一份详尽的 Word 报告，或制作一份直观的 PPT，用以展示"自动驾驶汽车的道德困境"的案例及小组的讨论过程、感受等。报告或 PPT 中可以呈现下面的内容。

> 在讨论中，我们意识到自动驾驶汽车的道德决策是一个多角度、多层次的问题。从技术的角度看，我们需要研发出更加先进、更加精准的算法，以应对各种复杂的交通情况。从伦理的角度看，我们需要深入探讨如何权衡不同的生命安全，如何避免潜在的偏见和歧视问题。从社会的角度看，我们需要考虑不同文化、不同背景的人们对于道德问题的不同看法，以寻求一个能得到广泛接受的解决方案。

在自动驾驶汽车的道德困境面前，我们面临的不仅是一个技术问题，更是一个触及人类伦理与价值观的深刻议题。当我们思考自动驾驶汽车应如何编程以应对不可避免的碰撞时，我们实际上是在探讨生命价值的衡量、社会责任的界定及技术伦理的边界。然而，我们必须认识到，道德决策本质上是主观判断，难以简单编码为计算机程序。因此，面对自动驾驶汽车的道德困境，或许需要更开放、包容的思路。

2. 生成式人工智能伦理问题

2023 年起，以 ChatGPT 为代表的生成式人工智能成为全球科技热点，其影响力不仅渗透至人们日常生活的方方面面，更成为各行各业创新发展的得力助手与全新视角。同年 12 月，生成式人工智能入选"2023 年度十大科技名词"。然而，随着生成式人工智能的迅猛发展，其所面临的最大挑战并非技术本身的局限性，而是日益凸显的技术伦理与法律问题；这些问题不仅关乎技术的健康可持续发展，更直接关系到社会的稳定与和谐。

知识链接

生成式人工智能（AIGC）

生成式人工智能是一种利用复杂的算法、模型和规则，从大规模数据集中学习以创造新的原创内容的人工智能技术。它可以应用于多个领域，包括图像生成、自然语言处理、音频处理、游戏开发等，全面超越了传统软件的数据处理和分析能力。

2022 年年末，OpenAI 推出的 ChatGPT 标志着这一技术在文本生成领域取得了显著进展，2023 年被称为生成式人工智能的突破之年。这项技术从单一的语言生成逐步向多模态、具身化快速发展。在图像生成方面，生成系统在解释提示和生成逼真输出方面取得了显著的进步。同时，视频和音频的生成技术也在迅速发展，这为虚拟现实和元宇宙的实现提供了新的途径。生成式人工智能技术在各行业、各领域都具有广泛的应用前景。

案例 1：虚假新闻

生成式人工智能技术在新闻领域的应用，引发了一系列伦理问题。其中，最为突出的是 AI 生成的虚假新闻，这些看似真实的报道实际上内容完全虚构，给公众带来了极大的误导。例如，2019 年 2 月 15 日，OpenAI 开发的 GPT-2 软件，具备强大的文本生成能力，只需输入提示词，它就能够编写出逼真的假新闻。然而，尽管 GPT-2 软件已经被精心训练，但其可信度仍然有待提升，它并不总是能够保持一贯性，有时会出现重复的结构、突兀的主题转变，甚至违背常识的内容，如水下的火灾。

通过网络搜索相关资料和素材，结合小组讨论，完成对生成式人工智能技术在新闻领域应用所引发伦理问题的深入分析与探讨。

案例 2：版权问题

随着生成式人工智能在绘画领域的广泛应用，AI 绘画成了一种新兴的创作形式，通过特定的算法和模型，AI 巧妙地实现了"以文生图"的神奇转化，成功打破了文字与图像之间的界限。然而，这种技术的广泛应用也带来了一系列争议。例如：AI 生成的作品是否应受到著作权法的保护？这些作品的权益应当归属于何方？我们是否可以随意使用网络上由 AI 生成的内容？等等。

北京互联网法院审理了我国首例涉及"AI文生图"著作权案件,案情简要介绍如下。

> 原告使用开源软件 Stable Diffusion,通过输入提示词并设置相关参数,生成了一张人物图片并发布在某网络平台。然而,他发现被告未经许可,截去了他在图片上的署名水印并发布在社交平台上,侵犯了他的署名权和信息网络传播权,要求被告公开赔礼道歉、赔偿经济损失等。

通过网络搜索相关案件资料,详细了解案情和判决,结合小组讨论,精心制作PPT,分享小组讨论聚焦的问题和收获。例如:涉案图片是否构成作品?构成何种类型作品?原告是否享有涉案图片的著作权?等等。

 知识链接

著作权

根据《中华人民共和国著作权法》规定,著作权包括下列人身权和财产权:

(一)发表权,即决定作品是否公之于众的权利;

(二)署名权,即表明作者身份,在作品上署名的权利;

(三)修改权,即修改或者授权他人修改作品的权利;

(四)保护作品完整权,即保护作品不受歪曲、篡改的权利;

(五)复制权,即以印刷、复印、拓印、录音、录像、翻录、数字化等方式将作品制作一份或者多份的权利;

(六)发行权,即以出售或者赠与方式向公众提供作品的原件或者复制件的权利;

(七)出租权,即有偿许可他人临时使用视听作品、计算机软件的原件或者复制件的权利,计算机软件不是出租的主要标的除外;

(八)展览权,即公开陈列美术作品、摄影作品的原件或者复制件的权利;

(九)表演权,即公开表演作品,以及用各种手段公开播送作品的表演的权利;

(十)放映权,即通过放映机、幻灯机等技术设备公开再现美术、摄影、视听作品等的权利;

(十一)广播权,即以有线或者无线方式公开传播或者转播作品,以及通过扩音器或者其他传送符号、声音、图像的类似工具向公众传播广播的作品的权利,但不包括本款第十二项规定的权利;

(十二)信息网络传播权,即以有线或者无线方式向公众提供,使公众可以在其选定的时间和地点获得作品的权利;

(十三)摄制权,即以摄制视听作品的方法将作品固定在载体上的权利;

(十四)改编权,即改变作品,创作出具有独创性的新作品的权利;

(十五)翻译权,即将作品从一种语言文字转换成另一种语言文字的权利;

(十六)汇编权,即将作品或者作品的片段通过选择或者编排,汇集成新作

笔记

品的权利；

（十七）应当由著作权人享有的其他权利。

技术的发展和普及，让生成式人工智能走进大众的视野，但同时也引发了一些法律上的争议，不只是知识产权、人格权等方面的民事纠纷，利用AI头像、声音等进行诈骗的刑事案件也日益增多。如何合法合规使用生成式人工智能，需要法治及时跟上，为新技术发展保驾护航。2023年7月，国家网信办等七部门联合公布《生成式人工智能服务管理暂行办法》，促进生成式人工智能健康发展和规范应用。

《生成式人工智能服务管理暂行办法》

任务 2　AI 伦理的治理

任务描述

通过网络学习、文件研读、小组讨论等多种方式，了解人工智能伦理治理的基本原则、治理措施及相关政策等。

任务实施

步骤一：了解 AI 伦理的治理原则。

人们对于 AI 伦理相关的话题探讨已久。当人工智能研究初露锋芒之际，学者们便敏锐地洞察到这项技术可能引发的社会和伦理挑战。国际电气与电子工程师协会于 2016 年 4 月启动了 IEEE 标准协会发布"人工智能设计的伦理准则"白皮书，力图建立社会公认的人工智能伦理标准、职业认证及道德规范。

百度创始人李彦宏在 2018 年中国国际大数据产业博览会上首次提出了 AI 伦理原则。他强调了四个关键原则：首先，AI 的最高原则是安全可控；其次，AI 的创新愿景是促进人类更平等地获取技术和能力；再次，AI 存在的价值是教人学习，让人成长，而非超越人、替代人；最后，AI 的终极理想是为人类带来更多的自由和可能。

 知识链接

人工智能发展的基本原则

世界各国及相关国际组织对人工智能伦理的治理给予了极大关注，分别从出台国家政策、发布伦理准则、倡导行业自律、立法和制定标准等不同路径开展了治理行动。人工智能的发展应遵循人类根本利益原则和责任原则。

（1）人类根本利益原则：人工智能以实现人类根本利益为最终目标，体现对人权的尊重，降低技术风险和负面影响价值选择。

（2）责任原则：随着人工智能的发展，需要建立明确的责任体系，也就是责任原则。基于责任原则，人工智能系统与人类伦理或法律发生冲突时，可以从技术层面对人工智能技术应用部门进行问责。

2021年11月24日，联合国教科文组织第41届大会在巴黎隆重召开，一项具有里程碑意义的文件——《人工智能伦理建议书》正式获得通过。这份建议书不仅是人工智能伦理领域的首份全球性规范文书，更是全球人工智能发展的共同纲领，为全球范围内的AI技术发展与应用提供了伦理道德方面的指导。建议书明确提出，发展和应用人工智能应首要体现四大核心价值，同时详细规范了人工智能技术的10大原则和11个行动领域，为AI技术的健康、有序发展奠定了坚实的基础。

我国将人工智能伦理规范作为促进人工智能发展的重要保证措施，不仅重视人工智能的社会伦理影响，而且通过制定伦理框架和伦理规范，以确保人工智能安全、可靠、可控。2019年6月，国家新一代人工智能治理专业委员会发布《新一代人工智能治理原则——发展负责任的人工智能》，提出了人工智能治理的框架与行动指南，强调了"和谐友好、公平公正、包容共享、尊重隐私、安全可控、共担责任、开放协作、敏捷治理"八条原则。

2021年9月25日，国家新一代人工智能治理专业委员会发布了《新一代人工智能伦理规范》，旨在将伦理道德融入人工智能全生命周期，为从事人工智能相关活动的自然人、法人和其他相关机构等提供伦理指引。它提出了增进人类福祉、促进公平公正、保护隐私安全、确保可控可信、强化责任担当、提升伦理素养6项基本伦理要求，如图2-3所示；同时提出了人工智能管理、研发、供应、使用等特定活动的18项具体伦理要求。

第三条 人工智能各类活动应遵循以下基本伦理规范。（一）增进人类福祉。坚持以人为本，遵循人类共同价值观，尊重人权和人类根本利益诉求，遵守国家或地区伦理道德。坚持公共利益优先，促进人机和谐友好，改善民生，增强获得感幸福感，推动经济、社会及生态可持续发展，共建人类命运共同体。（二）促进公平公正。坚持普惠性和包容性，切实保护各相关主体合法权益，推动全社会公平共享人工智能带来的益处，促进社会公平正义和机会均等。在提供人工智能产品和服务时，应充分尊重和帮助弱势群体、特殊群体，并根据需要提供相应替代方案。（三）保护隐私安全。充分尊重个人信息知情、同意等权利，依照合法、正当、必要和诚信原则处理个人信息，保障个人隐私与数据安全，不得损害个人合法数据权益，不得以窃取、篡改、泄露等方式非法收集利用个人信息，不得侵害个人隐私权。（四）确保可控可信。保障人类拥有充分自主决策权，有权选择是否接受人工智能提供的服务，有权随时退出与人工智能的交互，有权随时中止人工智能系统的运行，确保人工智能始终处于人类控制之下。（五）强化责任担当。坚持人类是最终责任主体，明确利益相关者的责任，全面增强责任意识，在人工智能全生命周期各环节自省自律，建立人工智能问责机制，不回避责任审查，不逃避应负责任。（六）提升伦理素养。积极学习和普及人工智能伦理知识，客观认识伦理问题，不低估不夸大伦理风险。主动开展或参与人工智能伦理问题讨论，深入推动人工智能伦理治理实践，提升应对能力。

图2-3 《新一代人工智能伦理规范》摘录

目前，关于人工智能发展及其伦理认识，学术和实践领域主要有三种观点。传统

笔记

观点视人类智能为人工智能的极限状态；谨慎观点认为人工智能的发展会威胁人类生存，且存在"作恶"可能；乐观观点认为人工智能最终能够达到乃至超越人类智能水平，支持奇点理论和人机共存。尽管关于人工智能利弊的争议依旧不绝于耳，但可以确定的是，人工智能技术创新也应当坚持"人之初，性本善"，人类要尽全力确保人工智能发展对于人类和环境有益，尤其在人工智能再次爆发的今天，人工智能"性本善"应当受到关注和重申，人工智能伦理成为人工智能研究领域必要且重要的主题。

 崇德向善

"崇德向善"蕴含着丰富的文化内涵和崇高的道德价值。

"崇德"意味着崇尚和尊重道德，强调个人的品德修养和道德情操。在我国传统文化中，德被视为一种内在的、精神的品质，是人们行为规范的基石。崇德就是要在日常生活中不断修炼自己的品德，做到言行一致，诚实守信，尊重他人，关爱社会。

"向善"则是指向着善良和美好的方向努力，追求真善美的境界。向善不仅是对个人的要求，也是对整个社会的期望。它要求人们在日常生活中积极行善，帮助他人，传递正能量，共同营造一个和谐、美好的社会环境。

中华民族崇德向善，"善治"自古以来就是中华民族的美好追求。党的十八届四中全会明确指出，法律是治国之重器，良法是善治之前提。这是"善治"在中央全会层面文件中首次被使用。

国无德不兴，人无德不立。习近平总书记在党的二十大报告中强调："实施公民道德建设工程，弘扬中华传统美德，加强家庭家教家风建设，加强和改进未成年人思想道德建设，推动明大德、守公德、严私德，提高人民道德水准和文明素养。"

步骤二：了解 AI 伦理的治理措施。

为全面、系统地了解 AI 伦理的治理措施，可查阅政府和国际组织的政策文件、法规及标准，关注学术机构和研究团队的研究报告及案例分析，以及主流媒体的相关报道和评论。另外，还可利用在线数据库、搜索引擎和学术资源平台，查找相关资料和信息，以便更深入地了解 AI 伦理的治理措施。

 知识链接

人工智能伦理的治理措施

人工智能伦理的治理措施应形成涵盖技术、道德、政策、法律、教育等多个层面的伦理治理体系，旨在确保人工智能技术的健康发展与社会和谐稳定。

1. 技术改进

人工智能的许多伦理风险可以通过技术改进予以解决。例如，算法可解释性和透明性涉及人类的知情利益与主体地位，是人工智能伦理的重要命题之一。要逐步形成算法开发者和使用者信息披露的技术惯例，对算法进行监管，接受公众的审查和质询。

2. 道德规范

建立行业道德标准，明确人工智能技术应用中的道德边界。倡导科技从业者遵循伦理原则，将道德考量纳入技术研发和应用的全过程。同时，加强科技伦理教育和培训，提升科技从业者的道德意识和伦理素养，使其能够主动承担起伦理责任。

3. 政策指引

政府应制定和完善相关政策，为人工智能伦理治理提供有力保障。政策应关注人工智能技术的研发、应用、监管等方面，明确各方职责和权利，推动形成良好的行业生态。同时，建立跨部门协作机制，加强政策之间的衔接和配合，形成政策合力。

4. 法律法规

在AI法律法规中，应寻求发展与风险控制的平衡点，特别是公权力干预与产业自治间的平衡。对于实践成熟且共识广泛的部分，如AI侵犯个人隐私等风险，可立法保障；对于需明确责任的领域，如自动驾驶等，可尝试地方性、试验性立法，积累经验。在实践不足以立法规制的领域，可以通过行业自律、政策引导等方式控制伦理风险。

5. 人工智能伦理教育

将人工智能伦理列入教学、培训等内容中，促进AI技术技能教育与AI教育的人文、伦理和社会方面的交叉协作，以应对AI伦理带来的挑战和风险。

步骤三：分享讨论。

讨论以研究小组为单位，研读《人工智能伦理治理标准化指南》，要求从中选取一个章节内容，进行详尽而细致的学习，并据此精心制作PPT。随后，各小组将轮流在全班范围内进行分享，旨在使更多同学全面理解并深刻认识到人工智能伦理治理标准化工作的重要性和紧迫性。

知识链接

《人工智能伦理治理标准化指南》概述

《人工智能伦理治理标准化指南》是国家人工智能标准化总体组、全国信标委人工智能分委会于2023年3月发布的指南。这份指南由众多单位共同编制完成，是一份全面、系统的人工智能伦理治理指导文件，对于引导人工智能技术的合理应用、防范潜在风险、促进人工智能与社会的和谐共生具有重要的指导作用。《人工智能伦理治理标准化指南》共分为六章，以人工智能伦理治理标准体系的建立和具体标准研制为目标，重点围绕人工智能伦理概念和范畴、人工智能伦理风险评估、人工智能伦理治理技术和工具、人工智能伦理治理标准体系建设、重点标准研制清单及展望与建议6个方面展开研究，力争为落实人工智能伦理治理标准化工作奠定坚实基础。

📌 项目小结

本项目以团队协作的方式完成,任务实施前先组建团队,明确组长人选和小组任务分工,填写表 2-1。

表 2-1 学生任务分配表

组号		成员数量	
组长			
组长任务			
组员姓名	学号	任务分工	

根据任务分工要求,协作完成相关的操作,并填写任务报告,见表 2-2。

表 2-2 任务报告表

学生姓名		学号		班级	
实施地点			实施日期	年 月 日	
任务类型	□演示性 □验证性 □综合性 □设计研究 □其他				
任务名称					
一、任务中涉及的知识点					
二、任务实施环境					
三、实施报告(包括实施内容、实施过程、实施结果、所遇到的问题、采用的解决方法、心得反思等)					
小组互评					
教师评价				日期	

项目 2 | 人工智能伦理

🗨 自我提升

引导问题 1：自主学习，阐述伦理与道德、伦理与科技的关系。

引导问题 2：查询相关资料，人们利用生成式人工智能生成内容时，应该注意什么？

引导问题 3：请观察你的日常生活中哪些场景中应用了人脸识别技术，你认为这些应用是否有必要？会引起哪些争议和影响？

✏ 评价反馈

考核学生的专业能力和关键能力，采用过程性评价和结果评价相结合、定性评价与定量评价相结合的考核方法，填写考核评价表。注重学生动手能力和在实践中分析问题、解决问题能力的考核，对于在学习和应用上有创新的学生应给予特别鼓励（表 2-3）。

表 2-3 考核评价表

评价项目	评价内容		分值	自评	师评
相关知识 （20%）	了解人工智能可能带来的伦理问题		10		
	掌握人工智能伦理治理的基本原则、治理措施、相关政策		10		
工作过程 （80%）	计划方案	工作计划制订合理、科学	10		
	自主学习	有计划地进行相关信息的探索，发现问题能及时和教师或同学讨论交流	15		
	任务及汇报	参见"任务报告表"任务完成情况进行评估	40		
	职业素养	注重团队合作，态度端正，工作认真、主动；具有良好的计算机使用习惯，爱护公共设施与环境	15		
附加分	考核学生的创新意识，在工作中有突出表现或特色做法		5		

模块 2

Python 基础

项目 3　走进 Python 编程世界

项目导读

Python 是一门简单易学的高级编程语言,它在 web 开发、网络爬虫、人工智能、数据分析、自动化运维、游戏开发、办公自动化等多个领域应用广泛。从 TIOBE 编程语言排行榜可以看出,Python 的排名逐年上升,与 Java、C、C++,一起成为全球 4 大流行编程语言。因此,学习 Python 是非常有必要的。本项目将带领大家一起走进 Python 编程世界。

学习目标

知识目标

1. 了解 Python 的产生与发展、特点和应用领域。
2. 掌握在 Windows 中搭建 Python 开发环境的方法。
3. 熟悉 Python 程序的开发流程和编码规范。

能力目标

1. 能够搭建 Python 开发环境。
2. 能够利用 Python 开发环境编写和运行简单的 Python 程序。

素质目标

1. 通过对计算机技术的了解,增强探索意识。
2. 养成事前调研、做好准备工作的习惯,贯彻互助共享的精神。

搭建 Python 开发环境

任务 1　搭建 Python 开发环境

任务描述

在学习和使用 Python 前,需要对 Python 有一个基本的认识,了解 Python 的产生与发

项目 3 | 走进 Python 编程世界

展、特点和应用领域等。而开发 Python 程序，首先须选择开发工具，搭建好 Python 开发环境。本任务将带领大家搭建 Python 开发环境。

任务实施

Python 开发工具根据其用途不同可分为两种，一种是 Python 代码编辑器，另一种是 Python 集成开发环境（Integrated Development Environment，IDE），使用 IDE 可以极大地提高 Python 开发人员的编程效率。下面来介绍一下 Python 的安装方法。

步骤一：下载软件。

访问 Python 官网，在页面中找到适合自己计算机的版本进行下载，如图 3-1 所示。

图 3-1　下载 Python 安装软件

知识链接

Python 的诞生及其发展历程

Python 最初是由吉多·范·罗苏姆（Guido van Rossum）于 1989 年圣诞节期间在荷兰阿姆斯特丹创建的，目的是创建一种简单易学、代码清晰、易读易理解的语言，以作为 Amoeba 操作系统的继承语言。Guido 在创建这种语言时，在风格上参考了 ABC 语言，并加入了 C 语言和 Unix shell 的某些特性，如处理字符串、通配符和系统调用等。1991 年，发布了第一个 Python 版本，它运行在 Amoeba 操作系统上，名字来自 BBC 电视台播放的 Monty Python 剧集。

Python 的发展主要经历了以下几个阶段。

（1）2000 年：发布 Python 2.0。在 Python 2.0 版本中，引入了列表推导和函数装饰器等新特性，以及新的垃圾回收机制。这些新特性极大提升了 Python 的可用性和灵活性。

（2）2008 年：发布 Python 3.0。Python 3.0 版本对 Python 2.x 系列进行了重大改进和升级，并解决了一些对建立 Python 应用程序的实用问题，包括 Python 2.x 中存在的与 Unicode 相关的 Bug 和设计缺陷、内存管理等。另外，Python 3.0 不再向下兼容 Python 2.x，这意味着 Python 2.x 的程序需要进行一些更改才能在 Python 3.x 上运行。

（3）2010 年至今：Python 的高速成长。随着互联网的兴起及数据科学的发展，Python 的应用领域逐渐扩大。Python 的库和框架越来越多，许多大型公司开始采用Python进行开发。例如，在Web开发领域，Django和Flask等框架的出现让Python成了开发Web应用的一种重要选择。在数据处理领域，NumPy、Pandas、Matplotlib等库的出现让Python成了数据分析和可视化的得力工具。在人工智能领域，Python的强大依然无可替代。例如，机器学习的流行库Scikit-learn，主要采用Python语言。

步骤二：安装软件。

（1）双击下载好的Python-3.12.2-amd64.exe文件，在打开的对话框中勾选"Add python.exe to PATH"复选框（将安装路径添加到系统环境变量Path中），然后单击"Customize installation"按钮，如图3-2所示。

> **小提示**
>
> 如果安装时没有勾选"Add python.exe to PATH"复选框，那么系统就无法自动完成环境变量的配置，用户须在安装完成后手动配置环境变量，将Python的安装路径添加到环境变量中。

（2）显示"Optional Features"界面，选择Python提供的工具包，一般保持默认即全部选中，然后单击"Next"按钮，如图3-3所示。

图3-2 安装向导

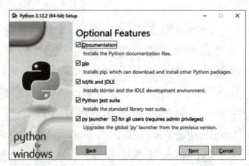

图3-3 选择Python提供的工具包

（3）显示"Advanced Options"界面，勾选"Install Python 3.12 for all users"复选框（为所有用户安装）、在"Customize install location"编辑框中设置安装路径（如D:\Python312，也可单击"Browse"按钮选择安装目录），然后单击"Install"按钮，如图3-4所示。

（4）显示"Setup Progress"界面，开始安装并显示安装进度，如需取消安

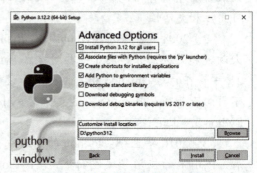

图3-4 选择高级选项与安装路径

装，可单击"Cancel"按钮。安装成功后，单击"Close"按钮关闭对话框即可，如图 3-5 所示。

安装完成后，用户可以按快捷键（徽标键 Win+R）打开运行窗口，如图 3-6 所示。在"打开"文本框中输入 cmd，单击"确定"按钮即可打开命令提示符窗口。在该窗口中执行"Python"命令，如果出现类似图 3-7 所示的结果，表明 Python 软件已安装成功。

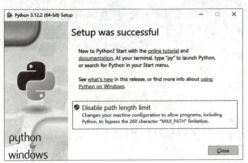

图 3-5　运行窗口

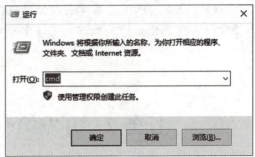

图 3-6　安装成功界面

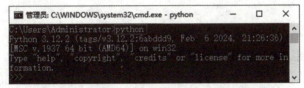

图 3-7　用命令测试 Python 软件安装是否成功

知识链接

Python 的应用领域

Python 是一种高级编程语言，具有简洁、易读、易学的特点，因此，在各个领域都被广泛应用。

（1）网络开发：Python 可以用于开发 Web 应用程序、网络爬虫和网络服务器。它有许多流行的 Web 框架，如 Django 和 Flask，可以帮助开发人员快速构建高效的网站和 Web 应用。

（2）数据科学：Python 在数据科学领域非常流行。它有许多强大的库和工具，如 NumPy、Pandas 和 Matplotlib，可以用于数据处理、分析和可视化。Python 还有流行的机器学习库，如 Scikit-learn 和 TensorFlow，可以用于构建和训练机器学习模型。

（3）科学计算：Python 在科学计算领域也得到了广泛应用。它有许多科学计算库，如 SciPy 和 SymPy，可以用于数值计算、符号计算和科学实验数据分析。

（4）自动化和脚本编程：Python 是一种强大的脚本语言，可以用于自动化任务和批处理。它可以帮助简化重复性的任务，提高工作效率。

（5）游戏开发：Python 也可以用于游戏开发。它有一些游戏开发库，如

Pygame，可以用于创建 2D 游戏。

（6）人工智能：Python 在人工智能领域也有广泛的应用。它有一些强大的库和框架，如 Keras 和 PyTorch，可以用于构建和训练神经网络模型。

（7）金融和量化交易：Python 在金融领域也非常流行。它可以用于金融数据分析、量化交易和风险管理。

（8）教育：Python 易学易用的特点使其成为教育领域的首选编程语言。许多学校都将 Python 作为编程入门语言。

任务 2　开发第一个 Python 程序

任务描述

学习 Python 必须理解 Python 程序的开发流程和编码规范。Python 程序的开发从确定任务到得到结果一般要经历以下几个步骤。

（1）需求分析：对要解决的问题进行详细的分析，弄清楚问题的要求，包括需要输入什么数据、要得到什么结果、最后应输出什么等。

（2）算法设计：对要解决的问题设计出解决问题的方法和具体步骤。

（3）编写程序：按照 Python 语法规定，利用文本编辑器或集成开发环境编写 Python 程序，生成 Python 源文件（*.py）。

（4）运行程序：Python 解释器解释并执行源文件，得到运行结果。

（5）编写程序文档：如同正式的产品都有产品说明书一样，正式提供给用户使用的程序，也必须向用户提供程序说明书。程序说明书也称为程序文档，应包含程序名称、程序功能、运行环境、程序的安装和启动、需要输入的数据及使用注意事项等内容。

在本任务中，我们利用集成开发环境（IDLE），编写运行第一个 Python 程序。

知识链接

IDLE 简介

Python 中的 IDLE（Integrated Development and Learning Environment）是一个简单易用的集成开发环境，它代表着 Python 语言的一种工具和平台。IDLE 提供了一个交互式的 Python 解释器和一个代码编辑器，使用户可以方便地编写、调试和运行 Python 程序。

（1）IDLE 是 Python 的官方标准开发环境，在 Python 安装完成的同时就安装了 IDLE，是非商业 Python 开发的不错的选择。

（2）IDLE 已经具备了 Python 开发几乎所有功能（语法智能提示、不同颜色显示不同类型等），也不需要其他配置，非常适合初学者使用。

（3）IDLE 是 Python 标准发行版内置的一个简单小巧的 IDE，包括了交互式命令行、编辑器、调试器等基本组件，足以应付大多数简单应用。它支持插件和扩展，用户可以根据自己的需求添加额外的功能和工具，这使 IDLE 可以适应不同用户的编程风格和需求。

（4）IDLE 用纯 Python 基于 Tkinter 编写，最初的作者正是"Python 之父"Guido van Rossum。

任务实施

Python 编程需要有一个合适的编辑器，就像我们平常排版文章用 Word、处理数据用 Excel、处理图片用 Photoshop 一样，编写 Python 程序也需要一个编辑器。下面使用 Python 自带的集成开发环境（IDLE）来编写、保存、运行第一个 Python 程序。

步骤一：启动 Python IDLE。

在"开始"菜单里选择 IDLE（Python 3.12 64-bit），即可启动 Python。如果 Python 是默认安装，则打开显示的是 Shell 窗口，如图 3-8 所示。

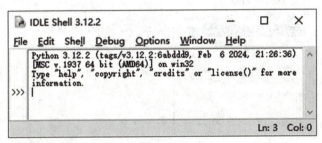

图 3-8　IDLE Shell 窗口

为了方便之后的使用，建议第一次打开 IDLE 之后，单击图 3-8 所示的"Options"菜单中的"Configure IDLE"按钮，修改以下 3 个配置。

（1）在"Fonts"选项卡中，建议字体调大一点，其他两项不建议修改，保持默认值即可。

（2）修改"Windows"选项卡中的默认打开窗口为"Open Edit Window"，这样，每次启动 IDLE，就会显示编辑窗口，而不是 Shell 窗口，如图 3-9 所示。

（3）在"Shell/Ed"选项卡中，勾选"Show line numbers in new windows"，如图 3-10 所示，这样会在编辑窗口的左侧增加行号，方便调试程序，如图 3-11 所示。这个行号也可以通过"Options"的"Hide Line Numbers"命令启用或关闭行号显示。

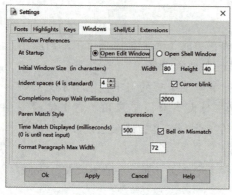

图3-9 默认打开编辑窗口设置

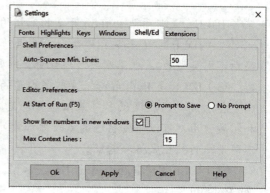

图3-10 编辑窗口显示行号设置

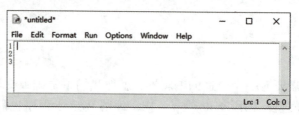

图3-11 显示行号的编辑窗口

步骤二：新建源文件。

选择"File"→"New File"（或按快捷键"Ctrl+N"），新建一个源程序文件，如图3-12所示。

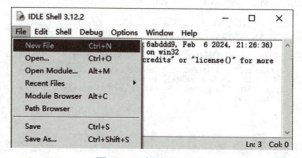

图3-12 新建py文件

步骤三：编写第一个程序。

在编写界面输入以下代码，如图3-13所示。

print("Hello, World ")

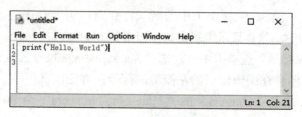

图3-13 输入的代码

按照行业惯例，人们在学习一门新语言时，写的第一个程序通常是输出"你好，世界！"因为这段代码是丹尼斯·里奇（"C 语言之父"）和布莱恩·柯尼汉（awk 语言的发明者）在他们的著作 The C Programming Language 中写的第一段代码，图 3-13 中的这句代码就是对应的 Python 语言的版本。

上面的代码只有一个语句，在这个语句中，用到了一个名为 print 的函数，它可以帮助用户输出指定的内容。print 函数圆括号中的"Hello, World"是一个字符串，它代表了一段文本内容。在 Python 语言中，可以用英文的单引号或双引号来表示一个字符串。

不同于 C、C++ 或 Java 这样的编程语言，Python 代码中的语句不需要用分号来表示结束，也就是说，如果想再写一条语句，只需要按 Enter 键换行即可。

另外，Python 代码也不需要通过编写名为 main 的入口函数来运行。提供入口函数是编写 C、C++ 或 Java 代码必须要做的事情，但是在 Python 语言中它并不是必要的。

知识链接

注释代码

注释是编程语言的一个重要组成部分，起到在代码中解释代码的作用，从而达到增强代码可读性的目的。当然，我们也可以将代码中暂时不需要运行的代码段通过添加注释来去掉，这样，当我们需要重新使用这些代码时，去掉注释符号即可。简单来说，注释会让代码更容易看懂，而且不会影响代码的执行结果。

Python 中有两种形式的注释。

（1）单行注释：以 # 和空格开头，可以注释从 # 开始后面一整行的内容。

（2）多行注释：三个引号（通常用双引号）开头，三个引号结尾，通常用于添加多行说明性内容。

图 3-14 所示的代码运行结果和图 3-13 中代码的运行效果是一样的。

图 3-14 代码注释示例

步骤四：保存、运行程序。

用高级语言编写的程序称为源程序，Python 的源程序以 .py 作为扩展名。

在运行源程序前要先选择"File"→"Save"或"Save As..."（或按快捷键 Ctrl+S/Ctrl+Shift+S），将命名后的源程序保存到指定的文件夹中。在保存文件时，要养成

笔记 良好的习惯，对程序正确命名（根据程序功能简明扼要取名字），不要很随意地输入一个名字。

知识链接

程序的编译

Python 代码在运行前，会先编译（翻译）成中间代码，每个 .py 文件将被换转成 .pyc 文件，.pyc 就是一种字节码文件，它是与平台无关的中间代码，无论放在 Windows 还是 Linux 平台都可以执行，运行时将由虚拟机逐行把字节码翻译成目标代码。

安装 Python 时，会有一个 Python.exe 文件，它就是 Python 解释器，文件中写的每一行 Python 代码都由它负责执行，解释器由一个编译器和一个虚拟机构成，编译器负责将源代码转换成字节码文件，而虚拟机负责执行字节码。因此，解释型语言其实也有编译过程，只不过这个编译过程并不是直接生成目标代码，而是先生成中间代码（字节码），然后再通过虚拟机来逐行解释执行字节码。

因此，Python 代码首先会编译成一个字节码文件，再由虚拟机逐行解释，将每一行字节码代码翻译成目标指令给 CPU 执行。

源程序保存后，选择"Run"→"Run Module"（或按快捷键 F5），运行源代码，如图 3-15 所示。

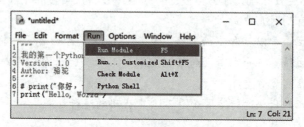

图 3-15 程序的运行

运行时，Python 会先打开"Shell"窗口（调试器），并且检测是否有语法错误，如果有则会弹出警告语；如果没有语法错误，则会执行显示结果，如图 3-16 所示。Python 和其他程序语言不一样的地方是，它的编辑器、调试器是两个独立的窗口。

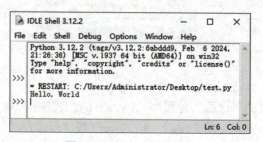

图 3-16 程序运行的结果

知识链接

Python 编码规范

Python 编码规范是一个指导 Python 代码风格和结构的规则集合。它有助于使代码易于阅读、易于维护和易于扩展。以下是一些常用的 Python 编码规范。

（1）代码编码格式。一般来说，声明编码格式在脚本中是必需的。按国际惯例，文件编码和 Python 编码格式全部为 utf-8。例如，在 Python 代码的开头，可统一加上以下代码。

```
# -- coding: utf-8 --
```

如果 Python 源码文件没有声明编码格式，Python 解释器会默认使用 ASCII 编码。一旦出现非 ASCII 编码的字符，Python 解释器就会报错，因此，非 ASCII 字符的字符串需添加 u 前缀，表示该字符串是 unicode 编码。

（2）分号。不要在行尾加分号，也不要用分号将两条命令放在同一行。

（3）行的最大长度。一般情况下，每行不超过 80 个字符，以下情况除外：
① 长的导入模块语句。
② 注释里的 URL。

对于超长语句，允许但不提倡使用反斜杠连接行，建议在需要的地方使用圆括号来连接行，不要使用反斜杠连接行。Python 会将圆括号中的行隐式连接，圆括号以内的表达式允许分成多个物理行，无须使用反斜杠。

```
x = ('乱花渐欲迷人眼，'
     '浅草才能没马蹄')
```

（4）缩进规则。Python 采用代码缩进和冒号（:）来区分代码块之间的层次。在 Python 中，对于类定义、函数定义、流程控制语句、异常处理语句等，行尾的冒号和下一行的缩进表示下一个代码块的开始，而缩进的结束则表示此代码块的结束。例如：

```
numbers = [2, 4, 6, 8, 1]

for number in numbers:
    if number % 2 == 1:
        print(number)
        break
else:
    print("No odd numbers")
```

Python 中实现对代码的缩进，可以使用空格键或 Tab 键实现。但无论是手动按空格键，还是使用 Tab 键，通常情况下都是采用 4 个空格长度作为一个缩进量的（默认情况下，一个 Tab 键就表示 4 个空格）。

笔记

(5) 空格使用规则。
①在二元运算符两边各空一格。
②算术操作符两边的空格可灵活使用,但两侧务必要保持一致。
③逗号、分号、冒号后加空格,行尾不用加。
④函数的参数列表中,默认值等号两边不要添加空格。
⑤左括号之后、右括号之前不要加添加空格。
(6) 命名规范。
①模块名命名:模块尽量使用小写命名,首字母保持小写,尽量不要用下划线(除非多个单词,且数量不多的情况),如 import decoder。
②变量命名:变量名尽量小写,如有多个单词,用下划线隔开,避免使用英文 l、o 此类与数字容易混淆的字母命名。例如:

```
count = 0
this_is_var = 0
```

③常量或全局变量命名:全部大写,如有多个单词,用下划线隔开;全大写+下划线式驼峰。例如:

```
MAX_CLIENT = 100
```

(7) 引号用法规则。自然语言使用双引号,机器标识使用单引号,正则表达式使用双引号,文档字符串(Docstring)使用三个双引号。

项目小结

本项目以团队协作的方式完成,任务实施前先组建团队,明确组长人选和小组任务分工,填写表 3-1。

表 3-1　学生任务分配表

组号		成员数量	
组长			
组长任务			
组员姓名	学号	任务分工	

根据任务分工要求,协作完成相关的操作,并填写任务报告,见表 3-2。

表 3-2 任务报告表

学生姓名		学号		班级	
实施地点			实施日期	年 月 日	
任务类型	□演示性 □验证性 □综合性 □设计研究 □其他				
任务名称					
一、任务中涉及的知识点					
二、任务实施环境					
三、实施报告(包括实施内容、实施过程、实施结果、所遇到的问题、采用的解决方法、心得反思等)					
小组互评					
教师评价				日期	

自我提升

引导问题 1：自主学习，简述 Python 的特点。

引导问题 2：写出下面程序的运行结果，并上机验证。
print('   *   ')
print(' ***** ')
print('**********')
print("1+1")
print("a-b-a")

引导问题 3：编写程序，分行输出古诗《静夜思》。

评价反馈

考核学生的专业能力和关键能力，采用过程性评价和结果评价相结合、定性评价与定量评价相结合的考核方法，填写考核评价表。注重学生动手能力和在实践中分析问题、解决问题能力的考核，对于在学习和应用上有创新的学生应给予特别鼓励（表 3-3）。

表 3-3 考核评价表

评价项目		评价内容	分值	自评	师评
相关知识（20%）		掌握在 Windows 中搭建 Python 开发环境的方法	10		
		熟悉 Python 程序的开发流程和编码规范	10		
工作过程（80%）	计划方案	工作计划制订合理、科学	10		
	自主学习	有计划地进行相关信息的探索，发现问题能及时和教师或同学讨论交流	15		
	任务及汇报	参见"任务报告表"任务完成情况进行评估	40		
	职业素养	注重团队合作，态度端正，工作认真、主动；具有良好的计算机使用习惯，爱护公共设施与环境	15		
附加分		考核学生的创新意识，在工作中有突出表现或特色做法	5		

项目 4　Python 编程基础知识

项目导读

"千里之行，始于足下"，在进入 Python 编程世界之初，需要学习 Python 语言的基础知识和语法，它们提供了编写代码的基本规则和语法结构，是进入 Python 开发领域的基础。只有熟练掌握了 Python 语言的基础知识，才可能写出可读性强、逻辑清晰的代码，才能在 Python 编程世界中走得更远。本项目将简单介绍 Python 语言的基础知识。

学习目标

知识目标

1. 掌握 Python 变量的命名规则和赋值方法。
2. 掌握 Python 中常见的数据类型。
3. 熟悉 Python 中各种运算符的使用方法。

能力目标

1. 能够在 Python 程序运用输入和输出。
2. 能够通过 Shell 窗口与计算机进行交互。

素质目标：

1. 增强遵守规则的意识，养成按规矩行事的习惯。
2. 加强基础知识的学习，从而实现从量变到质变的转化，为个人的长远发展打下坚实的基础。
3. 了解中国古代人民的智慧，增强民族自豪感。

任务1 输出个人简介

任务描述

个人简介一般包括姓名、性别、年龄、身高和爱好等信息,不同类型的信息须使用不同数据类型的变量来保存。本任务将编写一个简单的Python程序,输出个人简介。

任务实施

在编写程序时,可以直接使用数据,也可以将数据保存到变量中,方便以后使用。

步骤一:变量定义与赋值。

先定义字符串类型变量name(姓名)、sex(性别)和hobby(爱好),整型变量age(年龄),浮点型变量height(身高),并分别赋初值,输入如下代码。

```
name ='艾迪'          #定义姓名变量name,赋值为"艾迪"
sex ='男生'           #定义性别变量sex,赋值为"男生"
age =15              #定义年龄变量age,赋值为15
height = 1.7         #定义身高变量height,赋值为1.7
hobby ='打篮球'       #定义爱好变量hobby,赋值为"打篮球"
```

知识链接

变量

在Python中,变量是一种基本概念,它是存储和操作数据的方式之一。

(1)变量的定义。变量是存储数据的容器,它们能够存储各种数据类型。当定义一个变量时,需要指定变量的名称,并为其分配一个内存地址。这个内存地址可以通过变量名来访问,进而访问到存储在其中的数据。

变量的定义很容易,可以使用等号来为变量赋值。例如,当使用x=10定义一个变量时,就为变量x赋值为10。在变量的生命周期内,可以反复修改和调用变量的值。

（2）变量的命名。Python 中变量的命名需要遵循一定的规则，即变量名只能包括字母、数字和下划线，且第一个字符必须是字母或下划线，不能是数字。例如，name、_name1、name_2 都是合法的变量名。

在实际开发过程中，为提高代码的可读性，会经常使用以下 3 种命名方式。

① 小驼峰式命名。第一个单词首字母小写，之后的单词首字母大写，如 myName。

② 大驼峰式命名。每个单词首字母都大写，如 MyName。

③ 下划线连接命名。用下划线"_"连接每个单词，如 my_name。

（3）变量的数据类型。变量可以存储不同类型的数据，如整数、浮点数、布尔值、字符串等。

① 整数变量。整数变量是一种可以存储整数的变量，如 12。在定义整数变量时，可以使用 int 关键字。

② 浮点数变量。浮点数变量是一种可以存储小数的变量，如 1.23。在定义浮点数变量时，可以使用 float 关键字。

③ 布尔值变量。布尔值变量是一种可以存储真或假的变量，如 True 或 False。在定义布尔值变量时，可以使用 bool 关键字。

④ 字符串变量。字符串变量是一种可以存储文本的变量，如"Hello, World"。在定义字符串变量时，可以使用单引号或双引号。如：x = "Hello, World"，y = 'Python'。

步骤二：使用 Print 函数输出个人简历。

输入以下代码。

```
print(' 大家好，我叫 ', name, ', \n 是一个活泼的 ', sex, ', \n 今年 ', age, ' 岁，\n 我身高已经长到 ', height, ' 米，\n 我爱好 ', hobby,', \n 很高兴认识大家。')
```

源程序保存后，选择"Run"→"Run Module"（或按快捷键 F5），运行源代码，结果如图 4-1 所示。

图 4-1　个人简介输出效果

任务 2　实现数据加密和解密

任务描述

数据加密是通过加密算法和加密密钥将明文转变为密文,而解密则是通过解密算法和解密密钥将密文恢复为明文。本任务将编写一个 Python 小程序,通过对数据进行运算实现简单的加密和解密。

文化自信

早期的加密算法主要应用于军事,历史上最早关于加密算法的记载出自《六韬·龙韬》中的《阴符》和《阴书》,其原理是使用文字拆分和符号代替等方式来加密数据,有记载如下。

太公曰:"主与将有阴符,凡八等:有大胜克敌之符,长一尺;破军擒将之符,长九寸;降城得邑之符,长八寸;却敌报远之符,长七寸;警众坚守之符,长六寸;请粮益兵之符,长五寸。败军亡将之符,长四寸;失利亡士之符,长三寸。诸奉使行符,稽留者,若符事泄,闻者告者,皆诛之。八符者,主将秘闻,所以阴通言语不泄,中外相知之术。敌虽圣智,莫之能识。"

武王问太公曰:"……符不能明,相去辽远,言语不通,为之奈何?"太公曰:"诸有阴事大虑,当用书,不用符。主以书遗将,将以书问主,书皆一合而再离,三发而一知。再离者,分书为三部;三发而一知者,言三人,人操一分,相参而不相知情也,此谓阴书。敌虽圣智,莫之能识。"

简单来说,阴符是以八等长度的符来表达不同的消息和指令,属于密码学中的替代法,在应用中是把信息转变成敌人看不懂的符号,但知情者知道这些符号代表的含义。这种符号法无法表达丰富的含义,只能表述最关键的八种含义。阴书作为阴符的补充,运用了文字拆分法直接把一份文字拆成三份,由三种渠道发送到目标方手中,敌人只有同时截获三份内容才可能破解阴书上写的内容。

古典加密算法本质上主要考虑的是语言学上模式的改变。直到 20 世纪中叶,香农发表了《秘密体制的通信理论》一文,标志着加密算法的重心向应用数学转移。于是,逐渐衍生出了当今重要的三类加密算法:非对称加密、对称加密、哈希算法。

任务实施

一个十进制的数可以通过位运算符变化成另外一个数,用这个原理对十进制的数字进行加密得到另一个数;同时,加密完毕后再对密文进行解密而得到原来的数字。

步骤一:输入原文 A1。

输入如下代码。

```
print(" 输入你的幸运数和密码,这里以 6 位数字为例 ")
name_0=int(input(" 先输入你的六位幸运数: "))
key_0=int(input(" 请输入密码(6 个数字): "))
```

知识链接

数据输入

Python 提供了 input() 函数用于获取用户从键盘输入的字符串,其基本格式如下。

```
input ([prompt])
```

其中,prompt 表示输入提示,是一个字符串,[] 表示可选。

input() 函数让程序暂停运行,等待用户输入数据,当获取用户输入后,返回一个字符串(不包含末尾的换行符)。例如:

```
name = input(' 请输入名字 : ')          # name 为字符串
```

当将该返回值作为数值使用时,就会引发错误,此时可使用 int() 函数将字符串转整型数据,也可使用 float() 函数将字符串转换为浮点型数据。例如:

```
a=int(input(' 请输入一个整数 '))         # a 为整数
b=float(input(' 请输入一个浮点数 : '))    # b 为浮点数
```

步骤二:加密过程。

先将数字串加 111111 得到 B1,再将 B1 和 111111 取"异或"运算得到 C1,最后将 C1 按位左移 3 位得到密文 D1。输入如下代码。

```
B1_0=name_0+111111                      # 加 111111
B1_1=key_0+111111
C1_0=B1_0^111111                        # 和 111111 取"异或"
C1_1=B1_1^111111
D1_0=C1_0<<3                            # 按位左移 3 位
D1_1=C1_1<<3
```

笔记

💠 知识链接

数据运算符

数据的运算通过运算符来完成，运算符用于连接表达式中各种类型的数据、变量等操作数。Python 支持多种类型的运算符，包括算术运算符、赋值运算符、关系运算符、逻辑运算符、成员运算符、身份运算符和位运算符等。

（1）算术运算符（表4-1）。以下假设变量：a=10，b=6。

表4-1 算术运算符

运算符	描述	实例
+	加：两个对象相加	a+b 输出结果 16
-	减：得到负数或是一个数减去另一个数	a-b 输出结果 4
*	乘：两个数相乘	a*b 输出结果 60
/	除：x 除以 y，除法计算结果是浮点数	b/a 输出结果 0.6
%	取模：返回除法的余数	a%b 输出结果 4
**	幂：返回 x 的 y 次幂	a**b 为 10 的 6 次方，输出结果 1 000 000
//	取整除：返回商的整数部分	a//b 输出结果 1，9.0//2.0 输出结果 4.0

（2）赋值运算符（表4-2）。

表4-2 赋值运算符

运算符	描述	实例
=	简单的赋值运算符	c=a+b，将 a+b 的运算结果赋值为 c
+=	加法赋值运算符	c+=a 等效于 c=c+a
-=	减法赋值运算符	c-=a 等效于 c=c-a
*=	乘法赋值运算符	c*=a 等效于 c=c*a
/=	除法赋值运算符	c/=a 等效于 c=c/a
%=	取模赋值运算符	c %=a 等效于 c=c%a
**=	幂赋值运算符	c**=a 等效于 c=c**a
//=	取整除赋值运算符	c//=a 等效于 c=c//a

（3）关系运算符（表4-3）。以下假设变量：a=5，b=6。

表4-3 关系运算符

运算符	描述	实例
==	等于 - 比较对象是否相等	(a==b) 返回 False
!=	不等于 - 比较两个对象是否不相等	(a!=b) 返回 True

续表

运算符	描述	实例
<>	不等于 - 比较两个对象是否不相等	(a<>b) 返回 True，这个运算符类似 !=
>	大于 - 返回 x 是否大于 y	(a>b) 返回 False
<	小于 - 返回 x 是否小于 y。所有比较运算符返回 1 表示真，返回 0 表示假	(a<b) 返回 True
>=	大于等于 - 返回 x 是否大于等于 y	(a>= b) 返回 False
<=	小于等于 - 返回 x 是否小于等于 y	(a <= b) 返回 True

（4）逻辑运算符（表 4-4）。Python 语言支持逻辑运算符，用英文单词 and、or、not（全部都是小写字母）进行运算。以下假设变量：a=10，b=20。

表 4-4 逻辑运算符

运算符	描述	实例
and	布尔"与"：x and y，如果 x 为 False，它返回 False，否则它返回 y 的计算值	a and b 返回 20
or	布尔"或"：x or y，如果 x 是非 0，它返回 x 的值，否则它返回 y 的计算值	a or b 返回 10
not	布尔"非"：not x，如果 x 为 True，它返回 False。如果 x 为 False，它返回 True	not(a and b) 返回 False

（5）成员运算符（表 4-5）。in 与 not in 是 Python 独有的运算符（全部都是小写字母），用于判断对象是否是某个集合的元素之一，运行速度很快。返回的结果是布尔值类型的 True 或 False。

表 4-5 成员运算符

运算符	描述	实例
in	如果在指定的序列中找到值返回 True，否则返回 False	x 在 y 序列中，如果 x 在 y 序列中返回 True
not in	如果在指定的序列中没有找到值返回 True，否则返回 False	x 不在 y 序列中，如果 x 不在 y 序列中返回 True

例如，判断某个集合里是否有某个元素，需给出判断结果。可以使用如下代码。

```
list1 = [1, 2, 3, 4, 5]
a = 1
if a in list1:
    print("a 是 list1 的元素之一 ")
else:
    print("a 不是 list1 的元素 ")
```

（6）身份运算符（表 4-6）。这也是 Python 的特色语法（全部都是小写字母）。

笔记

表4-6 身份运算符

运算符	描述	实例
is	is是判断两个标识符是不是引用自一个对象	x is y，类似id(x)==id(y)，如果引用的是同一个对象则返回True，否则返回False
is not	is not是判断两个标识符是不是引用自不同对象	x is not y，类似id(a)!=id(b)，如果引用的不是同一个对象则返回结果True，否则返回False

注意：is 用于判断两个变量的引用是否为同一个对象，而比较运算符"=="用于判断变量引用的对象的值是否相等。两者有根本上的区别。比如：有两个人都叫张三，is 比较的结果是 false，因为他们是不同的两个人；== 比较是 True，因为他们都叫张三。

表 4-6 中的 id() 为 Python 一个常用的内置函数，用它可以查看某个变量或对象的内存地址，两个相同内存地址的对象被认为是同一个对象。

（7）位运算符（表 4-7）。按位运算符是把数字看作二进制来进行计算的。例如，变量 a 为 60，b 为 13，则对应二进制为 a= 00111100，b=00001101。Python 中的按位运算法则如下。

表4-7 位运算符

运算符	描述	实例
&	按位与运算符：参与运算的两个值，如果两个相应位都为1，则该位的结果为1，否则为0	a&b 输出结果 12，二进制解释：00001100
|	按位或运算符：只要对应的二个二进位有一个为1时，结果位就为1	a|b 输出结果 61，二进制解释：00111101
^	按位异或运算符：当两对应的二进位相异时，结果为1	a^b 输出结果 49，二进制解释：00110001
~	按位取反运算符：对数据的每个二进制位取反，即把1变为0，把0变为1	~a 输出结果 -61，二进制解释：11000011
<<	左移动运算符：运算数的各二进位全部左移若干位，由"<<"右边的数指定移动的位数，高位丢弃，低位补0	a<<2 输出结果 240，二进制解释：11110000
>>	右移动运算符：把">>"左边的运算数的各二进位按">>"右边指定的移动位数进行右移，高位补0	a>>2 输出结果 15，二进制解释：00001111

（8）运算符优先级（表 4-8）。表 4-8 列出了从最高到最低优先级的所有运算符。优先级高的运算符优先计算或处理，同级别的按从左往右的顺序计算。

表4-8 运算符优先级

优先级	运算符	优先级	运算符
1	**	5	>>、<<
2	~、+（正号）、-（负号）	6	&
3	*、/、%、//	7	^、|
4	+（加法）、-（减法）	8	<=、<、>、>=

续表

优先级	运算符	优先级	运算符
9	<>、==、!=	12	in、not in
10	**=、*=、+=、-=、//=、/=、%=、=	13	not、or、and
11	is、is not		

步骤三：密文输出。

通过 print 函数输出加密后的密文。输入如下代码。

```
print(" 加密后的幸运数为："+str(D1_0))
print(" 加密后的密码为："+str(D1_1))
```

选择"Run"→"Run Module"（或按 F5 键），运行后的效果如图 4-2 所示。

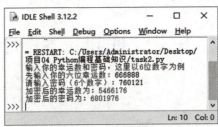

加密技术简介

图 4-2　原文输入及加密效果

步骤四：输入需要解密的密文 C2。

将加密后的密文赋值给 C2。输入如下代码。

```
print("\n 解密过程如下：")
C2_0=int(input(" 输入需要解密的幸运数："))
C2_1=int(input(" 输入需要解密的密码："))
```

步骤五：解密过程。

将 C2 按位右移 3 位得到 B2，再将 B2 和 111111 取"异或"得到 A2，最后将 A2 减 111111 得到原文。输入如下代码。

```
B2_0=C2_0>>3            # 按位右移 3 位
B2_1=C2_1>>3
A2_0=B2_0^111111        # 和 111111 取 异或
A2_1=B2_1^111111
name_1=A2_0-111111      # 减 111111
key_1=A2_1-111111
```

步骤六：原文输出。

通过 print 函数输出原文。输入如下代码。

```
print(" 你的原幸运数为："+str(name_1))
print(" 原密码为："+str(key_1))
```

选择"Run"→"Run Module"（或按 F5 键），数据加密和解密程序运行后的效果如图 4-3 所示。

图 4-3　原文加密和解密运行结果

任务 3　开发"你问我答"小游戏

任务描述

"你问我答"小游戏想要实现的功能是计算机输出问题，用户输入答案，然后计算机判断答案是否正确并输出。此程序的关键是用户与计算机的交互，即输入与输出。本任务将用 Python 程序，开发"你问我答"小游戏。

任务实施

首先使用 print() 函数输出问题，然后使用 input() 函数输入答案，最后使用 "==" 或 "in" 运算符判断答案是否正确，并使用 print() 函数输出判断的结果。

步骤一：输出问题。

可以使用 print() 函数输出第一个要问的问题，如诗词问答。输入如下代码。

```
print('问："床前明月光"的下一句是什么？')        #输出问题
```

步骤二：输入答案。

可以使用 input() 函数输入要回答的答案，并赋给 answer。输入如下代码。

```
answer = input('答:')
```

步骤三：进行判断，输出结果。

对回答的答案准确性进行判断，并输出结果 True 或 False。输入如下代码。

```
# 使用 "==" 进行判断，并输出结果
print('结果：', answer == '疑是地上霜')
```

源程序保存后，再选择"Run"→"Run Module"（或按 F5 键），运行结果如

图 4-4 所示。

图 4-4　第一个问题答题效果

步骤四：设计其他"你问我答"问题。

按照上面类似的步骤，再设计几个问答问题，参考代码如图 4-5 所示。

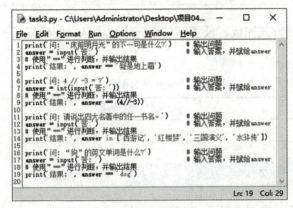

图 4-5　设计的问答游戏代码示例

程序运行最终结果如图 4-6 所示。

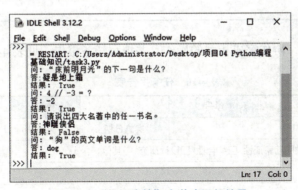

图 4-6　"你问我答"小游戏运行结果

知识链接

数据输出

Python 提供了 print() 函数用于打印输出，其原型如下。

```
print(*objects, sep=' ', end='\n', file=sys.stdout, flush=False)
```

参数解析如下。
objects：（必选，任意类型）需要输出的内容，多个内容用英文逗号分隔。
sep：（可选，字符串类型）输出后内容的间隔符，默认是空格。
end：（可选，字符串类型）输出的结尾，默认是换行符 \n。
file：（可选）要写入的文件对象。
flush：（可选，布尔类型）输出是否被缓存。

项目小结

本项目以团队协作的方式完成，任务实施前先组建团队，明确组长人选和小组任务分工，填写表 4-9。

表 4-9　学生任务分配表

组号		成员数量	
组长			
组长任务			
组员姓名	学号	任务分工	

根据任务分工要求，协作完成相关的操作，并填写任务报告，见表 4-10。

表 4-10　任务报告表

学生姓名		学号		班级	
实施地点			实施日期	年　月　日	
任务类型	□演示性　□验证性　□综合性　□设计研究　□其他				
任务名称					
一、任务中涉及的知识点					

续表

二、任务实施环境	
三、实施报告（包括实施内容、实施过程、实施结果、所遇到的问题、采用的解决方法、心得反思等）	
小组互评	
教师评价	日期

 自我提升

引导问题 1：对一个整数中的各位数字求和。

编写一个程序，读取一个 0～1 000 的整数并计算它各位数字之和。

例如：如果一个整数是 932，那么它各位数字之和就是 14。（提示：使用 % 来提取数字，使用 // 运算符来去除掉被提取的数字。例如：932%10=2，而 932//10=93。）

引导问题 2：金融应用程序：复利值。

假设你每月存 100 元到一个年利率为 5% 的储蓄账户，月利率是 0.05/12=0.004 17。

第一个月后，账户里的数目变为：$100\times(1+0.004\,17)=100.417$

第二个月后，账户里的数目变为：$(100+100.417)\times(1+0.004\,17)=201.252$

第三个月后，账户里的数目变为：$(100+201.252)\times(1+0.004\,17)=302.507$

依此类推。

编写一个程序，提示用户键入每月存款数，然后显示 6 个月后的账户总额。

引导问题 3：判断"刘备""孙权""周瑜"等字符串是否出现在下面《三国演义》的片段中，内容如下。

次日，于桃园中，备下乌牛白马祭礼等项，三人焚香再拜而说誓曰："念刘备、关羽、张飞，虽然异姓，既结为兄弟，则同心协力，救困扶危；上报国家，下安黎庶。不求同年同月同日生，只愿同年同月同日死。皇天后土，实鉴此心，背义忘恩，天人共戮！"誓毕，拜玄德为兄，关羽次之，张飞为弟。祭罢天地，复宰牛设酒，聚乡中勇士，得三百余人，就桃园中痛饮一醉。来日收拾军器，但恨无马匹可乘。正思虑间，人报有两个客人，引一伙伴当，赶一群马，投庄上来。玄德曰："此天佑我也！"三人出庄迎接。原来二客乃中山大商：一名张世平，一名苏双，每年往北贩马，近因寇发而回。玄德请二人到庄，置酒管待，诉说欲讨贼安民之意。二客大喜，愿将良马五十匹相送；又赠金银五百两，镔铁一千斤，以资器用。

评价反馈

考核学生的专业能力和关键能力，采用过程性评价和结果评价相结合、定性评价与定量评价相结合的考核方法，填写考核评价表。注重学生动手能力和在实践中分析问题、解决问题能力的考核，对于在学习和应用上有创新的学生应给予特别鼓励（表 4-11）。

表 4-11　考核评价表

评价项目		评价内容	分值	自评	师评
相关知识（20%）		掌握了 Python 中常见的数据类型	10		
		能够熟悉使用 Python 中多种运算符	10		
工作过程（80%）	计划方案	工作计划制订合理、科学	10		
	自主学习	有计划地进行相关信息的探索，发现问题能及时和教师或同学讨论交流	15		
	任务及汇报	参见"任务报告表"任务完成情况进行评估	40		
	职业素养	注重团队合作，态度端正，工作认真、主动；具有良好的计算机使用习惯，爱护公共设施与环境	15		
附加分		考核学生的创新意识，在工作中有突出表现或特色做法	5		

项目 5 程序控制结构

项目导读

在现实生活中，经常要做判断。比如，过马路要看红绿灯，如果是绿灯才能过马路，否则要停足等待；再比如，红绿灯交替变化就是一个循环往复的过程，只要设备不出现故障，系统就会按照固定周期一直发挥作用。

其实，不仅生活中需要判断和循环，在程序开发中也经常会遇到需要根据不同条件选择不同操作的情况，或需要重复处理相同或相似操作的情况。此时，可以通过流程控制语句来解决这些问题。本项目将详细介绍 Python 中的 if 分支、for 循环、while 循环等程序控制结构。

学习目标

知识目标

1. 了解 Python 分支结构的形式。
2. 掌握 Python 单分支、双分支、多分支结构的语法。
3. 掌握 while 和 for 循环语句的使用方法。
4. 掌握 break 和 continue 跳转语句的使用方法。

能力目标

1. 能够画出规范的程序流程图。
2. 能够根据实际问题选择合适的流程控制语句，并编写程序解决相关任务。

素质目标

1. 养成分析问题、事前规划的良好习惯。
2. 增强规律总结，将事物化繁为简的能力。
3. 强化环境保护意识，提倡节约能源、绿色健康出行。

任务 1　分类输出 BMI 体质指数

任务描述

BMI（Body Mass Index）简称体质指数，最先由 19 世纪中期的比利时通才雅克·凯特勒提出，是国际上常用的衡量人体胖瘦程度及是否健康的一个标准。其计算公式为：BMI= 体重 ÷（身高 × 身高），其中体重单位为千克、身高单位为米。BMI 的评价标准有多种，包括 WHO 成人标准、我国国内标准等，见表 5-1。

表 5-1　国际国内体质指数标准　　　　　　　　　　　　　　　　kg/m²

分类	国际 BMI 值	国内 BMI 值
偏瘦	<18.5	<18.5
正常	18.5~25	18.5~24
偏胖	25~30	24~28
肥胖	≥ 30	≥ 28

本任务为编写一个简单的 Python 程序，输入给定的体重和身高值，输出 BMI 指标分类信息（国际和国内）。

任务实施

项目 4 的 Python 代码都是一条一条语句按顺序向下执行的，这种代码结构叫作顺序结构。然而仅有顺序结构并不能解决所有的问题，比如设计一个游戏，游戏第一关的过关条件是玩家应获得 500 分，那么在第一关完成后，会根据玩家得到的分数来决定玩家是进入第二关还是"游戏结束"。在这样的场景下，代码就需要产生两个分支，而且这两个分支只有一个会被执行，这种结构称为"分支结构"。

知识链接

程序的分支结构

1. 三种基本控制结构

对 Python 项目或是对算法进行操作的时候，离不开的就是控制结构，在

Python 中，比较常见的控制结构分成了三种，分别是顺序结构、分支结构、循环结构，其流程图如图 5-1 所示。

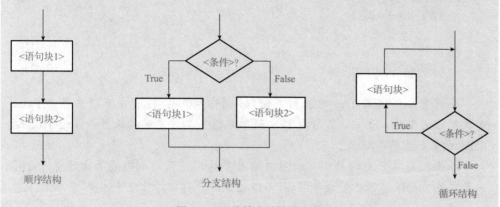

图 5-1　三种基本结构流程图

2. 分支结构

分支结构也称为选择结构，是程序根据条件判断结果而选择不同的路径来继续向前执行的一种运行方式。其最基础的分支结构是"二分支结构"，即判断条件产生"是"或"否"，二分支结构组合形成多分支结构。

（1）单分支结构：if。Python 的单分支结构使用 if 保留字对条件进行判断，使用方式如下。

```
if<条件表达式>:
    <语句/语句块>
```

<条件表达式>：一个产生 True 或 False 结果的语句，可以是关系表达式、逻辑表达式、算术表达式等。当结果为 True 时才会执行<语句/语句块>，否则跳过，不做任何操作，控制将转到 if 语句的结束点。

<语句/语句块>：是 if 条件满足后执行的一个或多个语句序列，用缩进来表达<语句/语句块>与 if 的包含关系，多个语句的缩进必须对齐一致。

例如，由用户输入年龄，使用 if 判断是否大于等于 18，满足条件，打印"你已经成年"。

```
age=int(input('输入你的年龄：'))
if age>=18:
    print('你已经成年')
```

测试结果如图 5-2 所示。

（2）二分支结构：if-else。上面的单分支示例中，如果年龄输入一个小于 18 的数字，则不会有文字提示。应该使用其他方法来修正这个问题，如使用 if-

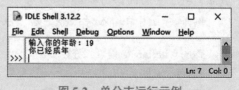

图 5-2　单分支运行示例

else 语句。if 语句的二分支结构语法格式如下。

```
if < 条件表达式 >:
    < 语句 / 语句块 1>

else:
    < 语句 / 语句块 2>
```

在 if 中条件满足 True 时执行 < 语句 / 语句块 1>，在 if 中不满足即为 False 时执行 else 里的 < 语句 / 语句块 2>。简单来说，二分支结构根据条件的 True 或 False 结果产生两条路径。

修正上面单分支的示例，由用户输入年龄，使用 if 判断是否大于等于 18，满足条件，打印"你已经成年"，若不满足条件，打印"你还未成年"。

```
age=int(input(' 输入你的年龄： '))
print('----if 二分支示例 ----')
if age>=18:
    print(' 你已经成年 ')
else:
    print(' 你还未成年 ')
```

（3）多分支结构：if-elif-else。在实际应用中，如果需要判断的情况大于两种，if 和 if-else 语句显然是无法完成判断的。这时，出现了多分支结构，即使用 if-elif-else 对多个条件判断，并根据不同条件的结果按照顺序选择执行路径，其语法格式如下。

```
if < 条件表达式 1>:
    < 语句 / 语句块 1>
elif < 条件表达式 2>:
    < 语句 / 语句块 2>
    …
else:
    < 语句 / 语句块 N>
```

要注意，Python 会按照多分支结构的代码顺序依次评估判断条件，寻找并执行第一个结果为 True 条件对应的语句块，当前语句块执行后会跳过整个 if-elif-else 结构，所以特别要注意多个逻辑条件的先后关系。如果没有任何条件成立，else 下面的语句会被执行。

例如，由用户输入考试分数后，程序实现成绩等级的评定。

```
score = int(input(' 请输入分数： '))
if score >= 90:
    print(' 本次考试，成绩优！')
```

```
elif score >= 80:
    print('本次考试，成绩良！')
elif score >= 70:
    print('本次考试，成绩中！')
```

分次输入不同的成绩，它的结果会根据相应的条件来给出判断。使用时要注意对成绩的等级判断一般有两种方法，一是从高到低的分数依次判断，如 90、80、70、60 等；二是从低到高的分数依次判断，如 60、70、80、90 等。不建议使用无顺序的分数进行判断，如 90、60、80、70 等，它的逻辑会显得混乱。

（4）if 的嵌套使用。在 if 或 if-else 语句中又包含一个或多个 if 或 if-else 语句，这种结构称为 if 嵌套。一般形式如下。

```
if< 条件表达式 1>:
    if< 条件表达式 2>:
        < 语句 / 语句块 1>
    else:
        < 语句 / 语句块 2>
else:
    if< 条件表达式 3>:
        < 语句 / 语句块 3>
    else:
        < 语句 / 语句块 4>
```

例如，使用 if 嵌套判断乘客坐火车的验票和安检工作。众所周知，乘客进站前需要先验票，再通过安检，最后才能上车。在程序中，后面的判断条件是在前面的判断成立的基础上进行的，代码如下。

```
ticket= int(input('是否有票？请输入 1 ( 表示 " 有 ") 或者 0( 表示 " 无 "): '))
if ticket == 1:
    print('有车票，请安检！')
    knife =int(input('是否携带刀具？请输入 1 ( 表示 " 有 ") 或者 0( 表示 " 无 "): '))
    if knife == 1:
        print('有车票，但携带刀具，未通过安检，不能进站！')
    else:
        print('有车票，没携带刀具，通过安检，可以进站！')
else:
    print('无票，不能进站！')
```

测试结果如图 5-3 所示。

特别注意，在书写嵌套代码时，需要严格按照代码缩进的要求，把代码对齐，否则很容易出现错误。

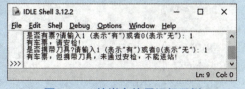

图 5-3　if 的嵌套使用运行示例

下面以输出国内 BMI 分类信息为例，采用多分支结构来完成此任务。

步骤一：输入给定的身高和体重值。

先定义变量 height（身高）、weight（体重），通过 input() 函数输入多个元素（键盘输入数值时建议采用英文逗号隔开），输入如下代码。

```
# 用户输入是多元素，建议用逗号隔开
height, weight = eval(input(" 请输入身高 ( 米 ) 和体重 ( 公斤 )[ 用英文逗号隔开 ]:"))
```

步骤二：计算 BMI 指标。

由于 BMI= 体重 ÷(身高 × 身高)，可以引入幂函数参与计算，输入如下代码。

```
bmi = weight /pow(height,2)            # pow() 为幂函数，用于计算身高的平方
print("BMI 数值为：{:.2f}".format(bmi))  # 格式化输出，保留两位小数
```

步骤三：输出国内 BMI 指标分类信息。

使用多分支结构完成选择性信息的输出，输入如下代码。

```
nat = ""
if bmi < 18.5:
    nat = " 偏瘦 "
elif 18.5 <= bmi < 24:
    nat = " 正常 "
elif 24 <= bmi < 28:
    nat = " 偏胖 "
else:
    nat = " 肥胖 "
print("BMI 指标为：国内标准判定为 '{0}'".format(nat))
```

运行源代码，输入身高体重的数值后，输出结果如图 5-4 所示。

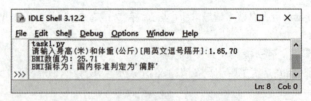

图 5-4　国内 BMI 指标分类信息输出

类似的，只要修改判断标准，就可以输出国际 BMI 指标的分类信息，输入如下代码。

```
who = ""
if bmi < 18.5:
    who = " 偏瘦 "
elif 18.5 <= bmi < 25:
    who = " 正常 "
elif 25 <= bmi <30:
```

BMI 混合计算

```
    who = " 偏胖 "
else:
    who = " 肥胖 "
print("BMI 指标为：国际标准判定为 '{0}'".format(who))
```

通过上面的程序代码，比较容易地分别输出了国内和国际的 BMI 分类信息。那么，如果要同时输出国际和国内对应的分类信息，代码参考如图 5-5 所示。

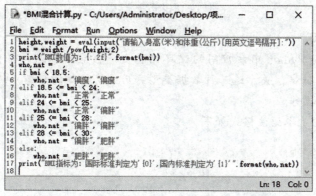

图 5-5　国际、国内 BMI 指标混合计算代码

运行源代码，输入身高体重的数值后，可以看到同时输出了国际和国内 BMI 的分类信息，效果如图 5-6 所示。

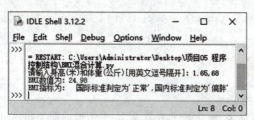

图 5-6　国际和国内 BMI 分类信息的同时输出

任务 2　开发"人机猜拳"小游戏

任务描述

人机猜拳是一种简单有趣的游戏，其规则很简单，玩家和计算机同时出拳，根据出拳的规则来判断胜负。通常的规则是：①石头赢剪刀；②布赢石头；③剪刀赢布。本任务将利用 Python 实现一个简易的"人机猜拳"小游戏，模拟用户和计算机连续猜拳，先赢 2 次的一方取得胜利（3 局 2 胜制）。

任务实施

"人机猜拳"小游戏实行3局2胜制,需要进行多轮次猜拳,程序中应使用循环结构来实现,即利用循环语句让程序多次执行某段代码,从而实现重复的操作。

知识链接

程序的循环结构

1. for 循环

for 循环是 Python 中最常用的循环结构之一,它可以遍历任何序列(如列表、元组和字符串,关于这三种数据类型,后续有详细的介绍)中的每个元素,并执行相应的操作。

for 循环的基本语法格式如下。

```
for 变量 in 序列:
    循环体
```

上述语句的执行过程:如果序列中包含表达式,则先进行求值计算;然后,序列中的第一个元素赋给变量,执行循环体;接着让变量去序列中取下一个值,每取一个值执行一次循环体,直到序列中最后一个元素取完,赋值给变量,执行循环体后 for 循环结束。

Python 提供了内置 range() 函数,它可以生成一个指定范围的数字序列。它的格式如下。

```
range(start, stop[, step])
```

参数说明如下。

(1) start:计数从 start 开始,默认是从 0 开始。如 range(5) 等价于 range(0, 5)。

(2) stop:计数到 stop 结束,但不包括 stop。如 range(0, 5) 是 [0, 1, 2, 3, 4],没有 5。

(3) step:步长,默认为 1。如 range(0, 5) 等价于 range(0, 5, 1),结果为 [0, 1, 2, 3, 4]。

例如,要打印 100~200 中所有个位数是 3 的数字,参考代码如下。

```
for x in range(100,200):
    if x % 10 == 3:
        print(x, end='\t')
print('\n')
```

2. while 循环

与 for 循环类似,while 循环也是一个预测式的循环,但是 while 在循环开始前并不知道重复执行语句的次数,需要根据不同条件执行循环语句块零次或多次。while 循环的基本语法格式如下。

```
while 条件表达式：
    循环体
```

上述语句的执行过程：先判断条件语句是否为 True，如果为 True 就执行循环体，执行完循环体再判断条件是否为 True，如果为 True 就再执行循环体。以此类推，当条件语句结果为 False 时循环结束。

要注意：for 循环的起始条件是列表的元素，而 while 循环的条件是条件表达式。在 for 循环语句中不需要指定循环结束的条件，它会自动判断列表的元素数量。while 循环必须指定循环结束的条件，否则就会无限循环下去。这是两者的一个重要区别。

例如，输入一个 1000 以内的正整数 n，求 S=1+2+3+…+n 的值。参考代码如下。

```
n = int(input(' 请输入一个 1000 内的正整数 : '))    #输入值转换为整数
i = 1                                              #创建变量 i，赋值为 1
S = 0                                              #创建变量 S，赋值为 0
while i <= n:                                      #循环，当 i>n 时结束
    S += i                                         #求和，将结果赋给 S
    i += 1                                         #变量 i 加 1
print('1 加到 ',n,' 的和为： ',S)                  #输出 S 的值
```

3. break 和 continue 语句

前面介绍的循环都是当循环条件为 False 时退出循环，然而，在某些场合，只要满足一定的条件就应当提前结束正在执行的循环操作。此时，Python 提供了 break 和 continue 跳转语句来结束循环。

（1）break 语句。终止 break 语句所在的循环，当循环或判断执行到 break 语句时，即使条件为 True 或序列尚未完全被遍历，都会跳出循环。在循环结构中，break 语句通常与 if 语句一起使用，以便在满足条件时跳出循环。例如：

```
for n in 'abcdefg':
    if n == 'd':
        break
    else:
        print(n)
```

上面程序运行结果为 abc，因为遇到第 4 个字母 d 就会结束本次循环操作。

（2）continue 语句。有时并不需要终止整个循环的操作，而只需要提前结束本次循环，接着执行下次循环，此时可使用 continue 语句。与 break 语句不同，continue 语句的作用是结束本次循环，即跳过循环体中 continue 语句后面的语句，开始下一次循环。例如：

```
for n in ' abcdefg ':
    if n == 'd':
        continue
```

笔记

```
else:
    print(n)
```

上面程序运行结果为 abcefg，当判断 n=d 成立的时候跳出循环，后续的循环还会继续执行。

4. 循环的嵌套

一个循环语句的循环体内包含另一个完整的循环结构，称为循环的嵌套。嵌套在循环体内的循环称为内循环，嵌套有内循环的循环称为外循环。内循环中还可以嵌套循环，这就是多重循环。

while 语句和 for 语句可以互相嵌套，自由组合。外层循环体中可以包含一个或多个内层循环结构，但要注意的是，各循环必须完整包含，相互之间不允许有交叉现象。

例如，要输出下面的九九乘法表。

```
1*1=1
1*2=2   2*2=4
1*3=3   2*3=6   3*3=9
1*4=4   2*4=8   3*4=12  4*4=16
……      ……      ……      ……
1*9=9   2*9=18  3*9=27  4*9=36  ……  9*9=81
```

可使用 for 语句的循环嵌套来实现，外循环控制行，内循环控制列，参考代码如下。

```
for x in range(1, 10):              # 循环变量 x 从 1 到 9
    for y in range(1, x + 1):       # 循环变量 y 从 1 到 x
        print(y,'*', x, '=',x*y,end=' ')  # 输出乘法表达式
    print('')                       # 输出空字符串，换行
```

要完成此次"人机猜拳"小游戏程序，可先定义两个变量分别用于统计用户和计算机赢的次数，并赋初始值为 0；然后用 while 循环，判断条件为 True 进行死循环，在循环中进行以下操作。

（1）使用 input() 函数输入一个整数（模拟用户出拳，1 表示石头，2 表示剪刀，3 表示布），并判断输入的整数是否处于 1～3，如果不是，输出错误提示，并使用 continue 语句结束本次循环。

（2）使用 randint() 函数生成一个 1～3 的随机整数（模拟计算机出拳）。

（3）使用 print() 函数输出本次用户和计算机的出拳。

（4）使用关系运算符（==）和逻辑运算符（and 和 or）判断输赢，如果用户赢，则用户赢的次数加 1，并输出赢的次数，然后判断用户赢的次数是否等于 2，如果是，则输出用户获得胜利的提示，并跳出循环。如果计算机赢，则计算机赢的次数加 1，并输出计算机赢的次数，然后判断计算机赢的次数是否等于 2，如果是，则输出计算机获得胜利的提示，并跳出循环。如果平局，则给出平局提示。

以上设计思路可以用程序流程图表示。

知识链接

程序流程图

在程序中往往包含较多的循环语句和转移语句，导致程序的结构比较复杂，给程序设计与阅读造成困难，而使用流程图表示程序运行的具体步骤是一种非常好的方法。

程序流程图用图的形式画出程序流向，是算法的一种图形化表示方法，具有直观、清晰、更易理解的特点。程序流程图是在处理流程图的基础上，通过对输入、输出数据和处理过程的详细分析，将计算机的主要运行步骤和内容标识出来。

程序流程图由起止框、处理框、判断框、流程线、输入/输出框，并结合相应的注释来构成。起止框表示程序的开始或结束；处理框用于表示程序中的具体操作；判断（菱形）框具有条件判断功能，有一个入口，二个出口；流程线表示流程的路径和方向；输入/输出框表示数据的输入和输出。流程图常用符号含义见表 5-2。

表 5-2 流程图常用符号的含义

符号	名称	含义
	起止框	标准流程的开始与结束，每一个流程图只有一个起点
	判断框	进行决策或判断
	处理框	具有处理功能，用于表示程序中的具体操作
	输入/输出框	表示数据的输入和输出
	注释框	用于对流程图中某些操作作出必要的补充说明
	流程线	表示执行的方向与顺序
	连接符	将多个流程图连接在一起，常用于将较大的流程图分隔为若干部分
	人工输入符	表示手动操作，表示这个步骤需要手动完成。

大多数复杂的算法都可以由顺序结构、选择（分支）结构和循环结构这三种基本结构组成，因此，在构造一个算法的时候，也仅以这三种基本结构作为"建筑单元"，遵守三种基本结构的规范，基本结构之间可以并列、可以相互包含，但不允许交叉，不允许从一个结构直接转到另一个结构的内部去。正因为整个算法都是由三种基本结构组成的，就像用模块构建的一样，所以结构清晰，易于验证正确性，易于纠错，这种方法就是结构化方法。遵循这种方法的程序

设计，就是结构化程序设计。相应地，只要规定好三种基本结构的流程图的画法，就可以画出大多数算法的流程图。

绘制程序流程图可以使用 Microsoft Word 软件辅助绘制，但是使用 Microsoft Visio、Process On、Diagram Designer 和 EDraw Max 等专业软件辅助绘制会更加高效。

本任务"人机猜拳"小游戏程序流程图如图 5-7 所示。

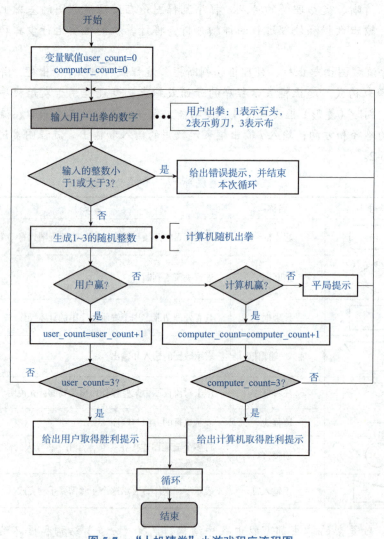

图 5-7 "人机猜拳"小游戏程序流程图

步骤一：导入模块，变量赋值。

计算机出拳需要生成一个 1～3 范围内的随机整数，因此程序开头先导入 random 模块。接着对用户和计算机赢的次数进行变量定义，并赋初始值为 0。输入如下代码。

import random   # 导入 random 模块，用于生成一个随机整数

```
user_count=0                          # 创建变量表示用户赢的次数
computer_count=0                      # 创建变量表示计算机赢的次数
```

步骤二：双方出拳信息输入与显示。

在 while 循环中，完成用户出拳（键盘输入一个数），先判断输入的整数是否在 1（含）～3（含）。如果不是，输出错误提示，并结束本次循环；如果是，使用 randint() 函数生成一个 1～3 的随机整数（模拟计算机出拳）。使用 print() 函数显示本轮双方的出拳信息。输入如下代码。

```
while True:
    print(' 请你出拳（输入数字，1 表示石头，2 表示剪刀，3 表示布）',end=' ')
    user=int(input())                 # 用户出拳
    if user<1 or user>3:
        print(' 输入错误，请重新输入！')   # 数字不合规，给出错误提示
        continue                      # 结束本次循环
    computer=random.randint(1,3)      # 计算机出拳，生成一个 1～3 的随机整数
    print(' 用户出：',user)             # 输出用户出的招式
    print(' 计算机出：',computer)       # 输出计算机出的招式
```

知识链接

randint 函数用法

randint 函数是 Python 中通用随机模块 random 提供的函数，其用途在于生成指定范围的随机整数。该函数的语法格式为：random.randint(a, b)，其中 a 为随机取值的下限，b 为上限，即得到的随机整数可生成的范围为 a，a+1，a+2，……，b-2，b-1，b。例如，生成一个 10～20 的随机整数 n，可以用 n=random.randint(10, 20) 实现。

randint 函数在 Python 编程中有着多项应用，如在网络技术中，可赋予在网页中进行随机显示的功能，这样，浏览器就能做到自动寻找内容，不断地对页面进行刷新，增添网页内容的可玩性，让访客及浏览者都能获得不一样的信息。此外，该函数还可以实现真随机性，可以广泛应用于加密技术，从而对非文本信息进行加密、编码，实现其他有用的加密技术。

步骤三：判断双方输赢。

判断本轮的输赢情况。如果用户赢，则用户赢的次数加 1，并输出已经赢的次数，再判断用户赢的次数是否等于 2，如果是，则输出用户获得胜利的提示，并跳出循环。如果计算机赢，则计算机赢的次数加 1，并输出计算机已经赢的次数，再判断计算机赢的次数是否等于 2，如果是，则输出计算机获得胜利的提示，并跳出循环。如果平局，则给出平局提示。输入如下代码。

```
if(user==1 and computer==2)or(user==2 and computer==3)or(user==3 and computer==1):
```

笔记

```
        user_count+=1                                    # 如果用户赢，用户赢的次数加 1
        print(f' 用户赢 {user_count} 次 ')                # 输出用户赢的次数
        if user_count==2:                                # 如果已经赢了 2 次，给出用户赢信息
            print(' 用户先赢 2 次，恭喜用户取得胜利！ ')
            break                                        # 跳出循环
    elif(computer==1 and user ==2)or(computer==2 and user==3)or(computer==3 and user==1):
        computer_count+=1                                # 如果计算机赢，计算机赢的次数加 1
        print(f' 计算机赢 {computer_count} 次 ')         # 输出计算机赢的次数
        if computer_count==2:                            # 如果已经赢了 2 次，给出计算机赢信息
            print(' 计算机先赢 2 次，恭喜计算机取得胜利！ ')
            break                                        # 跳出循环
    else:                                                # 除了两方赢的可能，就是平局
        print(' 平局 ')
```

程序运行后的效果如图 5-8 所示。

人机猜拳源代码

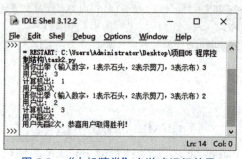

图 5-8　"人机猜拳"小游戏运行效果

项目小结

本项目以团队协作的方式完成，任务实施前先组建团队，明确组长人选和小组任务分工，填写表 5-3。

表 5-3　学生任务分配表

组号		成员数量	
组长			
组长任务			
组员姓名	学号	任务分工	

根据任务分工要求，协作完成相关的操作，并填写任务报告，见表 5-4。

表 5-4 任务报告表

学生姓名		学号		班级	
实施地点		实施日期		年　月　日	
任务类型	□演示性　□验证性　□综合性　□设计研究　□其他				
任务名称					
一、任务中涉及的知识点					
二、任务实施环境					
三、实施报告（包括实施内容、实施过程、实施结果、所遇到的问题、采用的解决方法、心得反思等）					
小组互评					
教师评价			日期		

自我提升

引导问题 1：百钱买百鸡问题。

中国古代数学家张丘建在他的《算经》中提出了一个著名的"百钱买百鸡问题"。

鸡翁一，值钱五；鸡母一，值钱三；鸡雏三，值钱一。百钱买百鸡，问翁、母、雏各几何？大概题意是这样的：公鸡 5 元 1 只，母鸡 3 元 1 只，小鸡 3 只 1 元，100 元可买

100 只鸡。问可买公鸡、母鸡和小鸡各多少只？

该问题导致三元不定方程组，其重要之处在于开创了"一问多答"的先例。

请用编程输出"百钱买百鸡问题"所有可能的方案。

引导问题 2：判断网络系统的密码强度。

俗话说"道路千万条，安全第一条"，在互联网领域，同样如此。要紧抓网络安全这根绳，增强防范意识。对于用户来说，日常的上网经常伴随着账户密码的使用，所以，密码的安全至关重要。

请设计一个简单的 Python 程序来检查密码强度。规则为：密码长度小于 8 为弱密码；密码长度大于等于 8 且包含至少 2 种字符为中等强度；密码长度大于等于 8 且包含至少 3 种字符为强密码。

参考提示如下：

（1）字符包含大写字母、小写字母、特殊符号如"！"和数字 4 种类型，所以，程序中要分别设置计数器，用来统计上述字符是否出现。

（2）主要用到的技术要点：string 模块常用方法（所有大小写字母、数字、标点符号）使用，ascii_lowercase、ascii_uppercase、digits、punctuation 和 for 循环遍历字符串。

引导问题 3：设计空气质量评级系统。

空气质量指数（Air Quality Index，AQI）用于对空气质量进行定量描述，它描述了空气污染的程度，以及对健康的影响。环境空气质量标准规定了污染物基本项目为 6 项，分别为二氧化硫（SO_2）、二氧化氮（NO_2）、一氧化碳（CO）、臭氧（O_3）、可吸入颗粒物（PM10）、细颗粒物（PM2.5），这 6 项污染物可用 AQI 统一评价。

请编写一个 Python 程序，可根据空气质量指数（AQI）判断空气质量等级，同时给出各类人群户外活动建议，对照关系参见表 5-5。

表 5-5 AQI、空气质量等级和户外活动建议对照关系

空气质量指数	空气质量等级	户外活动建议
$0 < AQI \leq 50$	一级（优）	各类人群可正常活动
$50 < AQI \leq 100$	二级（良）	极少异常敏感人群应减少户外活动
$100 < AQI \leq 150$	三级（轻度污染）	儿童、老年人及心脏病、呼吸系统疾病患者应减少长时间、高强度的户外活动
$150 < AQI \leq 200$	四级（中度污染）	儿童、老年人及心脏病、呼吸系统疾病患者避免长时间、高强度的户外活动，一般人群适量减少户外运动

续表

空气质量指数	空气质量等级	户外活动建议
200 < AQI ≤ 300	五级（重度污染）	儿童、老年人及心脏病、肺病患者应停止户外活动，一般人群减少户外活动
300 < AQI	六级（严重污染）	儿童、老年人和患者应停留室内，避免体力消耗，一般人群避免户外活动

生态文明

宇宙中只有一个地球，人类共有一个家园。地球是人类唯一赖以生存的家园，珍爱和呵护地球是人类的唯一选择。"生态兴则文明兴，生态衰则文明衰。"古今中外，人与自然和谐的关系印证着良好的生态环境对人类社会生存发展的影响。每年的6月5日是世界环境日，它反映了世界各国人民对环境问题的认识和态度，表达了人类对美好环境的向往和追求。2023年，世界环境日中国主题是"建设人与自然和谐共生的现代化"，旨在促进全社会增强生态环境保护意识，投身生态文明建设，共建美丽中国。

"十三五"以来，我国环境空气达标城市数量、优良天数比例提升，地表水水质优良断面比例持续提升，水质优良海域面积比例持续提升……在中国，"绿水青山就是金山银山""良好生态环境是最普惠的民生福祉，保护生态环境就是保护生产力""实行最严格的生态环境保护制度"等理念深入人心。

《中华人民共和国国民经济和社会发展第十四个五年规划和2035年远景目标纲要》专门用一个篇章阐释推动绿色发展，促进人与自然和谐共生，强调坚持绿水青山就是金山银山理念，坚持尊重自然、顺应自然、保护自然，坚持节约优先、保护优先、自然恢复为主，实施可持续发展战略，完善生态文明领域统筹协调机制，构建生态文明体系，推动经济社会发展全面绿色转型，建设美丽中国。

评价反馈

考核学生的专业能力和关键能力，采用过程性评价和结果评价相结合、定性评价与定量评价相结合的考核方法，填写考核评价表。注重学生的动手能力和实践中分析问题、解决问题能力的考核，对于在学习和应用上有创新的学生应给予特别鼓励（表5-6）。

表5-6 考核评价表

评价项目	评价内容		分值	自评	师评
相关知识（20%）	基本掌握流程控制语句的使用方法		10		
	能够画出规范的程序流程图		10		
工作过程（80%）	计划方案	工作计划制订合理、科学	10		
	自主学习	有计划地进行相关信息的探索，发现问题能及时和教师或同学讨论交流	15		
	任务及汇报	参见"任务报告表"任务完成情况进行评估	40		
	职业素养	注重团队合作，态度端正，工作认真、主动；具有良好的计算机使用习惯，爱护公共设施与环境	15		
附加分	考核学生的创新意识，在工作中有突出表现或特色做法		5		

项目 6　熟识序列结构

PROJECT 6

项目导读

在程序开发过程中，会遇到各式各样的数据，这些数据又有着各自的特点。Python 提供了许多灵活的数据结构，方便用户处理和操作各种类型的数据。其中，序列是 Python 中最常用的数据结构之一。无论是处理文本、数字、图像还是其他类型的数据，经常需要使用序列进行存储、访问和操作。

学习目标

知识目标
1. 了解序列的概念。
2. 掌握序列的基本使用方法。

能力目标
1. 能够使用字符串、列表、字典、元组进行操作。
2. 能够根据实际需求选择合适的数据类型解决问题。

素质目标
1. 培养学生乐于探索、勇于实践的能力。
2. 培养学生将优秀文化融入编程案例中的能力以及爱国情怀。

任务 1　判断回文串

任务描述

"回文串"是一个正读和反读都一样的字符串，比如"level""noon"等就是回文串。在本任务中将使用不同的方法来判断回文串。

用 Python 判断回文串的方法较多，比如可以使用内置函数 reverse 来将字符串反转后与原字符串比较，或使用 Python 序列切片来实现回文串的判断。

知识链接

序列及通用操作

1. 序列的定义

序列就是若干个值按一定的顺序进行排列，这些值（称为元素）存储在内存中一段连续的空间上。在 Python 中，序列结构主要有列表（list）、元组（tuple）、字符串（string）、集合（set）和字典（dict）。每种序列类型都有其独特的特点和用途，理解它们将有助于更好地应用 Python 的强大功能。

2. 序列的通用操作

（1）索引。序列中的每一个元素都有一个编号，也称为索引。例如，我们如果把一家酒店看作一个序列，那么酒店里的每个房间就类似于这个序列的元素，而房间号就相当于索引，可以通过房间号找到对应的房间。从左往右，第一个元素的索引为 0，而后开始递增。如：列表 L = ['Hello', 1, 3]，从左往右的索引如图 6-1 所示。

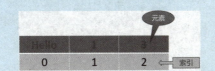

图 6-1　从左往右的索引

序列的索引也可以是负数，这个索引从右向左计数，也就是从最后的一个元素开始计数，即最后一个元素的索引值是 –1，倒数第二个元素的索引值为 –2，以此类推。如：字符串"Hello"，元素 H 的索引为 –5，元素 o 的索引为 –1，如图 6-2 所示。

图 6-2　负数索引

通过索引可以访问序列中的任何元素。例如，定义一个包括 5 个元素的列表 fruits，要打印出它的第 4 个元素和最后一个元素，可以使用下面的代码。

```
fruits = ["苹果","香蕉","车厘子","榴莲","草莓"]
print(fruits[3])        #输出第 4 个元素"榴莲"
print(fruits[-1])       #输出最后一个元素"草莓"
```

(2)切片。切片是访问序列中元素的另一种方法,它可以访问指定范围内的元素,通过切片操作生成一个新的序列。实现切片操作的语法格式如下。

```
sname[start:end:step]
```

其中,各个参数的含义分别如下。
- sname:表示序列的名称。
- start:表示切片的开始索引位置(包括该位置),此参数也可以不指定,会默认为 0,也就是从序列的开头进行切片。
- end:表示切片的结束索引位置(不包括该位置),如果不指定,则默认为序列的长度。
- step:表示在切片过程中,隔几个存储位置(包含当前位置)取一次元素,也就是说,如果 step 的值大于 1,则在进行切片时,会"跳跃式"地取元素。如果省略设置 step 的值,则最后一个冒号就可以省略。

例如,对字符串"Python 语言"进行切片。

```
str="Python 语言 "
print(str[:2])      #取索引区间为 [0,2] 之间的字符串
print(str[::2])     #隔 1 个字符取一个字符,区间是整个字符串
print(str[:])       #取整个字符串,此时 [ ] 中只需一个冒号即可
```

运行上面的代码,将显示以下结果。

```
Py
Pto 语
Python 语言
```

(3)序列相加。在 Python 中,支持两种相同类型的序列相加操作,即对两个序列进行连接,不会去除重复的元素,使用加(+)运算符实现。在进行序列相加时,相同类型的序列是同为列表、元组、字符串等,至于序列中的元素类型可以不同。例如,将两个列表相加,可以使用下面的代码。

```
fruits = [" 苹果 "," 香蕉 "," 车厘子 "," 榴莲 "," 草莓 "]
num = [20, 13, 45, 78]
print(fruits+num)
```

相加后的结果如下:

```
[' 苹果 ',' 香蕉 ',' 车厘子 ',' 榴莲 ',' 草莓 ', 20, 13, 45, 78]
```

(4)乘法。在 Python 中,使用数字 *n* 乘以一个序列会生成新的序列,新序列的内容为原来序列被重复 *n* 次的结果。例如下面的代码,将实现把一个序列乘以 3 生成一个新的序列并输出,从而达到"重要的事情说三遍"的效果。

```
love = [" 爱你一万年 "]
print(love * 3)
```

运行上面的代码,结果显示如下内容。

```
['爱你一万年','爱你一万年','爱你一万年']
```

(5)序列的内置函数。Python 提供了几个内置函数,可用于实现与序列相关的一些常用操作,见表 6-1。

表 6-1 序列内置函数

函数	功能
len()	计算序列的长度,即返回序列中包含多少个元素
max()	找出序列中的最大元素
min()	找出序列中的最小元素
list()	将序列转换为列表
str()	将序列转换为字符串
sum()	计算元素和
sorted()	对元素进行排序
reversed()	反向序列中的元素
enumerate()	将序列组合为一个索引序列,多用在 for 循环中

例如,定义一个包含 6 个元素的列表,分别显示列表的长度、最大元素和最小元素,可以使用下面的代码。

```
num = [34, 2, 65, 31, 698, 17]
print(" 列表 num 的长度为 ", len(num))
print(" 列表 num 中的最大元素为 ", max(num))
print(" 列表 num 中的最小元素为 ", min(num))
```

运行上面的代码,将显示以下结果。

```
列表 num 的长度为 6
列表 num 中的最大元素为 698
列表 num 中的最小元素为 2
```

步骤一:输入要判断的原字符串。

```
checkStr = input(' 请输入一个字符串:\n')
```

步骤二:原字符串进行反向。

```
a = reversed(list(checkStr))      #将序列转换为列表,并进行反向
```

步骤三：判断是否为回文串。

使用选择结构进行回文串的判断。

```
if list(a) == list(checkStr):
    print('"{}" 是回文串。'.format(checkStr))
else:
    print('"{}" 不是回文串。'.format(checkStr))
```

知识链接

字符串（String）及其格式化

Python 中的字符串为引号之间的字符序列集合，Python 支持使用成对的单引号或双引号来创建字符串。

字符串格式化允许在一个单个的步骤中对一个字符串执行多个特定类型的替换。字符串的格式化可以使用表达式的形式，或调用字符串的 format() 方法。

（1）表达式形式。Python 在对字符串操作的时候自定义了 % 操作符，它提供了简单的方法对字符串的值进行格式化，其语法格式如下。

```
%[( name )][ flags ][ width ] [ .precision ] typecode
```

参数说明如下。

- name：可选参数，当需要格式化的值为字典类型时，用于指定字典的 key。
- flags：可选参数，可供选择的值如下。
  +：表示右对齐，正数前添加正号，负数前添加负号。
  -：表示左对齐，正数前无符号，负数前添加负号。
  空格：表示右对齐，正数前添加空格，负数前添加负号。
  0：表示右对齐，正数前无符号，负数前添加负号，并用 0 填充空白处。
- width：可选参数，指定格式字符串的占用宽度。
- precision：可选参数，指定数值型数据保留的小数位数。
- typecode：必选参数，指定格式控制符，用于表示输出数据的类型，常用的格式字符及其说明见表 6-2。

表 6-2 常用的字符串格式化控制符

符号	描述
%c	格式化字符及其 ASCII 码
%s	格式化字符串
%d	格式化整数
%f	格式化浮点数，可指定小数点后的精度
%e	用科学计数法格式化浮点数

（2）format() 方法。使用 format() 方法也可以格式化字符串，其基本语法格式如下。

模板字符串.format(逗号分隔的参数)

模板字符串由一系列槽（用大括号表示）组成，用于控制字符串中嵌入值出现的位置，其基本思想是，将 format() 方法中逗号分隔的参数按照序号替换到模板字符串的槽中（序号从 0 开始）。例如：

s='你好，{1}，你这个月的工资是 {0} 元 !'.format(8500,'张三')

上面的结果为 s='你好，张三，你这个月的工资是 8500 元 !'
如果大括号中没有序号，则按照出现顺序替换，例如：

s='你好，{}，你这个月的工资是 {} 元 !'.format(8500,'张三')

上面的结果为 s='你好，8500，你这个月的工资是张三元 !'
format() 方法中模板字符串的槽除包括参数序号外，还可以包括格式控制信息，此时槽的内部格式如下。

{参数序号:格式控制标记}

其中，格式控制标记用于控制参数显示时的格式，它包括"填充""对齐""宽度"","".精度""格式字符" 6 个可选字段，这些字段可以组合使用。具体的格式控制标记及其说明见表 6-3。

表 6-3　格式控制标记

格式控制标记	说明
填充	用于填充的单个字符
对齐	< 左对齐　> 右对齐　^ 居中对齐
宽度	输出宽度
,	数字的千位分隔符
.精度	浮点数小数部分精度或字符串最大输出长度
格式字符	整数类型 d、o、x、X、b 浮点数类型 e、E、f 百分比 %

运行程序后，判断测试的效果如图 6-3 所示。

图 6-3　使用函数法判断回文串

也可以通过 Python 序列切片来实现回文串的判断，参考代码如下。

笔记

```
for x in range(1,10):
    checkStr=input(' 请输入要判断的字符串：\n')
    a = checkStr[::-1]
    print('')
    if a == checkStr:
        print('"{}" 是回文串。\n'.format(checkStr))
    else:
        print('"{}" 不是回文串。\n'.format(checkStr))
    answer = input(' 是否需要继续判断其他字符串？（y/n）：')
    if answer=='y':
        continue
    print(' 结束判断！ ')
    break
```

运行程序后的效果如图 6-4 所示。

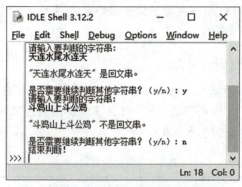

图 6-4　使用序列切片判断回文串效果

索引法判断"回文串"

传统文化

回文联

回文联是我国对联中的一种。用回文形式写成的对联，既可顺读，也可倒读，不仅意思不变，而且颇具趣味，是我国的重要文化之一。

其一，河南省境内有一座山名叫鸡公山，山中有两处景观："斗鸡山"和"龙隐岩"。有人就此作了一副独具趣味的回文联：斗鸡山上山鸡斗，龙隐岩中岩隐龙。

其二，厦门鼓浪屿鱼脯浦，因地处海中，岛上山峦叠峰，烟雾缭绕，海森森水茫茫，远接云天。于是，一副饶有趣味的回文联便应运而生：雾锁山头山锁雾，天连水尾水连天。

其三，清代，北京城里有一家饭馆叫"天然居"，有人曾就此作过一副有名的对联：客上天然居，居然天上客。上联是说，客人到"天然居"饭馆去吃饭。

> 下联是上联倒着念，意思是没想到居然像是天上的客人。后来，有人根据北京城东有名的大佛寺，想出了另一副对联：人过大佛寺，寺佛大过人。上联是说，人们路过大佛寺。下联是说，庙里的佛像大极了，大得超过了人。
>
> 其四，湛江德邻里有一副反映邻里之间友好关系、鱼水深情的回文联，至今传颂不衰：邻居爱我爱居邻，鱼傍水活水傍鱼。

任务 2　模拟双色球号码生成器

任务描述

双色球包括红球和蓝球，红球由 6 个互不重复的 1～33 的随机号码组成，蓝球是 1 个 1～16 的随机号码。本任务中将编写一个简易 Python 程序，利用列表保存随机生成的号码，模拟双色球号码生成器。

任务实施

要完成本任务，可以先定义一个空列表，用于保存随机生成的不重复的双色球号码；接着循环生成 1～33 的随机数，因为红球号码要互不相同，故须判断该随机数是否已在列表中，如果不在，则添加到列表中，直到列表的长度等于 6；然后随机生成一个 1～16 的蓝色球号码随机数，添加到列表中；最后遍历并输出列表中的双色球号码。

知识链接

列表（list）

Python 中的列表是包含零个或多个元素的有序序列。列表的长度和内容都是可变的，用户可自由对列表中的元素进行添加、删除或修改等操作。列表没有长度限制，元素类型也可以不同，可以同时包含数字、字符串等基本类型，以及元组、字典、集合等其他自定义数据类型的对象，使用非常灵活。

1. 列表的创建与遍历

（1）使用"="直接将一个列表赋值给变量即可创建列表对象。例如：

```
animal=['tiger','dog','elephant','monkey']   #创建列表
list_1=[]                                    #创建空列表
```

与字符串一样，可以通过下标索引的方式来访问列表中的元素。列表的正索引也是从 0 开始的，同样也可以是负索引。例如，使用 animal[3] 访问上述列表 animal 中索引为 3 的元素，取值为"monkey"。

（2）使用 list() 函数将 range() 对象、字符串或其他类型的可迭代对象类型的数据转换为列表。例如：

```
list('hello')                                #字符串转换为列表，结果为 ['h','e','l','l','o']
```

（3）使用 while/for 循环遍历列表。使用 while 循环遍历列表，首先须取得列表的长度，将其作为 while 循环的判断条件。例如，使用 while 循环输出 animal 列表中的每种动物。

```
animal=['tiger','dog','elephant','monkey']
length=len(animal)
i=0
while i<length:
    print(animal[i])
    i+=1
```

使用 for 循环遍历列表，只需将要遍历的列表作为 for 循环表达式中的序列即可。例如：

```
animal=['tiger','dog','elephant','monkey']
for item in animal:
    print(item)
```

2. 列表常用方法（表 6-4）

表 6-4　列表常用方法

方法	说明
list.append(x)	将元素 x 添加至列表 list 尾部
list.extend(L)	将列表 L 中所有元素添加至列表 list 尾部
list.insert(index,x)	在列表 list 指定位置 index 处添加元素 x，该位置后面的所有元素后移一个位置
list.remove(x)	在列表 list 中删除首次出现的指定元素，该元素之后的所有元素前移一个位置
list.pop([index])	删除并返回列表 list 中下标为 index（默认为 –1）的元素
list.clear()	删除列表 list 中所有元素，但保留列表对象

续表

方法	说明
list.index(x)	返回列表 list 中第一个值为 x 的元素的下标,若不存在值为 x 的元素,则抛出异常
list.count(x)	返回指定元素 x 在列表 list 中的出现次数
list.reverse()	对列表 list 中所有元素进行逆序
list.sort(key=None,reverse=False)	对列表 list 中的元素进行排序,key 用来指定排序依据,reverse 决定升序 (False) 还是降序 (True)
list.copy()	返回列表 list 的浅复制

步骤一:导入 random 模块,定义空列表。

新建一个 Python 程序,输入如下代码。

```
import random
nums = []
```

步骤二:生成 6 个不重复且随机的红色球号码。

使用 while 循环生成 6 个 1 ～ 33 随机数作为红色球号码。

```
while len(nums) < 6:              #循环6次,产生6个红球号码
    num = random.randint(1,33)    #生成 1 ～ 33 的随机数 num
    if num not in nums:           #如果 num 不在列表中
        nums.append(num)          #将 num 添加到列表中
```

步骤三:生成一个随机蓝色球号码。

将 1 ～ 16 的随机数添加到列表中,产生 1 个蓝色球号码。

```
nums.append(random.randint(1, 16))
```

步骤四:输出列表中的双色球号码。

使用 for 循环遍历列表先输出红色球号码,最后再输出蓝色球号码。

```
print(' 随机生成的双色球号码 :\n')
print(' 红色球 :', end=' ')
for i in nums[:6]:                #遍历列表,输出列表中红色球号码
    print(i, end=' ')
print(' 蓝色球 :',nums[6])         #输出列表中蓝色球号码
```

运行程序结果如图 6-5 所示。

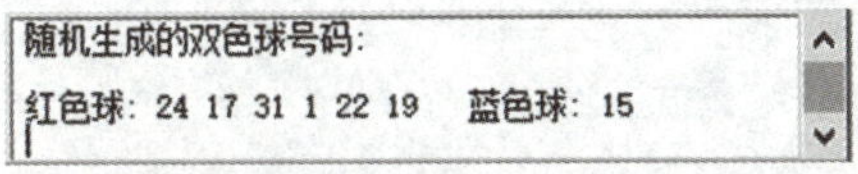

```
随机生成的双色球号码:
红色球: 24 17 31 1 22 19   蓝色球: 15
```

图 6-5 双色球号码生成器模拟效果

笔记

"诗词大会"源代码

任务3　开发"诗词大会"游戏

任务描述

《中国诗词大会》是由中央电视台科教频道推出的一档大型文化类演播室益智竞赛节目，通过"展现诗词之美、分享诗词之趣"，唤醒国民大众对古典诗词的记忆，并从古人的智慧中汲取中华传统文化的营养，培养"中华民族文化基因"。这有助于人们积淀国学底蕴，提升人文素养，并感受古文魅力，树立文化自信。本任务将利用字典设计题库，包含选择、填空、点字成诗等题型，开发一款简单的"诗词大会"游戏。

任务实施

要完成本任务，先要使用字典来设计题库，然后实现在规定时间内循环随机出题，再判断输入的答案是否正确，并统计答对问题的次数，如果答题时间到，则退出循环。

知识链接

字典

字典是Python中常用的一种数据存储结构，它由"键-值"对组成，表示一种映射关系，每个"键-值"对称为一个元素。其中，"键"可以是Python中任意不可变数据类型，如数字、字符串、元组等，但不能是列表、集合、字典等可变数据类型；"值"可以是任意数据类型。

1. 字典的创建

（1）使用"="将一个字典直接赋值给一个变量。例如：

```
Stu_info={'num': '2024001', 'name': ' 艾迪 ', 'age': 16}
```

（2）使用内置函数dict()创建字典。使用内置函数dict()可通过其他字典、"（键，值）"对的序列或关键字参数来创建字典，例如，使用dict()函数通过下面5种方式可创建相同的字典。

①直接赋值创建字典。

```
Stu_info1 = {'num': '2024001', 'name': ' 艾迪 ','age': 16}
```

②通过其他字典创建。

Stu_info2 = dict(Stu_info1)

③通过"(键，值)"对的列表创建。

Stu_info3 = dict([('num', '2024001'), ('name', ' 艾迪 '), ('age',16)])

④通过关键字参数创建。

Stu_info4 = dict(num = '2024001',name =' 艾迪 ',age=16)

⑤通过 dict 和 zip 结合创建。

Stu_info5 =dict(zip(['num', 'name', 'age'], ['2024001',' 艾迪 ',16]))

2. 字典元素的读取

（1）根据键访问值。字典中的"键"可作为下标读取字典对应的元素，如果字典中不存在这个"键"，则会抛出异常。例如：

```
Stu_info = {'num': '2024001', 'name': ' 艾迪 ','age': 16}
Stu_info['name']                    # 根据 name 获取姓名，结果为 " 艾迪 "
```

（2）使用 get() 方法访问值。在访问字典时，若不确定字典中是否有某个键，可通过 get() 方法获取，若该键存在，则返回其对应的值；若不存在，则返回默认值，其语法格式如下。

```
dict.get(key[,default=None])
```

其中，dict 表示字典名；key 表示要查找的键；default 表示默认值，如果指定键不存在，则返回该默认值，当 default 缺省时，返回 None。例如，使用 get() 方法访问前面定义的 Stu_info 字典，可以用下面代码实现。

```
Stu_info.get('name')              # 使用 get() 方法获取学生姓名，结果为 " 艾迪 "
Stu_info.get('sex')               # 使用 get() 方法获取学生性别，返回值为 None
Stu_info.get('sex', ' 女 ')        # 设置返回默认值为 " 女 "，返回值为 " 女 "
```

3. 字典的常用方法（表 6-5）

表 6-5　字典的常用方法

方法	说明
dict.clear()	用于清空字典中所有元素（键 - 值对），对一个字典执行 clear() 方法之后，该字典就会变成一个空字典
dict.copy()	用于返回一个字典的浅拷贝
dict.fromkeys()	使用给定的多个键创建一个新字典，值默认都是 None，也可以传入一个参数作为默认的值
dict.get()	用于返回指定键的值，也就是根据键来获取值，在键不存在的情况下，返回 None，也可以指定返回值

续表

方法	说明
dict.items()	获取字典中的所有键-值对，一般情况下可以将结果转化为列表，再进行后续处理
dict.keys()	返回一个字典所有的键
dict.pop()	返回指定键对应的值，并在原字典中删除这个键-值对
dict.popitem()	删除字典中的最后一对键和值
dict.setdefault()	和 get() 类似，但如果键不存在于字典中，将会添加键并将值设为 default
dict.update(dict1)	字典更新，将字典 dict1 的键-值对更新到 dict 里，如果被更新的字典中已包含对应的键-值对，那么原键-值对会被覆盖，如果被更新的字典中不包含对应的键-值对，则添加该键-值对
dict.values()	返回一个字典所有的值

例如，输出 dictionary 字典中所有的英文单词。

```
dictionary={
    '天空': 'sky',
    '花': 'flower',
    '小狗': 'dog'
}                                           # 创建字典 dictionary 并赋值
print('dictionary 字典中所有英文单词：')
for english in dictionary.values():         # 遍历字典所有的值
    print(english, end=' ')                 # 输出每个英文值
```

步骤一：导入模块。

为了实现在规定时间内答题和随机出题的效果，需要加载 random 和 time 模块。

```
import random                               # 导入 random 模块
import time                                 # 导入 time 模块
```

步骤二：设计题库。

创建字典 tiku 保存题库，问题为"键"，正确答案为"值"。问题使用元组保存，题干和选项为元组的元素。使用 keys 方法获取 tiku 的所有"键"（问题），然后使用 list() 方法转换为列表 timu。输入代码如下。

```
tiku ={
    ('点字成诗（九宫格），从下面九个字中识别一句诗词。','花、多、又','知、逢、时','雨、少、落'):'花落知多少',
    ('"会当凌绝顶，一览众山小。"描写的是哪座山？','A. 庐山','B. 黄山','C. 泰山'):'C',
    ('请问：《登鹳雀楼》的作者是下面哪位诗人？','A. 王维','B. 王之涣','C. 杜甫'):'B',
    ('填空：窗含（ ）岭千秋雪。','A. 东','B. 南','C. 西'):'C',
    ('请问：名句"洛阳亲友如相问，一片冰心在玉壶"出自下面哪首诗？','A. 杜甫《月夜忆舍弟》','B. 王昌龄《芙蓉楼送辛渐》','C. 李白《闻王昌龄左迁龙标遥有此寄》'):'B',
```

```
    ('请问：成语"寸草春晖"出自下面哪首诗？','A. 白居易《赋得古原草送别》','B. 苏轼《春
夜》','C. 孟郊《游子吟》'): 'C',
    ('请问：下面成语中哪个不是出自杜牧的诗？','A. 豆蔻年华','B. 折戟沉沙','C. 壮志未酬'): 'C',
    ('填空：孤帆远影（ ）空尽，唯见长江天际流。',):' 碧 ',
    ('点字成诗（十二宫格），从下面十二个字中识别一句诗词。','柳、生、一、白','云、亮、
有、家','花、处、人、暗'):' 白云生处有人家 ',
    ('填空：天阶夜色凉如水，（ ）牵牛织女星。',):' 卧看 ',
    ('请问：中国古代有四大美女，请问宋代王安石《明妃曲》写的是其中哪一位？','A. 西施',
'B. 王昭君','C. 貂蝉'): 'B',
    ('请根据下面线索说出一位诗人？','线索1：宋代一位著名的状元','线索2：中国历史上的
一位民族英雄','线索3：创作有名句"人生自古谁无死，留取丹心照汗青。"'):' 文天祥 ',
    }                    # 创建字典 tiku，问题为"键"，答案为"值"
    timu = list(tiku.keys())   # 获取 tiku 的所有键，并转换为列表
```

步骤三：定义变量。

创建变量 number、count 和 time1。number 保存问题在 timu 列表中的索引，初始赋值为空列表；count 表示统计答对问题次数，初始赋值为 0；time1 表示开始时间，使用 time 模块的 time() 函数获取。代码如下：

```
number = [ ]          # 创建空列表 number，保存题目的索引
count = 0             # 创建变量 count，表示答对的问题数
time1 = time.time()   # 获取开始时间 time1
```

知识链接

time() 函数

Python 中的 time() 函数是一个非常实用的工具，它位于标准库的 time 模块中，此模块提供了各种与时间相关的功能，包括获取当前时间、延迟程序的执行、处理时间戳等。

使用 time.time() 函数可以获得当前时间的时间戳，即从格林尼治时间（GMT，1970 年 1 月 1 日 0 时 0 分 0 秒）以来经过的秒数的浮点数。

有时需要让程序暂停一段时间，这时可以使用 time.sleep(seconds) 函数。

time 模块还提供了处理时间戳的功能，如将时间戳转换为结构化的时间对象。

```
import time
timestamp = 1627474800          # 示例时间戳
struct_time = time.localtime(timestamp)
print(f" 转换后的时间：{time.strftime("%Y-%m-%d %H:%M:%S", struct_time)}")
```

步骤四：实现循环出题与答题，并完成答案校对。

这一步可使用 while 循环，判断条件为 True，在循环中进行以下操作。

（1）使用 randint() 函数生成一个列表的索引。判断其是否在 number 中（该索引对应的问题已经出现过），如果是则结束本次循环，否则将该索引值添加到 number 中。

（2）使用 for 循环输出 timu[index] 中的元素。

（3）使用 input() 函数输入答案，并赋给 answer。然后判断 answer 与该问题的答案是否相等，如果是，则输出答对提示，并使 count 加 1，否则输出答错提示。

（4）使用 time 模块的 time() 函数获取当前时间，并赋给 time2。然后计算 time2 和 time1 的差值 delta_T，判断 delta_T 是否大于规定时间，如果是，则输出结束提示与答对数量，并退出循环。

输入代码如下。

```
while True:
    index = random.randint(0,len(timu)-1)    # 生成随机题目索引 index
    if index in number:                      # 如果 index 在 number 中
        continue                             # 结束本次循环
    number.append(index)                     # 将 index 添加到 number 中
    for item in timu[index]:                 # 遍历题目列表中的元素
        print (item)                         # 输出问题
    answer = input(' 请输入正确答案：')       # 输入答案
    if answer == tiku[timu[index]]:          # 如果答案正确
        print(' 恭喜你，答对了！\n)           # 输出答对提示
        count+=1                             # 答对次数加 1
    else:
        print(' 很遗憾，答错了！\n)           # 如果答案不正确，输出答错提示
    time2 = time.time()                      # 获取当前系统时间 time2
    delta_T= int(time2 - time1)              # 计算答题总时间 delta_T
    if delta_T > 60:                         # 如果答题总时间大于 60 s，输出结束提示，并输
                                             #   出答对数量
        print(' 时间到，答题结束！您本次答对 ',count,' 道题 ')
        break                                # 退出循环
```

运行程序，"诗词大会"游戏运行效果如图 6-6 所示。

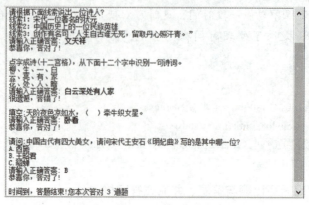

图 6-6 "诗词大会"游戏运行效果

 项目小结

本项目以团队协作的方式完成，在任务实施前先组建团队，明确组长人选和小组任务分工，填写表6-6。

表 6-6 学生任务分配表

组号		成员数量	
组长			
组长任务			
组员姓名	学号	任务分工	

根据任务分工要求，协作完成相关的操作，并填写任务报告，见表6-7。

表 6-7 任务报告表

学生姓名		学号		班级	
实施地点			实施日期	年 月 日	
任务类型	□演示性 □验证性 □综合性 □设计研究 □其他				
任务名称					

一、任务中涉及的知识点

二、任务实施环境

续表

三、实施报告（包括实施内容、实施过程、实施结果、所遇到的问题、采用的解决方法、心得反思等）

小组互评			
教师评价		日期	

💬 自我提升

引导问题 1：编写程序判断季节问题。要求用户输入月份，判断这个月是哪个季节。规则要求：3、4、5月为春季，6、7、8月为夏季，9、10、11月为秋季，12、1、2月为冬季。请分别用列表、字典两种方法完成。

引导问题 2：随机密码生成。编写程序，在 26 个字母大小写和 9 个数字组成的列表中随机生成 10 个 6 位密码。

___
___
___

引导问题 3：英文词频统计。对英文小说《哈利·波特与魔法石》（或其他英文长篇文本）进行词频统计，并显示词频出现最多的前 20 个词。

技术要点：

（1）文件读取方法 open() 和 read()。
（2）字符串的 lower()、repalce()、split()。
（3）集合 set 的定义。
（4）for 循环和列表的综合应用。
（5）字典的 get() 和 items() 方法。
（6）列表的 sort() 排序方法等。

___
___

评价反馈

考核学生的专业能力和关键能力，采用过程性评价和结果评价相结合、定性评价与定量评价相结合的考核方法，填写考核评价表。注重学生的动手能力和实践中分析问题、解决问题能力的考核，对于在学习和应用上有创新的学生应给予特别鼓励（表 6-8）。

表 6-8　考核评价表

评价项目	评价内容		分值	自评	师评
相关知识（20%）	掌握了序列的基本使用方法		10		
	能够使用字符串、列表、字典、元组进行操作		10		
工作过程（80%）	计划方案	工作计划制订合理、科学	10		
	自主学习	有计划地进行相关信息的探索，发现问题能及时和教师或同学讨论交流	15		
	任务及汇报	参见"任务报告表"任务完成情况进行评估	40		
	职业素养	注重团队合作，态度端正，工作认真、主动；具有良好的计算机使用习惯，爱护公共设施与环境	15		
附加分	考核学生的创新意识，在工作中有突出表现或特色做法		5		

项目 7 函数的应用

PROJECT 7

项目导读

在实际开发过程中，经常会遇到很多完全相同或非常相似的操作。此时，可以将实现类似操作的代码封装为函数，然后在需要的地方调用该函数。这样不仅可以实现代码的复用，还可以使代码更有条理性，增加代码的可靠性。本项目将介绍 Python 中函数的使用方法。

学习目标

知识目标

1. 掌握函数的定义和调用方法，以及函数的返回值和参数的使用方法。
2. 理解函数的嵌套和递归。
3. 掌握局部变量和全局变量的区别和典型用法。

能力目标

1. 能够熟练进行函数调试的异常处理。
2. 能够使用函数封装代码，实现模块化编程。

素质目标

1. 提高对类似事物归纳总结的能力，加强团队合作能力。
2. 了解传统文化，思考其所蕴含的丰富哲理。

任务 1 制作简易计算器

任务描述

本任务通过使用函数制作一个简易计算器，实现键盘输入数值与运算符，完成对两个数进行加法、减法、乘法或除法的简单运算。

任务实施

完成本任务,需要定义4个函数,分别实现两个数的加法、减法、乘法和除法运算,并输出运算结果;然后输入两个参与运算的数和运算符;最后根据运算符调用相应的函数。

知识链接

函数

函数是一段封装了特定功能的可重复使用的代码块,它能够提高程序的模块化和代码的复用率。在解决实际问题时,可以将复杂的任务分解为多个小的函数,每个函数负责解决其中的一部分问题,类似将不同功能的函数看作不同形状的积木,根据需求进行随意拼接和重复使用。这样可以降低编写复杂代码的难度,使问题更易于管理和解决。Python 提供了很多内置函数,包含数学函数、类型转换函数、序列操作函数、输入输出函数、文件操作函数等,如前面使用过的 print() 函数、input() 函数、range() 函数。除此之外,用户还可以自定义函数,称为自定义函数。

1. 函数的定义

在 Python 中,使用 def 关键字来定义函数。函数定义包括函数名、参数和函数体,其基本语法格式如下。

```
def function_name(parameter1, parameter2, ...):
    函数体
    [return 语句]
```

- function_name 是函数的名称,应该具有描述性,并符合 Python 的命名规范。
- parameter1, parameter2, ... 是函数的形式参数列表(简称形参)。参数是可选的,可以根据需要定义任意数量的参数。参数可以是必需参数、默认参数或可变参数。
- 函数体是执行特定任务的代码块,由若干行语句组成。
- 使用 return 语句返回一个结果。如果函数没有 return 语句,将默认返回 None。

定义函数时须注意以下几点。

(1)当函数参数为零个时,也必须保留一对空的圆括号。
(2)圆括号后面的冒号不能省略。
(3)函数体相对于 def 关键字必须保持一定的空格缩进。

2. 函数的调用

函数定义后,须调用才能执行函数体内的代码,实现特定的功能。要调用函数,只需提供函数名和所需的参数,其基本语法格式如下。

```
function_name(argument1, argument2, ...)
```

其中，function_name 是函数的名称；argument1, argument2, ... 是函数调用时提供的实际参数值（简称实参）。调用时会根据参数的不同数据类型，将实参的值或引用传递给形参。

例如，定义一个函数实现打印简单的问候语。

```
def greet(name):
    print("Hello, " + name + "!")

# 调用函数
greet("Alice")
```

3. 参数传递方式

在 Python 中，参数的传递可以通过位置、关键字或默认值等方式进行。下面介绍几种常用的参数传递方式。

（1）位置参数。位置参数方式是按照参数的位置进行传递。例如：

```
def add(a, b):
    return a + b
# 调用函数
result = add(2, 3)
print(result)  # 输出：5
```

在上述示例中，add 函数接受两个位置参数 a 和 b，将它们相加后返回结果。

（2）关键字参数。关键字参数方式是通过参数名指定参数的值而进行传递。例如：

```
def greet(name, message):
    print(message + ", " + name + "!")
# 调用函数
greet(name="Alice", message="Hello")
```

在上述示例中，通过参数名指定了参数的值，这样可以按照指定的顺序传递参数，不必考虑参数的位置。

（3）默认值参数。默认值参数方式是指在定义函数时给参数指定一个默认值，如果调用函数时没有传递该参数的值，则使用默认值。例如：

```
def greet(name, message="Hello"):
    print(message + ", " + name + "!")
# 调用函数
greet("Alice")              # 使用默认的 message 值
greet("Bob", "Hi")          # 使用指定的 message 值
```

在上述示例中，greet 函数中的 message 参数有一个默认值"Hello"。如果

调用函数时没有传递 message 参数的值，则使用默认值。

使用参数传递注意事项如下。

在函数定义中，位置参数必须在关键字参数之前，否则会引发语法错误。

函数调用时，可以按照位置参数、关键字参数的方式混合使用。

步骤一：定义加减乘除函数。

使用 def 关键字先定义 4 个函数，实现加减乘除功能。

```
def add(x, y) :                          #定义加法函数
    print('{} + {} = {}'.format(x,y,x+y))
def sub(x, y) :                          #定义减法函数
    print('{} - {}= {}'.format(x,y,x-y))
def multiplication(x, y):        #定义乘法函数
    print('{}* {} = {}'.format(x,y,x *y))
def division(x, y):              #定义除法函数
    if y ==0:
        print('除数不能为 0! ')
    else:
        print('{} / {}= {}'.format(x,y, x / y))
```

步骤二：设计输入运算的数和运算符。

```
x = float(input('请输入第一个数 : '))
sign = input('请输入运算符 ("+","-","*","/"): ')
y = float(input('请输入第二个数 : '))
```

步骤三：调用函数，完成计算。

使用选择结构，根据输入的不同运算符，调用相应的函数完成运算。

```
if sign == '+':
    add(x, y)
elif sign=='-':
    sub(x, y)
elif sign=='*':
    multiplication(x, y)
elif sign=='/':
    division(x, y)
```

以乘法为例，运行程序后，两数简易相乘运算的效果如图 7-1 所示。

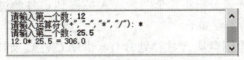

图 7-1　"简易计算器"程序运行效果

任务 2　闯关汉诺塔

任务描述

汉诺塔（hanoi tower），又称河内塔，源于印度的一个古老传说。传说大梵天创造世界的时候做了三根金刚石柱子，在一根柱子上从下到上按大小顺序排列着 64 片黄金圆盘。大梵天命令婆罗门把圆盘按下大上小的顺序重新摆放在另一根柱子上，但他还规定了一个规则：在小圆盘上不能放大圆盘，在三根柱子之间一次只能移动一个圆盘。1883 年，法国数学家爱德华·卢卡斯有一次碰巧听到这个故事，无聊中的卢卡斯开始思考这个游戏该怎么玩，然而，卢卡斯发现移动 64 层圆盘的过程非常繁杂，他的大脑根本无法承载这么大的计算量，便尝试将问题进行简化：把 6 个圆盘从一根柱子移动到另外一根柱子。问题虽然简单了，但同样考验智慧与策略，你是否能厘清其中的规律，用最短的时间完成 6 层汉诺塔的挑战呢？本任务中将使用递归函数，编写 Python 程序来解决汉诺塔问题。

任务实施

将汉诺塔问题抽象为数学问题。如图 7-2 所示，从左到右有 A、B、C 三根柱子，其中，A 柱有从大到小的 n 个圆盘。现要求将 A 柱的圆盘移到 C 柱，期间应遵守一个规则：一次只能移动一个圆盘，且大圆盘只能在小圆盘下面，求移动的步骤和移动的次数。

"汉诺塔"动画演示

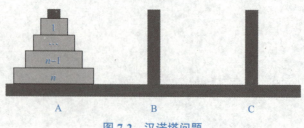

图 7-2　汉诺塔问题

为了便于理解，先来分析将 3 个圆盘从 A 柱移到 C 柱的过程。移动前的情况如图 7-3（a）所示，移动步骤如下。

（1）将上面的 2 个圆盘从 A 柱移到 B 柱（借助 C 柱），如图 7-3（b）所示。

（2）将第 3 个圆盘从 A 柱移到 C 柱，如图 7-3（c）所示。

（3）将 2 个圆盘从 B 柱移到 C 柱（借助 A 柱），如图 7-3（d）所示。

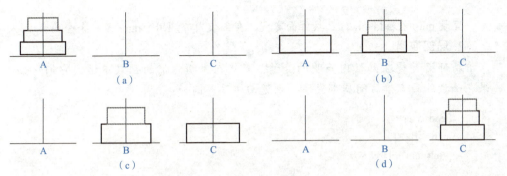

图 7-3　三个圆盘的移动过程

64 层汉诺塔问题的解决思路：可以先假设除 A 柱最下面的盘子之外，已经成功地将 A 柱上面的 63 个盘子移到了 B 柱，这时只要再将最下面的盘子由 A 柱移动到 C 柱即可。

当将最大的盘子由 A 柱移到 C 柱后，B 柱上便是余下的 63 个盘子，A 柱为空。因此现在的目标就变成了将这 63 个盘子由 B 柱移到 C 柱。这个问题和原来的问题完全一样，只是由 A 柱换为了 B 柱，规模由 64 变为了 63。

因此可以采用相同的方法，先将上面的 62 个盘子由 B 柱移到 A 柱，再将最下面的盘子移到 C 柱。以此类推，再以 B 柱为辅助，将 A 柱上面的 62 个圆盘最上面的 61 个圆盘移动到 B 柱，并将最后一块圆盘移到 C 柱。

可以发现规律，每次都是以 A 或 B 中一根柱子作为辅助，然后先将除最下面的圆盘之外的其他圆盘移动到辅助柱子上，再将最下面的圆盘移到 C 柱子上，不断重复此过程。这个反复移动圆盘的过程就是递归，例如每次想解决 n 个圆盘的移动问题，就要先解决 (n-1) 个盘子进行同样操作的问题。

所以移动汉诺塔问题 ($n \geq 3$) 可以概括为以下 3 步。
（1）将上面的 n-1 个圆盘从 A 柱移到 B 柱（借助 C 柱）。
（2）将第 n 个圆盘从 A 柱移到 C 柱。
（3）将 n-1 个圆盘从 B 柱移到 C 柱（借助 A 柱）。

知识链接

全局变量和局部变量

在 Python 中，有全局变量和局部变量两种类型的变量。

1. 全局变量

全局变量是在函数外部声明的变量。全局变量具有全局范围，这意味着可以在整个程序中使用访问它们，包括在函数中。例如：

```
num = 100
def add_one():
    print(num + 1)


add_one()    #输出：101
```

变量num在add_one()函数外面定义,在函数内部调用。num是一个全局变量。

2. 局部变量

局部变量是在函数内声明的变量,只能在声明它们的函数中访问它们。如果在函数外面直接访问局部变量,则返回错误。例如:

```
def add_one():
    num = 100
    print(num + 1)

add_one()           # 输出:101
print(num)          # 返回错误:NameError: name 'num' is not defined
```

3. 使用global声明全局变量

通常,当在函数内创建的变量,就是局部变量,不能在函数之外使用此变量。但是,可以使用global关键字在函数中创建全局变量。例如:

```
def add_one():
    global num       # 定义全局变量
    num = 100
    print(num + 1)

add_one()           # 输出:101
print(num)          # 输出:100
```

步骤一:定义全局变量。

全局变量count用来记录移动步数,初始值赋为0。输入如下代码。

```
count = 0           # 定义全局变量count,记录移动步数
```

步骤二:定义递归函数。

> **知识链接**

递归函数

递归函数是一种在函数定义中调用自身的过程。它将一个大问题分解为一个或多个相似的子问题,并通过逐步解决这些子问题来解决原始问题。递归函数通常包含基本情况和递归情况两个部分。基本情况是递归函数停止调用自身的条件,而递归情况则是函数调用自身的过程。例如:计算阶乘,如果用函数$f(n)$表示,可以看出以下内容。

$$f(n)=n!=1 \times 2 \times 3 \times \cdots \times (n-1) \times n=(n-1)! \times n=f(n-1) \times n$$

因此,$f(n)$可以表示为$n \times f(n-1)$,只有当$n=1$时需要特殊处理,其他情况就是$n!=n \times (n-1)!$运算。参考代码如下。

```
def f(n):
    if n == 0:
        return 1
    else:
        return n * f(n-1)
n=int(input(' 请输入一个正整数：'))
print('{} 的阶乘为：{}'.format(n,f(n)))
```

这个递归函数计算了一个正整数的阶乘。当 n 等于 0 时，函数返回 1，作为递归的基本情况。否则，函数调用自身并将 n 减 1，递归地计算 n 的阶乘。

这一步，定义递归函数 hanoi(N,A,B,C)，其中，N 表示圆盘数，A、B 和 C 表示柱名。在函数中，使用 global 关键字声明 count，每调用一次函数，移动步数 count 应加 1。如果 N=1，输出"A→C"，终止函数。否则，首先递归调用 hanoi(N-1,A,C,B) 函数，然后输出"A→C"，最后递归调用 hanoi(N-1,B,A,C) 函数。

```
def hanoi(N,A,B,C):
    global count          # 使用 global 关键字声明 count
    count+=1
    if N==1:
        print (A,'→',C)   # 将盘子从 A → C
    else:
        hanoi(N-1,A,C,B)  # 将 n-1 个盘子从 A → B
        print(A,'→',C)    # 将 A 的最后一个盘子从 A → C
        hanoi(N-1,B,A,C)  # 将 B 的 N-1 个盘子从 B → C
```

步骤三：输入汉诺塔的层数 N，然后调用 **hanoi(N, A, B, C)** 函数，最后输出移动步数。输入如下代码。

```
N = int(input(' 请输入汉诺塔的层数 :'))
hanoi(N, 'A', 'B', 'C')    # 调用 hanoi () 函数
print(' 汉诺塔为 {} 层时，共移动 {} 步 '.format(N,count))
```

运行程序结果如图 7-4 所示。

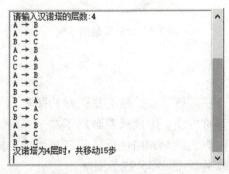

图 7-4　四层"汉诺塔问题"示例

笔记

> ### ✍ 分而治之（Divide and conquer）
>
> 分而治之是计算机领域的一个重要思想，它使用重复递归手段解决问题。分而治之的思想要求是想办法将一个复杂的问题分解为多个子问题，直至这些问题可以被直接解决，所有子问题的计算结果综合起来就是原问题的计算结果。简单来说，分而治之思想就是递归思想的延伸。相当多的算法都有分而治之思想的影子。
>
> 比如，排序算法当中著名的归并排序，就是利用了分而治之的策略。它将排序结果定义为将两个为原来规模一半的排序结果合并在一起。假设需要排序的规模是 n，排序结果定义为 $F(n)$，可以定义递推式：
>
> $$F(n) = G\left(F\left(\frac{n}{2}\right), F\left(\frac{n}{2}\right)\right)$$
>
> 其中，G 操作是把两个排序结果合并成一个有序的结果。

任务 3　绘制太极双鱼图

任务描述

Turtle 库是 Python 中自带的用于绘制图形、图像的函数库。原理非常简单：在绘图窗口的正中间，有一只小海龟，用户通过一些指令可以控制小海龟在绘图区域上移动的方向和距离，记录小海龟的移动轨迹，即可完成图形、图像的绘制。本任务中将利用 Turtle 库，通过编写简单的 Python 程序来绘制太极双鱼图，如图 7-5 所示。

Turtle 绘图命令的使用

图 7-5　太极双鱼图示例

任务实施

太极双鱼图主要由一些圆弧组成，核心是画圆和圆弧，关键是要把握方向，从效果图来看，这是一个对称的图，因此只要画出了左半部分，右半部分改一下方向和位置即可。左半部分由黑色填充和白色小圆两部分组成，黑色填充部分由小圆半圆弧、大圆半圆弧、小圆半圆弧三部分线条围成。

知识链接

Turtle 库

Turtle 库中提供了大量函数，除了可以控制小海龟的行为，还可以设置绘图区域的大小、位置、线条的颜色、样式、填充的位置、颜色等，此外，还提供了一些常见图形的绘制，如圆、多边形等。Turtle 库的画笔常用基础命令如下。

1. 画笔运动的命令（表 7-1）

表 7-1　画笔运动的命令

语法	解释
turtle.forward(a)	向当前画笔方向移动 a 像素长度
turtle.backward(a)	向当前画笔相反方向移动 a 像素长度
turtle.right(a)	顺时针移动
turtle.left(a)	逆时针移动
turtle.pendown()	移动时绘制图形，落下笔
turtle.goto(x,y)	将画笔移动到坐标为 x，y 的位置
turtle.penup()	移动时不绘制图形，提起笔
turtle.speed(a)	画笔绘制的速度范围
turtle.circle()	画图，半径为正，表示圆心在画笔的左边画圈

2. 画笔控制命令（表 7-2）

表 7-2　画笔控制命令

语法	解释
turtle.pensize(width)	绘制图形的宽度
turtle.pencolor()	画笔的颜色
turtle.fillcolor(a)	绘制图形的填充颜色
turtle.color(a1,a2)	同时设置 pencolor=a1，fillcolor=a2
turtle.filling()	返回当前是否在填充状态
turtle.begin_fill()	准备开始填充图形
turtle.end_fill()	填充完成
turtle.hideturtle()	隐藏箭头显示
turtle.showturtle()	显示箭头

3. 全局控制命令（表 7-3）

表 7-3　全局控制命令

语法	解释
turtle.clear()	清空 turtle 窗口，但是 turtle 的位置和状态不会改变
turtle.reset()	清空窗口，重置 turtle 状态为起始位置
turtle.undo()	撤销上一个 turtle 动作

步骤一：导入模块。

为了使用海龟绘图功能，需要加载 Turtle 模块。

```
import turtle
```

模块的导入

模块是 Python 程序中的文件，它包含了一组相关的函数、类和变量等。使用 Python 进行编程时，通过模块的导入，可以重用自己编写的代码，也可以借助 Python 现有的标准模块或第三方编写的优秀模块，提高开发效率。导入模块的常用方法有以下几种。

1. 直接导入整个模块

直接导入整个模块是最简单的导入方式，通过 import 关键字后跟模块名即可导入整个模块。然后可以使用模块中的函数、类和变量等。

例如，导入 math 模块，使用其中的 sqrt 函数计算平方根。

```
import math
result = math.sqrt(16)
print(result)      # 输出 4.0
```

2. 导入模块中的特定函数、类或变量

有时候，只需要使用模块中的某几个函数、类或变量，可以使用 from 关键字来导入。例如，从 math 模块中导入 sqrt 函数。

```
from math import sqrt
result = sqrt(16)
print(result)      # 输出 4.0
```

3. 导入模块并为其指定别名

有时候，模块名很长或有冲突，可以为导入的模块指定别名，这样可以更方便地使用。例如，将 numpy 模块导入并指定别名 np。

```
import numpy as np
arr = np.array([1, 2, 3, 4, 5])
print(arr)         # 输出 [1, 2, 3, 4, 5]
```

4. 一次性导入多个模块

如果需要导入多个模块，可以在一条 import 语句中同时导入。

例如，导入 math 和 random 两个模块。

```
import math, random
result = math.sqrt(random.randint(1, 100))
print(result)
```

步骤二：定义函数。

使用 turtle 方法，通过定义函数来实现相应图形的绘制功能。输入代码如下。

```python
def fill_half(left=1):              #绘制半个填充部分
    turtle.home()                   #回到初始状态
    turtle.begin_fill()             #开始填充黑色
    turtle.circle(radius/2, 180)    #画小半圆
    turtle.circle(radius, left * 180) #画大半圆
    turtle.circle(radius/2, -180)   #画小半圆
    turtle.end_fill()               #结束填充

def draw_small_circle(up=1):        #绘制中间的小圆
    turtle.home()                   #回到初始状态
    turtle.begin_fill()             #开始填充黑色
    turtle.penup()                  #抬起画笔
    turtle.sety(up * 0.35 * radius) #设置y轴坐标
    turtle.pendown()                #放下画笔
    turtle.circle(up * 0.15 * radius) #画圆，上下部分方向不同
    turtle.end_fill()               #结束填充
    turtle.hideturtle()             #隐藏指针
```

步骤三：设定参数，完成绘画。

设定圆的半径、画笔粗细、填充颜色等参数，通过调用函数来完成太极双鱼图的最终绘制。代码如下。

```python
radius = 150                        #大圆的半径
turtle.width(2)                     #画笔粗细
turtle.speed("fast")                #设置画笔速度
turtle.color("black")               #画笔和填充色都为黑色
fill_half(left=1)                   #绘制左半部分填充
turtle.color("white")               #画笔和填充色都为白色
draw_small_circle(up=1)             #绘制左半部分中的圆
turtle.color("black", "white")      #画笔颜色为黑色，填充颜色为白色
fill_half(left=-1)                  #绘制下半部分填充
turtle.color("black")               #画笔和填充色都为黑色
draw_small_circle(up=-1)            #绘制下半部分中的圆
turtle.done()                       #绘画结束，停留在当前界面
```

运行程序，"太极双鱼图"的绘制效果如图 7-6 所示。

图 7-6 "太极双鱼图"的绘制效果

传统文化

太极图是古代人们智慧的结晶，它凝聚了中国古代哲学思想的精髓，是中国传统文化的重要组成部分。古人用太极图描述了宇宙万物的生成和发展过程，它以一种象征性的符号形象地表现了古代人们对宇宙、自然和人生的理解。太极图中的黑色和白色代表着阴和阳，阴中有阳，阳中有阴，代表着天地阴阳的平衡。周敦颐《太极图说》载："无极而太极，太极动而生阳，动极而静，静而生阴，静极复动，一动一静，互为其根，分阴分阳。两仪立焉。"朱熹曰："极是道理之极致，总天地万物之理，便是太极。"古代人们认为，宇宙中所有事物都由阴阳两面组成，阴阳的相互转化和相互作用是宇宙中一切变化的基础，所谓道生一，一生二，二生三，三生万物。它所蕴含的丰富哲理和文化内涵，为人们探索和发展现代科学提供了重要的启示。

项目小结

本项目以团队协作的方式完成，任务实施前先组建团队，明确组长人选和小组任务分工，填写表 7-4。

表 7-4 学生任务分配表

组号		成员数量	
组长			
组长任务			
组员姓名	学号	任务分工	

根据任务分工要求，协作完成相关的操作，并填写任务报告，见表 7-5。

表 7-5 任务报告表

学生姓名		学号		班级	
实施地点			实施日期	年 月 日	
任务类型	□演示性 □验证性 □综合性 □设计研究 □其他				
任务名称					
一、任务中涉及的知识点					
二、任务实施环境					
三、实施报告（包括实施内容、实施过程、实施结果、所遇到的问题、采用的解决方法、心得反思等）					
小组互评					
教师评价				日期	

自我提升

引导问题 1：斐波那契数列（Fibonacci Sequence），又称黄金分割数列，因数学家莱昂纳多·斐波那契以兔子繁殖为例子而将其引入，故又称"兔子数列"，其数值为 0、1、1、2、3、5、8、13、…，即第 0 项是 0，第 1 项是 1，从第三项开始，每一项都等于前两项之和。编写一个函数，要求程序输入一个正整数 N，最后输出 N 个数列。

引导问题 2："水仙花数"是指一个三位数，其各位数字立方和等于该数本身。例如，153 是一个"水仙花数"，因为 153=1³+5³+3³。编写一个函数，用于判断输入的一个三位数是否是水仙花数。

引导问题 3：若存在一个长度为 20 的整型有序列表，元素呈升序排列。输入一个数，用二分法判断其是否在列表中？如果这个数在列表中，就打印数字所在的位置；如果找不到，则输出"这个数不在该列表中"。

算法思维

二分查找也被称为折半查找，它是一种在有序数组中查找某一特定元素的搜索算法。二分查找算法通过不断缩小查找范围，最终找到目标元素的位置，具体实现方式是在有序数组中取中间值，将目标值与中间值比较，如果相等则直接返回，如果目标值大于中间值则在右半部分继续查找，反之在左半部分继续查找。如此反复缩小查找范围，最终目标元素在数组中的位置就能找出来。

评价反馈

考核学生的专业能力和关键能力，采用过程性评价和结果评价相结合、定性评价与定量评价相结合的考核方法，填写考核评价表。注重学生的动手能力和实践中分析问题、解决问题能力的考核，对于在学习和应用上有创新的学生应给予特别鼓励（表 7-6）。

表 7-6　考核评价表

评价项目		评价内容	分值	自评	师评
相关知识（20%）		掌握了函数的定义和调用方法	10		
		能熟练进行函数调试的异常处理	10		
工作过程（80%）	计划方案	工作计划制订合理、科学	10		
	自主学习	有计划地进行相关信息的探索，发现问题能及时和教师或同学讨论交流	15		
	任务及汇报	参见"任务报告表"任务完成情况进行评估	40		
	职业素养	注重团队合作，态度端正，工作认真、主动；具有良好的计算机使用习惯，爱护公共设施与环境	15		
附加分		考核学生的创新意识，在工作中有突出表现或特色做法	5		

模块 3

人工智能典型应用

项目 8　人工智能微体验

项目导读

光学字符识别（Optical Character Recognition，OCR）是指通过电子设备（如扫描仪、数码相机、智能手机等）把识别对象生成图像文件，然后利用文字识别软件将图像文件中的文字自动转换成文本格式的过程。

图像静态人数统计主要原理是通过分析图像中的人体部位，如头部、手臂、腿部等，来识别和定位人物的位置和数量。

本项目将借助各种人工智能工具或平台体验OCR技术及图像静态人数统计的具体应用，旨在为同学们带来人工智能技术强大应用能力的微体验。

学习目标

知识目标

1. 了解OCR技术及图像静态人数统计的原理。
2. 掌握常用OCR工具的使用。
3. 掌握用Python程序调用百度人工智能开放平台API的方法。

能力目标

1. 能够使用OCR工具提取图像中所需的文字，供文字处理软件进一步编辑加工。
2. 能够借助百度人工智能开放平台实现对图像的文字识别。
3. 能够借助百度人工智能开放平台实现图像静态人数统计。

素质目标

1. 培养学生乐于探索、勇于实践的能力。
2. 培养学生解决问题的能力和创新性思维能力。
3. 培养学生精益求精的工匠精神、良好的沟通能力和团队合作精神。

任务 1 智能 OCR 工具的应用

任务描述

使用手机文字识别 App、计算机 OCR 软件、网页 OCR 在线平台等智能识别图像中的文字,为在文字处理软件中进一步编辑加工提供支持。

任务实施

1. 手机 App 文字识别

手机文字识别 App 有很多,这些 App 通常集文字识别、文件扫描、证件扫描、表格识别等功能于一身,且具有应用简单、文字识别准确率高的特点,可以帮助人们快速将图片中的文字转换成可编辑的文本,提高学习和工作效率。

下面简单介绍利用某款手机文字识别 App 进行文字识别的具体方法。

步骤一:下载并安装 App。

在手机上下载并安装该款 App,启动后显示的界面如图 8-1 所示。

步骤二:文字识别。

选择"文字识别"功能后,弹出如图 8-2 所示的"文字识别"功能界面。此时可选择直接拍照识别,也可选择从相册导入图片进行识别。

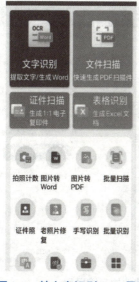

图 8-1 某文字识别 App 界面

图 8-2 "文字识别"功能界面

单击拍照按钮,弹出如图 8-3 所示的文字识别图像区域调整界面。

调整好文字识别图像区域后,单击"识别"按钮,开始文字识别。识别结束后,弹出如图 8-4 所示的文字识别结果界面,此时即可对识别出的文字进行保存或复制,以便在文字处理软件(如 Word、WPS)中进行编辑处理。

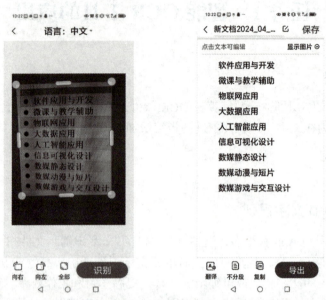

图 8-3　文字识别图像区域调整界面　　图 8-4　文字识别结果界面

2. 计算机 OCR 软件

计算机 OCR 软件有很多,它们通常具备强大的文字识别功能,可以将图片中的文字快速、准确地转换为可编辑的文本格式,广泛应用于文档数字化、自动化数据输入、文本挖掘等领域。某款计算机 OCR 软件的系统界面如图 8-5 所示。

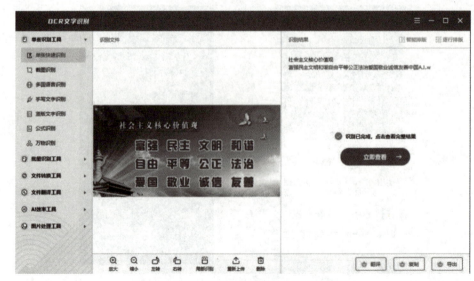

图 8-5　某款计算机 OCR 软件的系统界面

3. 网页在线 OCR

网页在线 OCR 是一种通过互联网技术，将图片或文档中的文字信息转换成可编辑文本的技术。这种技术通常使用 OCR 引擎实现，用户只需上传图片或文档，OCR 引擎会自动识别出其中的文字，并将其转换成可编辑的文本格式。

OCRSpace 是一款功能强大的在线文字识别工具，它支持多种语言和图片格式的文字识别，包括简体中文、繁体中文、英文、日文等 20 多种主流文字。OCRSpace 无须安装任何软件，用户只需通过计算机浏览器访问其官方网站，上传需要识别的图片或 PDF 文件，选择相应的语言和识别模式，即可快速提取图片中的文字信息。

OCRSpace 提供了多种导出格式和自定义设置，用户可以方便地对提取的文字进行进一步的处理和使用。此外，OCRSpace 还支持智能检测图片、自动旋转图像，以及复杂的数字和特殊字符识别等功能。OCRSpace 的使用是免费的，并且没有次数限制。

下面介绍利用 OCRSpace 进行在线文字识别的具体方法。

步骤一：打开 OCRSpace 网站。

利用计算机浏览器打开 OCRSpace 网站，OCRSpace 网站界面如图 8-6 所示。

图 8-6 OCRSpace 网站界面

步骤二：选择文字识别的图片文件及语言。

单击"选择文件"按钮，选择需进行文字识别的图片文件（如"1.jpg"）。单击 Language 的下拉列表按钮，从下拉列表中选择语言"ChineseSimplified"（简体中文），如图 8-7 所示。

步骤三：文字识别。

单击"Star OCR！"按钮，开始文字识别，文字识别成功后的界面如图 8-8 所示。此时即可对"Text"框中识别出的文字进行复制，以便在文字处理软件中进行编辑处理。

图 8-7 选择文字识别的图片文件及语言

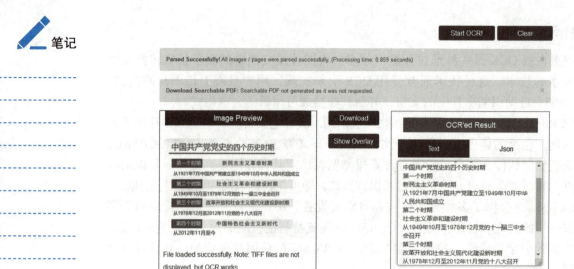

图 8-8　文字识别结果

4. QQ 中的 OCR 工具

QQ 中的"屏幕识图"功能是一款非常方便、实用的 OCR 工具,这项功能内置在 QQ 中,用户只需打开 QQ,再激活该功能,即可对计算机屏幕上的内容进行快速智能文字识别。

下面介绍 QQ 中的 OCR 工具的具体使用方法。

步骤一:启用 QQ 中的"屏幕识图"功能。

打开计算机中已安装的 QQ,按快捷键"Ctrl+Alt+O"启用 QQ 中的"屏幕识图"功能。

步骤二:屏幕文字识别。

在计算机屏幕上框选需进行文字识别的区域,即可对框选的区域进行快速智能文字识别,示例效果如图 8-9 所示。

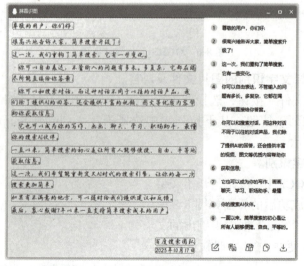

图 8-9　"屏幕识图"文字识别结果

获取百度 API 密钥

任务 2　调用百度 API 接口实现文字识别

任务描述

注册登录百度人工智能开放平台，创建通用文字识别应用，获取 AppID、API Key 和 Secret Key。编写 Python 程序，通过调用文字识别 API，对图片中的文字进行智能识别。

任务实施

1. 创建百度 API 应用获取密钥

百度人工智能开放平台提供了多种 API 接口，以满足不同场景和需求的应用开发。这些 API 接口包括文字识别、图像识别、语音识别、自然语言处理等。

要使用百度人工智能开放平台的 API 接口，需要先注册一个百度账号，然后在百度智能云的控制台中创建相应 API 接口的应用，获取 AppID、API Key 和 Secret Key。创建应用时，需要选择相应的服务和接口，并编辑应用信息。获取到 AppID、API Key 和 Secret Key 后，就可以通过后端语言（如 Python）请求 API 接口，实现相应的功能。

除了 API 接口，百度人工智能开放平台还提供了在线体验的功能，用户可以在平台上直接体验各种深度学习项目的成果，如人脸识别、图像分类、语音识别等。这些体验功能可以帮助用户更好地了解和应用百度人工智能开放平台的技术。

步骤一：打开百度人工智能开放平台网站并注册登录。

使用计算机浏览器打开人工智能开放平台网站（网址：https://ai.baidu.com），选择"开放能力 / 文字识别 / 通用文字识别"，如图 8-10 所示。

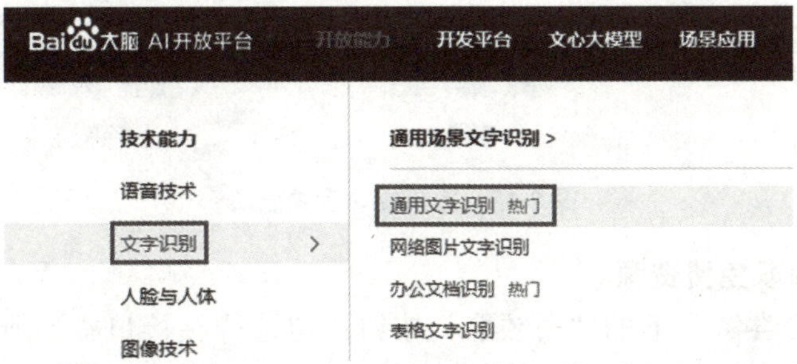

图 8-10　"开放能力 / 文字识别 / 通用文字识别"功能项

在"通用文字识别"窗口中,单击"立即使用"按钮,如图 8-11 所示。

图 8-11 "立即使用"按钮

在百度账号注册登录窗口中,选择用手机短信登录的方式完成注册登录,如图 8-12 所示。

图 8-12 百度账号注册登录窗口

登录成功后的窗口如图 8-13 所示。

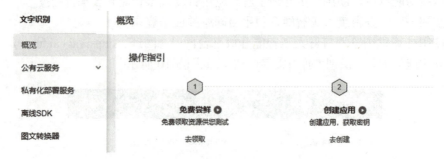

图 8-13 登录成功后的窗口

步骤二:领取免费资源。

单击"免费尝鲜"下的"去领取"按钮,勾选待领接口中的所有接口,单击"0 元领取"按钮,如图 8-14 所示。

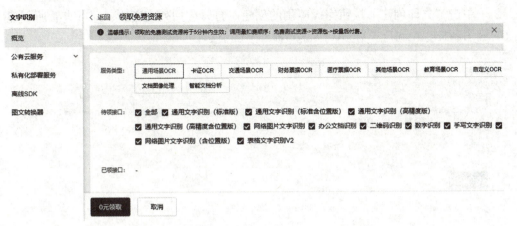

图 8-14 领取免费资源窗口

步骤三：创建应用获取密钥。

单击创建应用下的"去创建"按钮，打开如图 8-15 所示的创建新应用窗口。

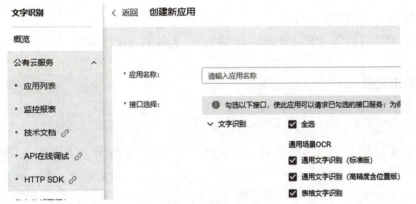

图 8-15 创建新应用窗口

输入应用名称（如"文字识别"），勾选文字识别列表中的所有选项。应用归属选择"个人"，输入应用描述（如"我创建的文字识别应用"），如图 8-16 所示。

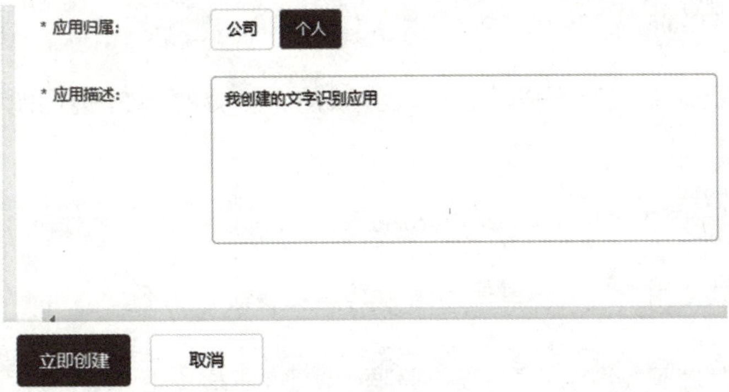

图 8-16 应用归属及应用描述

单击"立即创建"按钮完成应用的创建。打开应用列表窗口，即可查看所创建的应用名称、AppID、API Key、Secret Key 等信息，如图 8-17 所示。

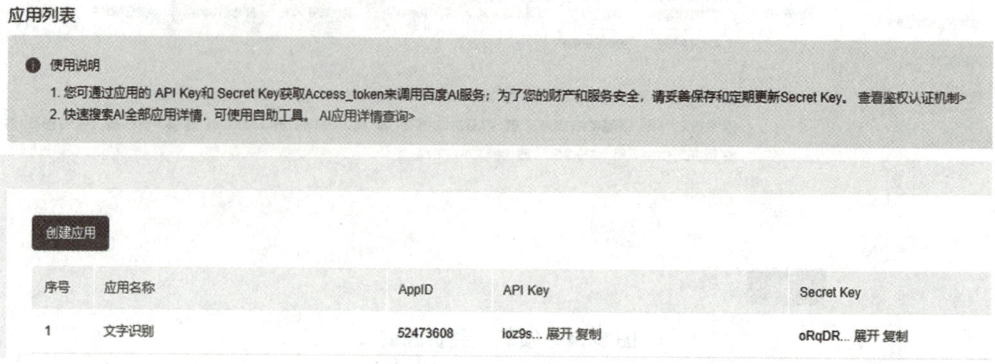

图 8-17　应用列表窗口

2. 调用 API 进行文字智能识别

步骤一：安装百度 SDK。

为了利用百度人工智能开放平台 API，需先安装百度 SDK。

知识链接

百度 SDK

百度 SDK（Software Development Kit）是百度公司为开发者提供的一套软件开发工具包，用于简化软件开发的流程，提高开发效率和降低成本。百度 SDK 包含了多种功能，如语音识别、图像识别、自然语言处理等，可以帮助用户快速构建高质量、高性能的智能应用。

在 CMD 环境下，安装百度 SDK 的具体命令如下。

```
pip install baidu-aip
```

若使用如上命令安装不成功，可以尝试使用豆瓣的 PyPI 镜像源，具体安装命令如下。

```
pip install --trusted-host pypi.douban.com baidu-aip
```

还可以尝试使用清华大学镜像网站，具体安装命令如下。

```
pip install baidu-aip -i https://pypi.tuna.tsinghua.edu.cn/simple
```

安装成功后的窗口如图 8-18 所示。

笔记

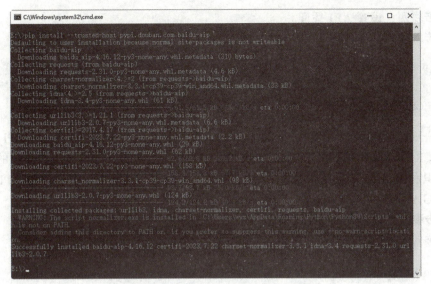

图 8-18　安装百度 SDK

步骤二：准备待识别图片。

将素材中的图片文件“word.png”放置于桌面，该图片文件的效果如图 8-19 所示。

新时代“三全育人”—高校辅导员育人路径

一、新时代“三全育人”的理论内涵

“三全育人”是指“全员育人、全过程育人、全方位育人”，“育人”是核心，“全员”“全过程”“全方位”分别是指育人队伍、育人时间和育人空间三个方面。从广义上讲，“全员育人”在实施教育主体角度是指学校、家庭、社会以及学生本人等多方位育人。

从狭义上讲，单纯是指学校教育。学校教育涵盖了教书育人、服务育人、管理育人、环境育人、文化育人等多方面。学校所有的教职员工包括专业课教师、思政课教师、公共课教师、行政人员、后勤人员等都应参与育人工作。一名教育和管理工作者都应该成为教育的主体，同样具有肩负育人的职责和使命。“全过程”育人是指在时间层面上将立德树人的根本要求与教育教学、学生成长成才的全过程深度融合。学生从入校伊始到大学毕业，学校要求对学生的思想政治教育贯穿并渗透于学生成长的每一个时间节点，做到全程覆盖、分门别类。既要关注全体学生，又要注重个体差异。“全方位”育人，是指从空间层面上对育人工作提出了更明确要求，将思想政治教育贯穿融入教书育人、管理育人、服务育人、环境育人、实践育人等领域的各个方面。

“三全育人”中的全员、全过程、全方位育人三者之间的关系是相互联系、相互促进的，以立德树人为根本任务，同向发力，从而形成思想政治教育工作的合力。

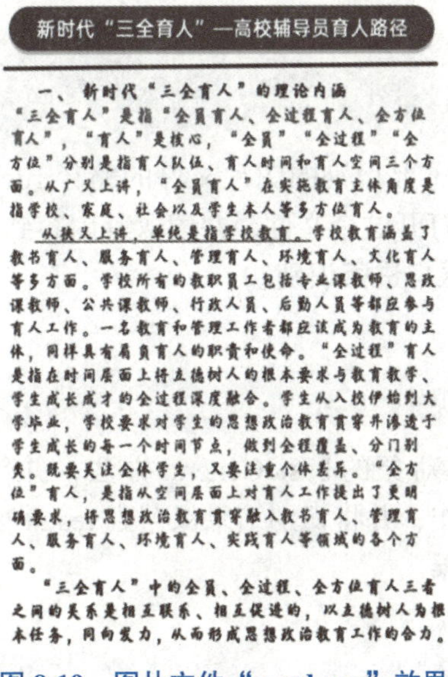

图 8-19　图片文件“word.png”效果

步骤三：创建 Python 文件并输入导入模块代码。

打开 Python 的集成开发环境 IDEL（也可使用其他 Python 开发环境，如 Pycharm、Anaconda 等），执行“File → New File”命令，在脚本窗口中输入如下代码。

```
from aip import AipOcr
```

这行代码的作用是从 aip 模块中导入 AipOcr 类。AipOcr 类提供了与百度 OCR 服务交互的接口。

步骤四：设置 API 凭证。

接着输入如下代码。

```
APP_ID = '***'
API_KEY = '***'
SECRET_KEY = '***'
```

这三行代码设置了百度 OCR 服务的 API 凭证信息，包括 APP_ID、API_KEY 和 SECRET_KEY。这些凭证信息是在百度 AI 平台上注册并创建应用后得到的，用于标识和验证你的应用。把相应的 "***" 替换为 "任务 2" 中获取的 APP_ID、API_KEY 和 SECRET_KEY。

步骤五：初始化 OCR 对象。

接着输入如下代码。

```
aipOcr=AipOcr(APP_ID, API_KEY, SECRET_KEY)
```

这行代码使用前面设置的 API 凭证信息来初始化 AipOcr 对象，后续将使用这个对象来调用 OCR 服务。

步骤六：读取图片文件。

接着输入如下代码。

```
filePath='word.png'
image=open(filePath,'rb').read()
```

这两行代码首先定义了要识别的图片文件的路径 filePath，然后使用 open 函数以二进制读模式（"rb"）打开这个文件，并读取其内容到 image 变量中。

步骤七：调用 OCR 服务进行识别。

接着输入如下代码。

```
result=aipOcr.basicGeneral(image)
```

这行代码调用 aipOcr 对象的 basicGeneral 方法，并传入前面读取的图片数据 image，执行 OCR 识别操作，并将识别结果保存到 result 变量中。

步骤八：提取识别结果。

接着输入如下代码。

```
Mywords=result['words_result']
```

这行代码从 result 字典中提取了 "words_result" 键对应的值，即 OCR 识别出的文字结果，并将其保存到 Mywords 变量中。

步骤九：拼接识别出的文字。

接着输入如下代码。

```
Outputwords=''
N=len(Mywords)
```

```
for i in range(N):
    Outputwords+=Mywords[i]['words']
```

这几行代码首先定义了一个空字符串 Outputwords，然后计算 Mywords 列表的长度 N，接着通过 for 循环语句遍历 Mywords 中的每个元素，并将每个元素中"words"键对应的值（识别出的文字）拼接到 Outputwords 字符串中。

步骤十：打印识别结果。

接着输入如下代码。

```
print(Outputwords)
```

这行代码的作用是打印文字识别结果。

步骤十一：运行程序。

把脚本文件以文件名"图片文字识别.py"另存到桌面，执行"Run → Run Module"命令。运行程序后，将显示如图 8-20 所示的文字识别结果。

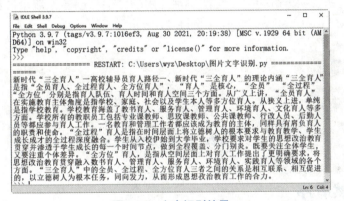

图 8-20　文字识别结果

注意：程序文件"图片文字识别.py"与图片文件"word.png"需放在同一文件夹中。

任务 3　展会图像静态人数统计

任务描述

编写 Python 程序，调用百度大脑 AI 开放平台 API，对素材某展会图片文件"zh.jpg"中的静态人数进行统计。

任务实施

图像静态人数智能统计可调用百度人工智能开放平台中的"人流量统计"API 进行。

步骤一：创建人流量统计应用获取密钥。

打开百度人工智能开放平台中的"人脸与人体"模块，如图 8-21 所示。

图 8-21 "人流量统计"API

参照"任务 2"介绍的创建文字识别应用的方法，创建人流量统计的应用并获取 AppID、API Key、Secret Key，如图 8-22 所示。

图 8-22 人流量统计的应用

> ### 井然有序
>
> 人流拥堵时，人群密度大，容易发生踩踏、摔倒等安全事故。防止人流拥堵既是一种社会责任，也是个人素养的体现。
>
> （1）有序排队。在食堂、图书馆等需要排队的场所，保持秩序，不插队、不推搡，尊重他人的权益。
>
> （2）遵循指示标志。在人流密集区域，遵循校园内的指示标志和提示，按照规定的路线行走。
>
> （3）提前了解活动信息。在参加大型活动之前，提前了解活动的时间、地点和参与人数，以便做好出行规划。
>
> （4）留意周围环境。时刻留意周围的人群动态和突发状况，做好应对准备。
>
> （5）避免进入拥挤区域。非必要尽量不进入过度拥挤的区域，以免发生踩踏或其他安全事故。
>
> （6）掌握紧急疏散知识。了解学校的紧急疏散路线和程序，在紧急情况下能够迅速、有序地撤离。
>
> （7）参加安全培训。积极参加学校组织的安全培训和演练活动，提高自己的安全意识和应对能力。

步骤二：准备待统计展会图片。

将素材中的某展会图片文件"zh.jpg"放置于桌面。该图片文件的效果如图 8-23 所示。

图 8-23　图片文件"zh.jpg"效果

步骤三：创建 Python 文件并输入导入模块代码。

打开 Python 的集成开发环境 IDE，执行"File → New File"命令，在脚本窗口中输入如下代码。

```
from aip import AipBodyAnalysis
```

这行代码的作用是从 aip 模块中导入 AipBodyAnalysis 类。这个类提供了与百度身体分析服务交互的接口。

步骤四：设置 API 凭证。

接着输入如下代码。

```
APP_ID = '***'
API_KEY = '***'
SECRET_KEY = '***'
```

把相应的"***"替换为本任务"步骤一"中获取的 APP_ID、API_KEY 和 SECRET_KEY。

步骤五：初始化服务客户端。

接着输入如下代码。

```
client = AipBodyAnalysis(APP_ID, API_KEY, SECRET_KEY)
```

这行代码使用前面定义的 API 凭证来初始化一个 AipBodyAnalysis 对象。通过这个对象，可以调用百度身体分析服务提供的 API。

步骤六：读取图片文件。

接着输入如下代码。

```
filePath = 'zh.jpg'
image = open(filePath, 'rb').read()
```

filePath 变量定义了要分析的图片文件的路径（在这个例子中是"zh.jpg"）。接下来，使用 open 函数以二进制读模式（"rb"）打开这个文件，并使用 read 方法读

人工智能基础与应用

笔记

取文件内容，将其存储在 image 变量中。

步骤七：调用身体分析服务。

接着输入如下代码。

```
result = client.bodyNum(image)
```

这行代码调用了 client 对象的 bodyNum 方法，并传入之前读取的图片数据 image。这个方法会向百度身体分析服务发送请求，分析图片中人体的数量，并将结果返回给 result 变量。

步骤八：打印结果。

接着输入如下代码。

```
print(result)
```

这行代码的作用是打印智能统计结果，即图片中的人数信息。

步骤九：运行程序。

把脚本文件以文件名"人流量统计.py"另存到桌面，执行"Run → Run Module"命令，运行代码后，将显示如图 8-24 所示的人流量统计结果。

```
= RESTART: C:/Users/wyz/Desktop/人流量统计.py
{'person_num': 84, 'log_id': 17800922276350036440}
```

图 8-24 人流量统计结果

程序运行结果表示百度 AI 开放平台的 Body Analysis API 已经成功识别出了图片"zh.jpg"中的人物数量，并返回了一个包含识别结果的字典。在这个字典中，"'person_num'：84"表示图片中识别出的人物数量是 84 人。"'log_id'：1780092227635003640"是一个日志 ID，用于跟踪和调试 API 请求。

项目小结

本项目以团队协作的方式完成，任务实施前先组建团队，明确组长人选和小组任务分工，填写表 8-1。

表 8-1 学生任务分配表

组号		成员数量	
组长			
组长任务			
组员姓名	学号	任务分工	

根据任务分工要求,协作完成相关的操作,并填写任务报告,见表 8-2。

表 8-2 任务报告表

学生姓名		学号		班级	
实施地点			实施日期	年 月 日	
任务类型	□演示性 □验证性 □综合性 □设计研究 □其他				
任务名称					
一、任务中涉及的知识点					
二、任务实施环境					
三、实施报告(包括实施内容、实施过程、实施结果、所遇到的问题、采用的解决方法、心得反思等)					
小组互评					
教师评价				日期	

人工智能基础与应用

💬 自我提升

引导问题1：结合你的日常生活，思考文字识别有哪些应用场景？

_____

_____

引导问题2：根据你的了解，写出至少3个你身边的人体识别应用。

_____

_____

引导问题3：某美食网站，希望对网友上传的美食图片进行更好的分类并展示给用户，最好可以采用什么技术来实现？

_____

_____

✏️ 评价反馈

考核学生的专业能力和关键能力，采用过程性评价和结果评价相结合、定性评价与定量评价相结合的考核方法，填写考核评价表。注重学生动手能力和在实践中分析问题、解决问题能力的考核，对于在学习和应用上有创新的学生应给予特别鼓励（表8-3）。

表8-3 考核评价表

评价项目	评价内容		分值	自评	师评
相关知识（20%）	掌握了智能OCR工具的具体应用		10		
	掌握了调用百度API接口实现文字识别的方法，会对图像进行静态人数统计		10		
工作过程（80%）	计划方案	工作计划制订合理、科学	10		
	自主学习	有计划地进行相关信息的探索，发现问题能及时和教师或同学讨论交流	15		
	任务及汇报	参见"任务报告表"任务完成情况进行评估	40		
	职业素养	注重团队合作，态度端正，工作认真、主动；具有良好的计算机使用习惯，爱护公共设施与环境	15		
附加分	考核学生的创新意识，在工作中有突出表现或特色做法		5		

项目 9 文字音频化

项目导读

基于 AI 技术的文字音频化是指利用人工智能算法将文本内容自动转换为音频或语音的过程。这种技术通常被称为文本到语音（Text-to-Speech，TTS）或语音合成（Speech Synthesis），它可以为文本内容提供语音输出，使得用户可以通过听觉来接收和理解信息。

文字语音智能转换包括文字音频化和语音文本化。随着 AI 技术的不断发展，文字语音智能转换已经成为 AI 技术的重要应用领域。文字音频化是将文本内容转换为人类可听的音频形式，在很多应用领域都有广泛的应用。

本项目将借助各种文字音频化工具或平台体验文字转音频的具体应用，为同学们带来人工智能技术强大应用能力的实践体验。

学习目标

知识目标
1. 了解文字音频化 AI 技术的应用领域。
2. 掌握常用文字音频化 AI 工具的具体使用。
3. 掌握利用百度人工智能开放平台实现文字音频化的方法。

能力目标
1. 能够使用常用文字音频化 AI 工具进行文字音频化。
2. 能够借助百度人工智能开放平台实现文字音频化。

素质目标
1. 培养学生乐于探索、勇于实践的能力。
2. 培养学生的敬业精神。
3. 培养学生解决问题的能力和创新性思维能力。
4. 培养学生精益求精的工匠精神、良好的沟通能力和团队合作精神。

任务 1　AI 文字音频化工具的应用

任务描述

使用 TTSMAKER 在线配音工具、文字转语音工具实现文字音频化。

TTSMAKER
在线文字转语音

任务实施

1. TTSMAKER 在线配音工具

TTSMAKER（马克配音）是一款功能强大且简单易用的免费在线文本转语音工具，支持中文、英语、日语、韩语、法语、德语、西班牙语、阿拉伯语等多种语言，还支持多种方言，如东北和四川的方言。TTSMAKER 提供了多种语音风格供用户选择，这意味着用户可以根据需求选择适合的语音风格。TTSMAKER 还提供了一些高级设置，允许用户调整语音的速度、音调和音量等。它常用于视频配音、有声书朗读和新闻播报等场景。

作为一款优秀的 AI 配音工具，TTSMAKER 可以轻松地将文本转换为语音文件（MP3 格式）。用户只需在 TTSMAKER 平台上输入或粘贴文本，选择所需的语音风格和语言，然后单击"开始转换"按钮即可生成语音。

TTSMAKER 的工作界面如图 9-1 所示。

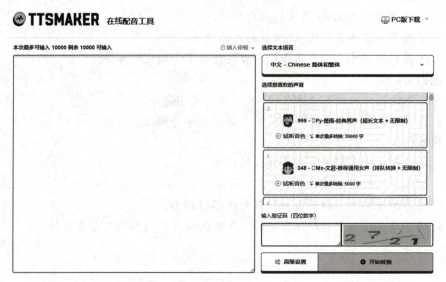

图 9-1　TTSMAKER 的工作界面

下面利用 TTSMAKER 在线配音工具，将文本"文字语音智能转换包括文字音频化和语音文本化。随着 AI 技术的不断发展，文字语音智能转换已经成为 AI 技术的重要应用领域。"转换成语音，声音种类任选，转换成功后把语音文件保存为"语音文件 01.mp3"，最后将文件保存至桌面。

步骤一：在 TTSMAKER 工作界面左侧的文本框中输入文本内容。

步骤二：在右侧的选择文本语言列表中选择"中文 - Chinese 简体和繁体"，在"选择您喜欢的声音"列表中选择一种语音，可单击"试听音色"按钮试听语音效果。

步骤三：在右下角的"输入验证码"框中输入所提示的验证码。此时界面如图 9-2 所示。

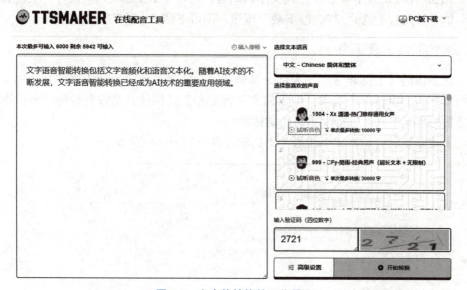

图 9-2　文本待转换的工作界面

步骤四：单击右下角的"开始转换"按钮，文本转语音成功后，将显示如图 9-3 所示的界面，同时自动播放转换后的语音文件。

图 9-3　语音转换成功界面

笔记

步骤五： 单击"下载文件到本地"按钮开始下载，下载完成后，将在系统的"下载"文件夹中生成转换后的语音文件，如图 9-4 所示。把该文件复制或移动到桌面，并重命名为"语音文件 01.mp3"。

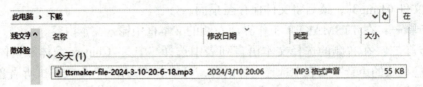

图 9-4　"下载"文件夹中生成的文件

TTSMAKER 除了可进行在线文本转语音，还可下载 PC 版到本地计算机进行使用。单击界面右上角的"PC 版下载"按钮，即可下载 PC 版 TTSMAKER。

2. 文字转语音工具

文字转语音工具非常多，大部分都是功能非常强大的语音合成软件，适用于各种场景下的文字转语音需求。但目前文字转语音工具往往都是收费软件，在没有注册缴费的情况下只可进行简单的功能体验。

下载安装后的某款文字转语音工具软件界面如图 9-5 所示。

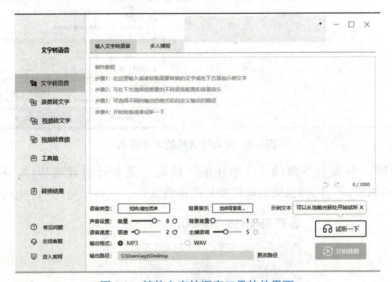

图 9-5　某款文字转语音工具软件界面

任务 2　调用百度 API 接口实现文字音频化

任务描述

编写 Python 程序代码调用百度语音技术 API，把文字自动转换为语音文件。

任务实施

笔记

文字音频化可调用百度人工智能开放平台中的“短文本在线合成”API。“短文本在线合成”API 在“语音技术”模块中，如图 9-6 所示。

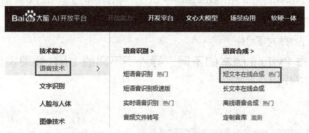

图 9-6 “短文本在线合成”API

参照“项目 08”中介绍的方法，创建短文本在线合成的应用并获取 AppID、API Key、Secret Key，如图 9-7 所示。

创建应用

序号	应用名称	AppID	API Key	Secret Key
1	王永忠的应用接口语音技术	39207685	0ipOL... 展开 复制	yl9Ki... 展开 复制

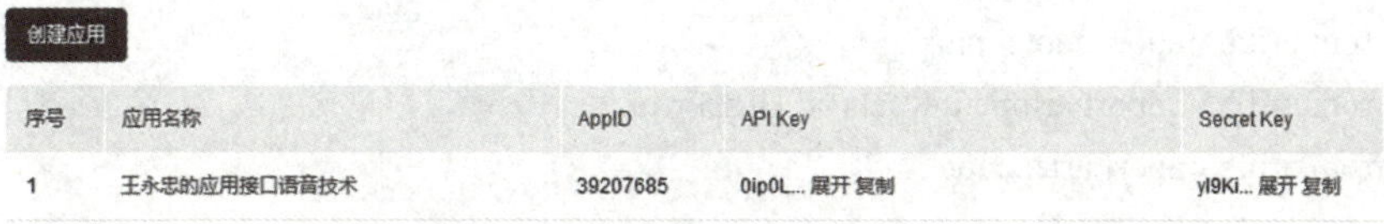

图 9-7 短文本在线合成的应用

1. 通过 API 获取访问令牌发送请求的方式实现文字音频化

例如把文字“校园文明不仅关乎个人的形象和素质，更体现了一个学校的整体风貌和教育水平。因此，每个学生都应该自觉遵守校园文明规范，共同为创建美好校园贡献力量。”转换成语音文件，转换成功后把语音文件保存为“语音文件 02.mp3”，文件保存至桌面。

该案例实现的总体思路如下：利用百度 AI 的文本转语音（TTS）服务将文本转换为语音，先获取 API 访问令牌，再准备请求参数，然后发送请求到 TTS 服务，最后输出转换后的语音文件。

步骤一：创建 Python 文件并输入导入模块代码。

打开 Python 的集成开发环境 IDE，执行“File”→“New File”命令，在脚本窗口中输入如下代码。

```
import sys
import json
```

导入 sys 模块和 json 模块。sys 模块用于获取 Python 版本信息，以便判断当前 Python 版本是 2 还是 3。json 模块用于处理 JSON 数据。

步骤二：检查 Python 解释器的主版本号。

接着输入如下代码。

```
IS_PY3 = sys.version_info.major == 3
```

笔记

这行代码是检查当前运行的 Python 解释器的主版本号是否为 3。

"sys.version_info.major"作用是获取 Python 解释器的主版本号。

"sys.version_info.major == 3"是一个比较操作，检查 Python 解释器的主版本号是否为 3，检查结果是一个布尔值，即 True 或 False。

"IS_PY3 = sys.version_info.major == 3"作用是将 Python 解释器的主版本号的检查结果赋值给变量 IS_PY3。如果 Python 解释器的主版本号是 3，那么 IS_PY3 将被赋值为 True，否则为 False。

步骤三：根据 Python 版本的不同，导入了不同的 URL 处理模块。

接着输入如下代码。

```
if IS_PY3:
    from urllib.request import urlopen, Request
    from urllib.error import URLError
    from urllib.parse import urlencode, quote_plus
else:
    import urllib2
    from urllib import quote_plus
    from urllib2 import urlopen, Request, URLError
    from urllib import urlencode
```

对于 Python 3，使用 urllib.request 模块和 urllib.parse 模块；对于 Python 2，使用 urllib2 模块和 urllib 模块。

步骤四：定义 API 密钥和 SECRET 密钥。

接着输入如下代码。

```
API_KEY = '***'
SECRET_KEY = '***'
```

这里的"***"需要替换为本任务中获取的语音技术接口应用的 API_KEY 和 SECRET_KEY。

步骤五：定义文本和 URL。

接着输入如下代码。

```
TEXT = "校园文明不仅关乎个人的形象和素质，更体现了一个学校的整体风貌和教育水平。因此，每个学生都应该自觉遵守校园文明规范，共同为创建美好校园贡献力量。"
TTS_URL = 'http://tsn.baidu.com/text2audio'
TOKEN_URL = 'http://openapi.baidu.com/oauth/2.0/token'
```

TEXT 是要转换为语音的文本内容，TTS_URL 是文本转语音服务的 URL，TOKEN_URL 是获取访问令牌的 URL。

校园文明

校园文明涵盖了学生在校园生活中的各个方面，包括行为举止、道德规范、学习态度等。具体体现在以下几个方面。

（1）课堂礼仪：学生应按时上课，不迟到、不早退、不旷课，保持上课纪律。回答问题时，应先举手，得到教师允许后再起立发言，声音要清晰响亮，使用普通话。

（2）公共卫生：学生应爱护校园环境，不随地吐痰、乱扔垃圾或随意践踏草坪。同时，注意个人卫生，保持整洁的仪表，不穿不雅衣装及拖鞋进入教室。

（3）网络道德：学生应科学上网，杜绝痴迷网络，合理利用时间，争做网络道德模范。

（4）尊重师长与同学：学生应尊敬师长，团结同学，互相帮助，共同营造和谐的校园氛围。

（5）爱护公共设施：学生应以校为家，爱护公共设施，不损坏公物，拒绝课桌文化。

（6）文明言行：学生应使用文明礼貌用语，避免使用粗鲁或不文明的词汇。同时，注意举止文明，不在公共场合有不雅的行为。

通过这些方面的努力，我们可以共同营造一个文明、和谐、积极向上的校园环境，为学生的学习和成长提供良好的条件。校园文明不仅关乎个人的形象和素质，更体现了一个学校的整体风貌和教育水平。因此，每个学生都应该自觉遵守校园文明规范，共同为创建美好校园贡献力量。

步骤六：定义 fetch_token 函数。

接着输入如下代码。

```python
def fetch_token():
    params = {'grant_type': 'client_credentials',
              'client_id': API_KEY,
              'client_secret': SECRET_KEY}
    post_data = urlencode(params)
    if (IS_PY3):
        post_data = post_data.encode('utf-8')
    req = Request(TOKEN_URL, post_data)
    try:
        f = urlopen(req, timeout=5)
        result_str = f.read()
    except URLError as err:
        print('token http response http code : ' + str(err.code))
        result_str = err.read()
    if (IS_PY3):
        result_str = result_str.decode()
    result = json.loads(result_str)
    if ('access_token' in result.keys() and 'scope' in result.keys()):
        if not 'audio_tts_post' in result['scope'].split(' '):
```

```
        print ('please ensure has check the tts ability')
        exit()
    return result['access_token']
else:
    print ('please overwrite the correct API_KEY and SECRET_KEY')
    exit()
```

fetch_token 函数用于获取百度 AI 服务的访问令牌。它首先构造了一个包含 API 密钥、SECRET 密钥和授权类型的参数字典，然后发送一个 post 请求到 TOKEN_URL 以获取令牌。如果请求成功，它会解析返回的 JSON 并提取访问令牌。如果请求失败或返回的 JSON 中没有所需字段，则打印错误信息。

步骤七：输入主程序。

接着输入如下主程序代码。

```
if __name__ == '__main__':
    token = fetch_token()
    tex = quote_plus(TEXT)
    params = {'tok': token, 'tex': tex, 'cuid': "quickstart",
              'lan': 'zh', 'ctp': 1}
    data = urlencode(params)
    req = Request(TTS_URL, data.encode('utf-8'))
    has_error = False
    try:
        f = urlopen(req)
        result_str = f.read()
        headers = dict((name.lower(), value) for name, value in f.headers.items())
        has_error = ('content-type' not in headers.keys() or headers['content-type'].find('audio/') < 0)
    except  URLError as err:
        print('http response http code : ' + str(err.code))
        result_str = err.read()
        has_error = True
    save_file = "error.txt" if has_error else u' 语音文件 02.mp3'
    with open(save_file, 'wb') as of:
        of.write(result_str)
    if has_error:
        if (IS_PY3):
            result_str = str(result_str, 'utf-8')
        print("tts api  error:" + result_str)
    print("file saved as : " + save_file)
```

本段代码的主要作用是调用 TTS API，将文本转换为音频文件，并处理可能出现的错误情况。如果转换成功，它将保存音频文件；如果失败，它将保存一个包含错误信息的文本文件。

各条代码的作用解释如下。

"if __name__ == '__main__':"是 Python 程序的常见结构，表示只有当这个脚本被直接运行时，以下的代码才会被执行。如果这个脚本是被其他脚本导入作为模块，那么下面的代码不会被执行。

"token = fetch_token()"用于调用 fetch_token 函数来获取一个访问 TTS API 所需的 token（访问令牌）。

"tex = quote_plus(TEXT)"用于对 TEXT 进行 URL 编码。

"params=…"用于创建一个字典，包含要发送给 TTS API 的参数。其中包括 token、编码后的文本、一个固定的客户 ID（cuid）、语言代码（lan）和另一个固定参数（ctp）。

"data = urlencode(params)"用于 params 字典进行 URL 编码，将其转换为查询字符串。

"req = Request(TTS_URL, data.encode('utf-8'))"用于创建一个 HTTP 请求对象，其中 TTS_URL 是 TTS API 的 URL，data 是编码后的查询字符串。

"has_error = False"用于初始化一个变量来跟踪是否发生错误。

"try…except"用于尝试发送 HTTP 请求并读取响应。如果发生 URLError 异常（例如，网络问题或服务器返回错误状态码），则捕获该异常并处理。

"f = urlopen(req)"用于发送 HTTP 请求。

"result_str = f.read()"用于读取响应内容。

"headers = dict((name.lower(), value) for name, value in f.headers.items())"用于从响应内容中提取头信息，并将其转换为小写。

"has_error = ('content-type' not in headers.keys() or headers['content-type'].find('audio/') < 0)"用于检查响应头中的 Content-Type 字段，以确定是否返回了预期的音频数据。

"save_file = "error.txt" if has_error else u'语音文件 02.mp3'"用于根据是否有错误来确定保存的文件名。如果有错误，保存为"error.txt"，否则保存为"语音文件 02.mp3"。

"with open(save_file, 'wb') as of: of.write(result_str)"用于将响应内容写入文件。

"if has_error:…"用于判断是否有错误，如果有错误，处理错误情况。

"if (IS_PY3): result_str = str(result_str, 'utf-8')"用于判断代码是否在 Python 3 中运行，如果代码在 Python 3 中运行，将响应内容从字节转换为字符串。

"print("tts api error:" + result_str)"用于打印错误信息。

"print("file saved as : " + save_file)"用于打印保存的文件名。

步骤八：运行程序。

把脚本文件以文件名"文字转语音 02.py"另存到桌面，执行"Run"→"Run Module"命令，运行结果如图 9-8 所示。在桌面上将转换生成的语音文件"语音文件 02.mp3"用声音播放软件播放，感受所生成的语音效果，如图 9-9 所示。

```
==================== RESTART: C:\Users\wyz\Desktop\文字转语音02.py ============
========
file saved as : 语音文件02.mp3
>>>
```

图 9-8　程序"文字转语音 02.py"运行结果

图 9-9 "语音文件 02.mp3"播放效果

2. 通过直接调用百度语音技术 API 的方式实现文字音频化

例如把文本文件"voicetext.txt"中的文本转换成语音文件"语音文件 03.mp3",转换成功后自动使用默认的音乐或媒体播放器播放该语音文件,并将文件保存至桌面。

步骤一:准备进行文字音频化的文本文件。

把素材中的文本文件"voicetext.txt"放置于桌面。

步骤二:创建 Python 文件并输入导入模块代码。

打开 Python 的集成开发环境 IDE,执行"File"→"New File"命令,在脚本窗口中输入如下代码。

调用百度 API
实现文字音频化

```
import os
from aip import AipSpeech
```

第 1 行代码作用是导入 os 模块。os 是 Python 的内置模块,提供了与操作系统交互的接口,允许执行与操作系统相关的操作,如文件和目录操作、环境变量操作等。

第 2 行代码作用是从 aip 模块中导入 AipSpeech 类。AipSpeech 是用于语音相关功能的类,通过这个类,可以调用百度 AI 平台的语音服务,如语音识别、语音合成等。

步骤三:设置 API 的认证信息。

接着输入如下代码。

```
APP_ID = '***'
API_KEY = '***'
SECRET_KEY = '***'
```

把相应的"***"替换为本任务中获取的 APP_ID、API_KEY 和 SECRET_KEY。

步骤四：初始化 AipSpeech 客户端。
接着输入如下代码。

```
client=AipSpeech(APP_ID,API_KEY,SECRET_KEY)
```

使用设置的认证信息来初始化 AipSpeech 客户端，这样后续就可以通过这个客户端来调用百度 AI 平台的语音技术 API。

步骤五：读取文本。
接着输入如下代码。

```
TextPath='voicetext.txt'
Text=open(TextPath,'r',encoding='utf-8').read()
```

这部分代码首先定义一个字符串常量 TextPath，该常量表示要读取的文本文件的路径，即"voicetext.txt"。然后，使用 open 函数以只读模式（"r"）和 utf-8 编码打开这个文件，并读取其内容，将内容存储在变量 Text 中。

步骤六：语音合成。
接着输入如下代码。

```
result=client.synthesis(Text,'zh',1,{'spd':5,'vol':5,'pit':5,'per':1,'dev_pid':1637,})
```

这行代码调用了 AipSpeech 对象的 synthesis 方法，该方法用于将文本转换为语音。它接收以下四个参数：要转换的文本（Text）、语言（"zh"即中文）、音频的采样率（1，表示 16 kHz），以及一个包含音频设置（语速、音量、音调等）的字典。方法返回的结果（语音数据）被存储在变量 result 中。

字典中包含的语音合成的配置选项说明如下。
spd：语速，范围 0 ~ 9，这里设置为 5。
vol：音量，范围 0 ~ 15，这里设置为 5。
pit：语调，范围 0 ~ 9，这里设置为 5。
per：发音人选择，0 为女声，1 为男声，这里设置为 1（男声）。
dev_pid：语言模型 ID，用于指定语言类型，这里设置为 1637（中文普通话）。

步骤七：保存语音文件。
接着输入如下代码。

```
filePath=" 语音文件 03.mp3"
if not isinstance(result,dict):
    with open(filePath,'wb') as f:
        f.write(result)
```

这部分代码首先定义了一个字符串常量 filePath，该常量表示要保存的语音文件的路径，即"语音文件 03.mp3"。然后，检查 result 的类型，如果它不是字典（这意味着 synthesis 方法成功返回了语音数据），则使用 with 语句和 open 函数以二进制写模式（"wb"）打开这个文件，并将 result（语音数据）写入文件。

步骤八：播放语音文件。
接着输入如下代码。

```
os.system(' 语音文件 03.mp3')
```

这行代码使用 os.system 函数来播放保存的语音文件。在大多数操作系统上，将使用默认的音乐或媒体播放器来播放文件。

步骤九：运行程序。

把脚本文件以文件名"文字转语音 03.py"另存到桌面，执行"Run"→"Run Module"命令，运行结束后将在桌面上生成所转换的语音文件"语音文件 03.mp3"，并用默认的音乐或媒体播放器播放该文件，如图 9-10 所示。

图 9-10　"语音文件 03.mp3"播放效果

项目小结

本项目以团队协作的方式完成，任务实施前先组建团队，明确组长人选和小组任务分工，填写表 9-1。

表 9-1　学生任务分配表

组号		成员数量	
组长			
组长任务			
组员姓名	学号	任务分工	

根据任务分工要求，协作完成相关的操作，并填写任务报告，见表 9-2。

表 9-2　任务报告表

学生姓名		学号		班级	
实施地点			实施日期	年　月　日	
任务类型	□演示性　□验证性　□综合性　□设计研究　□其他				
任务名称					
一、任务中涉及的知识点 					
二、任务实施环境 					
三、实施报告（包括实施内容、实施过程、实施结果、所遇到的问题、采用的解决方法、心得反思等） 					
小组互评					
教师评价				日期	

自我提升

引导问题 1： 了解语音处理的知识，其主要技术点有哪些？

引导问题 2： 结合你身边的语音合成技术应用领域，至少举出 3 个领域、10 个场景。

引导问题 3： 我们在与机器进行语音对话的过程中，会用到哪些智能语音技术？

评价反馈

考核学生的专业能力和关键能力，采用过程性评价和结果评价相结合、定性评价与定量评价相结合的考核方法，填写考核评价表。注重学生动手能力和在实践中分析问题、解决问题能力的考核，对于在学习和应用上有创新的学生应给予特别鼓励（表 9-3）。

表 9-3 考核评价表

评价项目		评价内容	分值	自评	师评
相关知识（20%）		掌握了 AI 文字音频化工具的具体应用	10		
		会调用百度 API 接口实现文字音频化	10		
工作过程（80%）	计划方案	工作计划制订合理、科学	10		
	自主学习	有计划地进行相关信息的探索，发现问题能及时和教师或同学讨论交流	15		
	任务及汇报	参见"任务报告表"任务完成情况进行评估	40		
	职业素养	注重团队合作，态度端正、工作认真、主动；具有良好的计算机使用习惯，爱护公共设施与环境	15		
附加分		考核学生的创新意识，在工作中有突出表现或特色做法	5		

项目 10 录音文本化

PROJECT 10

项目导读

基于 AI 技术的录音文本化是指利用人工智能算法将录音内容自动转换为文本形式的过程。这种技术主要依赖于语音识别和自然语言处理等技术，可以大大提高音频内容处理的效率和准确性。这项技术在很多应用领域都有广泛的应用，具体体现在以下方面。

语音识别与转写——将音频中的语音内容转换为可读的文本形式，为语音识别与转写方面的应用提供基础。例如，语音助手、智能家居设备和语音识别软件等都需要将用户的语音输入转化为可识别的文本。

录音笔记与会议记录——将课堂、会议、讲座、采访等场景中的录音转换为文本，可以帮助人们更好地进行整理、回顾和检索。这在学习、工作和研究等领域非常有用。

翻译与文档处理——录音文本化技术也可以与机器翻译技术结合，将一种语言的音频内容转换为另一种语言的文本，从而实现跨语言的交流。

媒体与内容创作——能够帮助媒体公司、广播电台等快速将音频资料转化为文本，方便后续编辑、整理和搜索。

辅助听障人士——为听障人士提供便捷的参与途径。通过文字的形式，听障人士可以更好地理解、参与和回顾与他们相关的活动，提高生活质量。

本项目将借助各种录音文本化工具或平台体验录音转文字的具体应用，为同学们带来人工智能技术强大应用能力的实践体验。

学习目标

知识目标
1. 了解录音文本化 AI 技术的应用领域。
2. 掌握常用录音文本化 AI 工具的具体使用。
3. 掌握利用百度人工智能开放平台实现录音文本化的方法。

能力目标
1. 能够使用常用录音文本化 AI 工具进行录音文本化。
2. 能够借助百度人工智能开放平台实现录音文本化。

素质目标

1. 培养学生乐于探索、勇于实践的能力。
2. 培养学生的敬业精神。
3. 培养学生解决问题的能力和创新性思维能力。
4. 培养学生精益求精的工匠精神、良好的沟通能力和团队合作精神。

任务 1　AI 录音文本化工具的应用

任务描述

使用 SPEECHTEXTER 在线即时录音转文字工具、"剪映"计算机专业版实现录音文本化。

任务实施

1. SPEECHTEXTER 在线即时录音转文字工具

SPEECHTEXTER 工具通过 AI 语音识别技术，将用户的录音即时转化为可编辑的文本，提供便利、高效的文字输入体验。SPEECHTEXTER 支持多语言识别，可以识别英语、中文、法语、德语等多种语言，方便用户在各种工作场景和用户需求。在录音过程中，用户可以实时看到文字的生成情况，这有助于用户及时调整录音方式，确保转换结果的准确性，这一功能对于需要实时转录的场景（如会议、讲座、采访等）非常有用。

SPEECHTEXTER 的工作界面如图 10-1 所示。

图 10-1　SPEECHTEXTER 的工作界面

使用时，只需先选择语言（如中文），然后单击下方的麦克风按钮，就可以通过麦克风说话，它可以实时把语音转换成文字并显示在上方的文本编辑框中。

2. "剪映" 计算机专业版

"剪映"是抖音旗下的一款视频编辑工具,分专业版(计算机)、移动端(手机版)、网页版、企业版等多个版本,它功能强大、操作简单,有超多的滤镜、贴纸、特效等素材,深受视频编辑者的喜爱。

利用"剪映"计算机专业版的"智能字幕"功能,可以快速从声音文件(如课堂学习录音文件、会议录音文件等)中提取出语音文本。

从"剪映"网站下载并安装专业版软件,启动后的工作界面如图 10-2 所示。

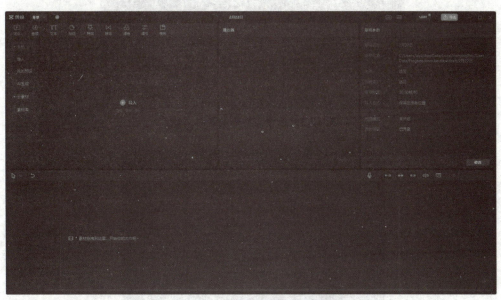

图 10-2 "剪映"专业版工作界面

下面将利用"剪映"计算机专业版的"智能字幕"功能,把语音文件"智能机器人简介.mp3"中的语音转换为文本,把文本保存在文本文件"智能机器人简介.txt"中。

步骤一:通过"导入"命令按钮将语音文件"智能机器人简介.mp3"导入素材列表区域,并将该语音文件拖动到时间轴中,如图 10-3 所示。

步骤二:在"文本"选项卡中,单击"智能字幕"→"识别字幕"中的"开始识别"按钮,如图 10-4 所示。

步骤三:识别完成后,在时间轴中将显示字幕文本内容。若需要修改字幕文本内容(如修改错别字),只需在时间轴中单击相应字幕,在右上方的字幕编辑区中进行修改即可,如图 10-5 所示。

步骤四:单击"导出"按钮,在打开的"导出"对话框中,设置标题文字为"智能机器人简介",设置导出位置为桌面,取消勾选"视频导出"和"音频导出",勾选"字幕导出",选择导出格式为"TXT",如图 10-6 所示。

步骤五:单击"导出"按钮,导出成功后将弹出"字幕导出完成!"对话框,如图 10-7 所示。

图10-3 语音文件拖动到时间轴

图10-4 "智能字幕"中的"开始识别"按钮

图10-5 修改字幕文本内容

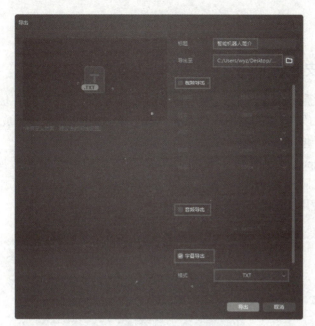

图 10-6 "导出"对话框

同时在桌面上将生成导出的文本文件"智能机器人简介.txt",打开该文本文件后显示的效果如图 10-8 所示。

图 10-7 字幕导出完成对话框

图 10-8 导出的文本

任务 2　转换语音文件格式

在录音进行文本化时,有时需要把 MP3 格式文件转换为 PCM 格式文件。本任务先下载并安装 ffmpeg 软件,再利用"ffmpeg"命令把 MP3 格式文件"青春担当.mp3"转换为 PCM 格式文件。

任务实施

1. 下载并安装 ffmpeg

百度大脑底层语音识别使用的是 PCM 格式，因此，推荐直接上传 PCM 文件进行语音识别。如果上传其他格式的语音文件，会在服务器端转码成 PCM 文件，调用接口的耗时会增加。

可使用 ffmpeg 工具软件将 MP3、WAV 等格式的语音文件转换成 PCM 格式，再上传到百度大脑进行语音识别。

步骤一：使用浏览器打开 ffmpeg 下载网站，如图 10-9 所示。

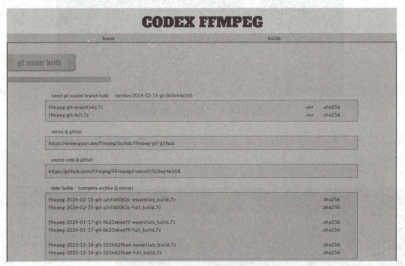

图 10-9　ffmpeg 下载网站

步骤二：从网站中下载 ffmpeg 文件压缩包，并解压到任意磁盘（这里将文件解压到 E 盘），将解压后的文件夹重命名为"ffmpeg"，如图 10-10 所示。

图 10-10　解压后的文件夹重命名为"ffmpeg"

步骤三：用鼠标右击桌面上的"此电脑"图标，在打开的快捷菜单中选择"属性"命令，在打开的设置窗口中单击"高级系统设置"选项，在系统属性对话框中单击"环境变量"按钮，打开如图 10-11 所示的"环境变量"对话框。

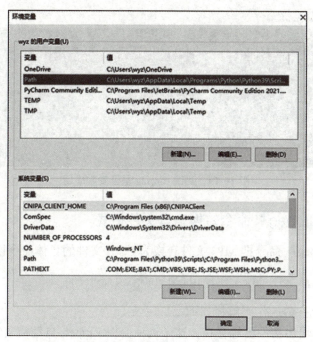

图 10-11 "环境变量"对话框

步骤四：在环境变量对话框中，选中用户变量中的变量"Path"，单击"编辑"按钮，打开"编辑环境变量"对话框。

步骤五：在"编辑环境变量"对话框中，单击"浏览"按钮，把 ffmpeg 路径添加到环境变量中，如图 10-12 所示，依次单击"确定"按钮。

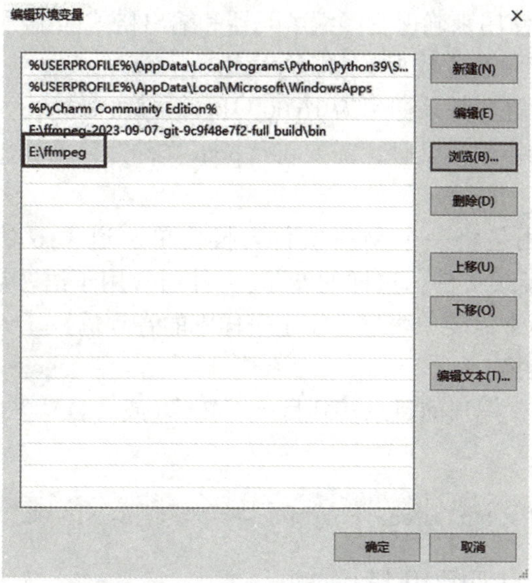

图 10-12 "编辑环境变量"对话框

步骤六：在环境变量设置完成后，在 CMD 环境下运行"ffmpeg"命令，若出现版本信息，说明 ffmpeg 已安装成功，如图 10-13 所示。

图 10-13　测试 ffmpeg 是否安装成功

2. 利用"ffmpeg"命令转换语音文件格式

利用"ffmpeg"命令把 MP3 文件转换为 PCM 文件的具体命令格式如下。

ffmpeg -y -i mp3 文件 -acodec pcm_s16le -f s16le -ac 1 -ar 16000 pcm 文件

命令中各个参数的作用解释如下。

-y——如果输出文件已经存在，这个选项会使 ffmpeg 自动覆盖它，而不是询问是否要覆盖。

-i mp3 文件——指定输入文件，需要将"mp3 文件"替换为实际的 MP3 文件路径和文件名。

-acodec pcm_s16le——设置音频编解码器（audio codec）为"pcm_s16le"，即 16 位小端序的 PCM 音频。

-f s16le——设置输出格式为"s16le"，这也是 16 位小端序的 PCM 音频。它通常与"acodec"一起使用来确保音频编解码器和输出格式匹配。

-ac 1——设置音频通道数为 1，即单声道。

-ar 16000——设置音频采样率为 16 000 Hz。

pcm 文件——指定输出文件，需要将"pcm 文件"替换为想要保存的实际 PCM 文件路径和文件名。

上面命令的作用是将一个 MP3 文件转换为单声道、16 位小端序、采样率为 16 000 Hz 的 PCM 音频文件。这样的 PCM 文件通常用于语音识别、语音合成等任务，因为这些任务通常需要单声道、特定采样率的音频输入。

步骤一：文件转换。

在 CMD 环境下，把当前目录转到目录"E:\"（或"D:\"）中，执行如下命令进行文件格式的转换。

ffmpeg -y -i 青春担当 .mp3 -acodec pcm_s16le -f s16le -ac 1 -ar 16000 青春担当 .pcm

命令执行后的窗口如图 10-14 所示。

步骤二：查看文件。

格式转换成功后，在目录"E:\"中就可查看到所转换生成的语音文件"青春担当 .pcm"，如图 10-15 所示。

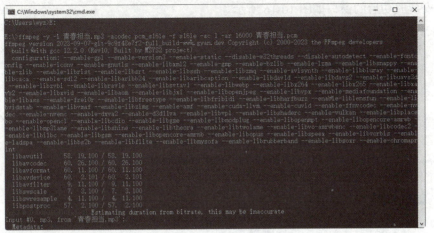

图 10-14　用 ffmpeg 命令转换文件格式

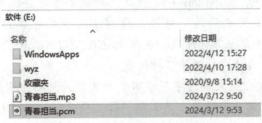

图 10-15　格式转换成功后的文件

任务 3　调用百度 API 接口实现录音文本化

任务描述

编写一个 Python 程序，调用百度大脑 AI 开放平台 API，将 E 盘根目录下的语音文件"青春担当.pcm"中的语音转换成文字。

任务实施

本任务首先需创建百度大脑 AI 开放平台的语音技术接口应用，获得相应的 AppID、API Key、Secret Key。

步骤一：安装 chardet 库。

在 CMD 环境下，执行如下安装 chardet 库命令。

```
pip install chardet
```

安装成功后的窗口如图 10-16 所示。

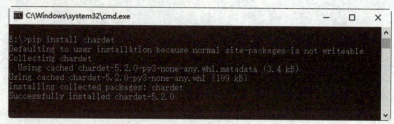

图 10-16　安装 chardet 库

知识链接

chardet 库

　　chardet 库是一个在 Python 中用于自动检测文本字符编码的第三方库。它可以帮助我们判断文本的编码格式，特别适用于处理非 UTF-8 编码的文本。chardet 库支持检测多种字符编码，包括 ASCII、UTF-8、UTF-16、GBK 等，并且可以识别汉语、日语、韩语等多种语言。

　　chardet 库通过分析文本的字符分布来推测字符编码，从而判断文本的编码类型。这个库的使用非常简单，只需要一行代码就可以检测文本的编码。因此，在处理一些不规范的第三方网页或未知编码的文本时，chardet 库可以帮助我们有效地解决编码问题。

步骤二：导入库及初始化。

打开 Python 的集成开发环境 IDEL，执行"File"→"New File"命令，在脚本窗口中输入如下代码。

```
from aip import AipSpeech
APP_ID='***'
API_KEY='***'
SECRET_KEY='***'
client = AipSpeech(APP_ID, API_KEY, SECRET_KEY)
```

第 1 条语句是从 aip 模块中导入 AipSpeech 类，该类提供了与百度 AI 平台交互的接口。

第 5 条语句作用是初始化 AipSpeech 对象，之后可通过这个对象调用百度 AI 平台的 API。

"***"需要分别替换成语音技术接口应用的 AppID、API Key、Secret Key。

步骤三：定义读取文件函数。

接着输入如下代码。

```
def get_file_content(filePath):
```

```
with open(filePath, 'rb') as fp:
    return fp.read()
```

这部分代码的作用是定义一个名为"get_file_content"的函数，用于读取指定路径下的文件内容。

第 2 条语句的作用是使用 with 语句打开文件，"rb"表示以二进制读模式打开文件。

第 3 条语句的作用是读取文件内容并返回。

步骤四：语音识别。

接着输入如下代码。

```
data = client.asr(get_file_content('青春担当.pcm'), 'pcm', 16000, {
    'dev_pid': 1537,})
```

本代码作用是调用 AipSpeech 对象的 asr 方法，该方法用于执行语音识别。

"get_file_content('青春担当.pcm')"作用是调用前面定义的函数，读取名为"青春担当.pcm"的文件内容。

"'pcm'"作用是指定音频文件的格式是 PCM。

"16000"作用是指定音频的采样率为 16 000 Hz。

"{'dev_pid': 1537,}"这是一个可选参数，指定了语音识别的模型 ID。在这里，使用的是 1537，指识别模型是普通话。

步骤五：输出结果。

接着输入如下代码。

```
print(data)
```

使用 print 函数输出"asr"方法的返回结果，即一个包含识别文本的字典。

步骤六：运行程序。

把脚本文件以文件名"语音转文字.py"另存到 E 盘根目录下，执行"Run"→"Run Module"命令，程序运行结果如图 10-17 所示。

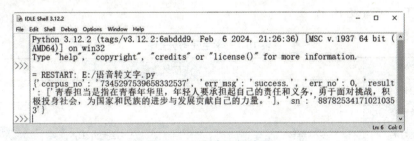

图 10-17 程序运行结果

程序运行结果说明如下。

corpus_no：语料库编号，用于唯一标识一个语料库。

err_msg：错误消息（error message）。值为"success."表示操作成功完成，没有发生错误。

err_no：错误编号（error number）。值为 0 表示没有错误。如果发生错误，这个

人工智能基础与应用

笔记

值会是一个非零的数字，用于标识错误的类型。

result：结果。它的值是一个列表，包含了一个字符串，即识别出的文字。

sn：代表序列号（serial number），用于唯一标识这次请求或响应。

📝 青春担当

青春担当是指在青春年华里，年轻人要承担起自己的责任和义务，勇于面对挑战，积极投身社会，为国家和民族的进步与发展贡献自己的力量。

首先，青春担当意味着要有坚定的理想信念和崇高的追求。年轻人应该树立正确的世界观、人生观和价值观，明确自己的人生目标和方向，坚定理想信念，为实现中华民族的伟大复兴而努力奋斗。

其次，青春担当要求年轻人要具备强烈的责任感和使命感。无论是在学习、工作还是生活中，都应该时刻保持对家庭、对社会、对国家的责任感，积极履行自己的义务，勇于担当起属于自己的责任。

此外，青春担当还需要年轻人具备创新和创造的能力。在快速变化的时代背景下，年轻人应该敢于挑战传统，勇于尝试新事物，用创新的思维和方法解决问题，推动社会的进步和发展。

最后，青春担当还体现在年轻人的实际行动中。年轻人应该积极参与社会实践和志愿服务活动，用实际行动践行青春誓言，为社会作出积极的贡献。

总之，青春担当是年轻人应该具备的品质和精神。只有勇于担当、积极作为，才能在青春的岁月里留下无悔的足迹，为国家和民族的未来贡献自己的力量。

👆 项目小结

本项目以团队协作的方式完成，任务实施前先组建团队，明确组长人选和小组任务分工，填写表 10-1。

表 10-1　学生任务分配表

组号		成员数量	
组长			
组长任务			
组员姓名	学号	任务分工	

根据任务分工要求，协作完成相关的操作，并填写任务报告，见表 10-2。

表 10-2 任务报告表

学生姓名		学号		班级	
实施地点			实施日期	年 月 日	
任务类型	□演示性 □验证性 □综合性 □设计研究 □其他				
任务名称					
一、任务中涉及的知识点					
二、任务实施环境					
三、实施报告（包括实施内容、实施过程、实施结果、所遇到的问题、采用的解决方法、心得反思等）					
小组互评					
教师评价				日期	

自我提升

引导问题1：查询资料，语音识别转文字的工具还有哪些？请介绍其优势及使用方法。

____

____

引导问题2：AI录音文本化工具的准确率受哪些因素影响？

____

____

引导问题3：根据你的了解，写出至少3个你身边的语音合成应用。

____

____

评价反馈

考核学生的专业能力和关键能力，采用过程性评价和结果评价相结合、定性评价与定量评价相结合的考核方法，填写考核评价表。注重学生动手能力和在实践中分析问题、解决问题能力的考核，对于在学习和应用上有创新的学生应给予特别鼓励（表10-3）。

表 10-3 考核评价表

评价项目		评价内容	分值	自评	师评
相关知识（20%）		掌握了 AI 录音文本化工具的具体应用	10		
		会利用 "ffmpeg" 命令转换语音文件格式，能调用百度 API 接口实现录音文本化	10		
工作过程（80%）	计划方案	工作计划制订合理、科学	10		
	自主学习	有计划地进行相关信息的探索，发现问题能及时和教师或同学讨论交流	15		
	任务及汇报	参见 "任务报告表" 任务完成情况进行评估	40		
	职业素养	注重团队合作，态度端正，工作认真、主动；具有良好的计算机使用习惯，爱护公共设施与环境	15		
附加分		考核学生的创新意识，在工作中有突出表现或特色做法	5		

项目 11 图像处理及情感分析

PROJECT 11

项目导读

基于 AI 技术的文本情感分析通常使用自然语言处理技术，如词向量表示、深度学习模型等，对文本中的词汇、句法、语义等特征进行提取和分析，从而判断文本所表达的情感是积极、消极还是中性。这种技术可以应用于社交媒体分析、舆情监控、产品评论分析等领域。

本项目将学习各种图像处理 AI 工具的具体应用及调用百度 API 接口进行文本情感分析的具体方法，为同学们带来人工智能技术强大应用能力的体验。

学习目标

知识目标
1. 掌握常用图像处理 AI 工具的具体使用。
2. 掌握调用百度 API 接口进行情感分析的具体方法。

能力目标
1. 能够使用图像处理 AI 工具智能美化或修复图像。
2. 能够借助百度人工智能开放平台实现对用户评论进行情感分析。

素质目标
1. 培养学生乐于探索、勇于实践的能力。
2. 培养学生的敬业精神。
3. 培养学生解决问题的能力和创新性思维能力。
4. 培养学生精益求精的工匠精神、良好的沟通能力和团队合作精神。

任务 1　AI 图像处理工具的应用

任务描述

使用 Removebg 工具、Bigjpg 工具、SnapEdit 工具、"像素蛋糕"工具软件等 AI 工具进行图像的智能处理。

任务实施

1. Removebg 工具的应用

Removebg 工具是一个免费的在线去除或更改图片背景的专用工具。它的主要功能是自动识别图像中的主体，并将其从背景中分离出来，从而让用户可以轻松地创建具有透明背景的图像。这个工具对于许多应用场景都非常有用，比如制作证件照、海报、产品展示、社交媒体图片等。网站界面如图 11-1 所示。

下面利用 Removebg 工具将素材中的照片"图片 01.jpg"更换一个新的背景。

步骤一： 单击 Removebg 网站界面中的"Upload Image"按钮，在"打开"对话框中选择需上传的图片文件"图片 01.jpg"，单击"打开"按钮，如图 11-2 所示。上传图片成功后，将自动去除图片背景，效果如图 11-3 所示。

图 11-1　Removebg 网站界面

图 11-2　"打开"对话框

图 11-3　去除背景后的图片效果

步骤二：单击"Add background"按钮，在背景列表中选择一张满意的背景图，单击"Done"按钮，如图 11-4 所示。

图 11-4　选择背景

步骤三：在下载类型选项中选择"Download"，如图 11-5 所示，即把更换背景后的图片文件下载到本地的"下载"文件夹中，如图 11-6 所示。

图 11-5　下载类型选项　　　　图 11-6　下载图片结果

2. Bigjpg 工具的应用

在进行图片放大时，有时候会出现马赛克现象，这会影响人们对图片的观感和使用。现在，可以使用 AI 在线工具——Bigjpg 来解决这个问题。Bigjpg 工具使用最新人工智能深度学习技术——深度神经网络技术来补充噪点和锯齿部分，从而实现图像的无损放大。

Bigjpg 网站界面如图 11-7 所示。

图 11-7　Bigjpg 网站界面

下面将素材中的图片"图片 02.jpg"利用 Bigjpg 工具进行 4 倍无损放大。

步骤一：单击 Bigjpg 网站界面的"选择图片"按钮，上传图片"图片 02.jpg"，图片上传成功后的界面如图 11-8 所示。

图 11-8　图片"图片 02.jpg"上传成功后的界面

步骤二：单击"开始"按钮，在打开的"放大配置"对话框中设置放大参数，如图 11-9 所示。

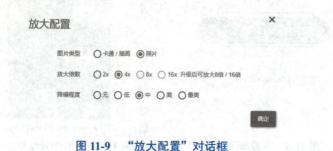

图 11-9　"放大配置"对话框

步骤三：单击"确定"按钮，即开始进行无损放大任务，如图 11-10 所示。

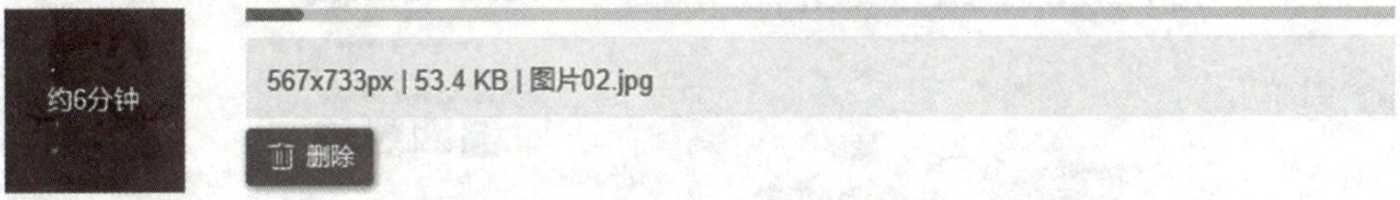

图 11-10　无损放大进程

步骤四：无损放大任务完成后，显示如图 11-11 所示的界面。

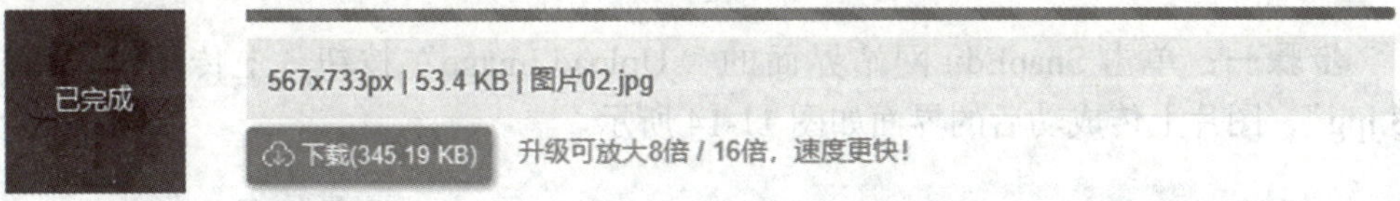

图 11-11　无损放大任务完成后界面

步骤五：单击"下载"按钮，即把无损放大后的图片文件下载到本地的"下载"文件夹中。图片"图片 02.jpg"无损放大前后对比效果如图 11-12 所示。

图 11-12　图片无损放大前后对比效果

3. SnapEdit 工具的应用

SnapEdit 是一款基于 AI 技术的图像编辑软件，主要用于移除图片中不需要的对象。

SnapEdit 网站界面如图 11-13 所示。

下面将素材中的图片"图片 03.jpg"利用 SnapEdit 工具移除其中的宠物狗。

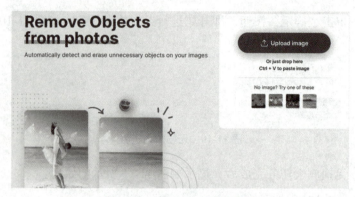

图 11-13　SnapEdit 网站界面

步骤一： 单击 SnapEdit 网站界面的"Upload image"按钮，上传图片"图片 03.jpg"，图片上传成功后的界面如图 11-14 所示。

图 11-14　"图片 03.jpg"上传成功后的界面

步骤二： 单击选择左上角的"Auto"按钮，SnapEdit 工具将自动检测图片中可智能移除的对象，检测结果如图 11-15 所示。

SnapEdit 移除对象

图 11-15　图片检测结果

步骤三：勾选欲移除的对象"dog"，单击"Remove"按钮，结果如图 11-16 所示。

图 11-16　单击"Remove"按钮后结果

步骤四：单击右上角的"Download"按钮，把移除宠物狗后的图片保存至桌面，最后效果如图 11-17 所示。

图 11-17　移除宠物狗后的图片效果

4."像素蛋糕"工具软件的应用

"像素蛋糕"是一款基于 AI 深度学习的商业摄影后期修图软件，它简单易用，功能强大，只需导入图片，即可实现一键智能调色、祛除瑕疵、皮肤调整、面部重塑、表情管理、牙齿美化、眼睛增强、妆容调整、头发调整、全身美型等功能，实现即时预览与高效处理的完美融合。

"像素蛋糕"网站界面如图 11-18 所示。

图 11-18 "像素蛋糕"网站界面

下面将利用"像素蛋糕"软件对文件夹"原始图片"中的 4 张图片进行智能美化。

步骤一：启动"像素蛋糕"软件，单击"+"按钮创建新项目，如图 11-19 所示。

步骤二：在"创建新项目"对话框中输入项目名称，如"美化照片"，如图 11-20 所示。单击"保存"按钮。

图 11-19 "创建新项目"按钮　　　图 11-20 "创建新项目"对话框

步骤三：在导入类型界面中，单击"导入文件夹"按钮，如图 11-21 所示。

图 11-21 导入类型界面

步骤四：在"选择文件夹"对话框中，选择素材文件夹"原始图片"，如图 11-22 所示。单击"选择文件夹"按钮，打开"像素蛋糕"软件工作界面，如图 11-23 所示。

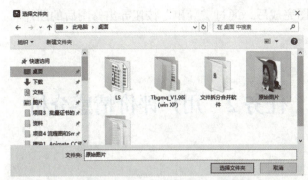

图 11-22 "选择文件夹"对话框

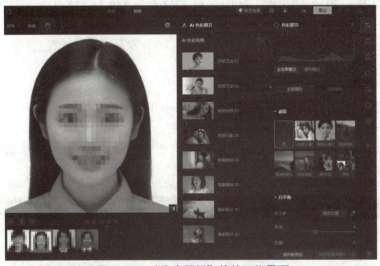

图 11-23 "像素蛋糕"软件工作界面

步骤五：分别选择 4 张照片，通过设置软件窗口右侧的色彩调节、人物美化、图像美化、衣物美化等功能模块中的参数，对 4 张图片进行智能修图，达到美化、优化、修复缺陷的效果（各参数根据自己的美学眼光自行设定）。其中，"人物美化"功能模块参数分类如图 11-24 所示。

图 11-24 "人物美化"功能模块

笔记

百度 API 情感分析

步骤六：修图完成后，通过"导出"按钮导出修图后的图片。

任务 2　用户评价情感分析

任务描述

编写 Python 程序，调用百度大脑 AI 开放平台 API，对某电商平台某商品（如手机）的用户评价进行情感分析。

任务实施

用户评价情感分析可调用百度人工智能开放平台中的"情感倾向分析"API 进行。

步骤一：创建情感倾向分析应用获取密钥。

百度人工智能开放平台中的"情感倾向分析"API 在"语言与知识"模块中，如图 11-25 所示。

图 11-25　"情感倾向分析"API

参照"项目 08"中介绍的方法，创建情感倾向分析的应用并获取 AppID、API Key、Secret Key，如图 11-26 所示。

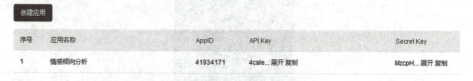

图 11-26　情感倾向分析的应用

步骤二：准备情感分析的用户评价。

收集并整理用户评价信息，并把整理好的用户评价文本信息保存到文本文件中，例如"text.txt"，把该文件放置于桌面。该文本文件的内容如图 11-27 所示。

图 11-27 文本文件"text.txt"内容

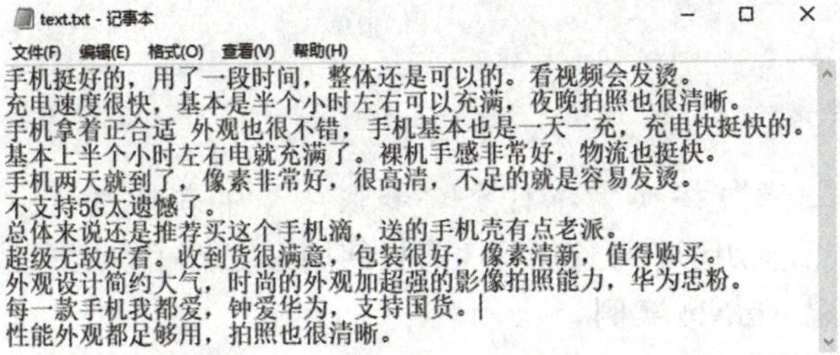

> ### 情感素养
>
> 当代大学生的情感素养涵盖情感认知、情感表达、情感调节、情感品质等多个方面。这些素养共同构成了情感世界的丰富内涵,对个人成长和未来发展具有重要意义。
>
> 情感认知是指能够准确感知和理解自己及他人的情绪状态。大学生应具备较高的情绪觉察能力,能够敏锐地捕捉到周围环境中的情感氛围,从而作出相应的情感反应。同时,他们也能够深入理解自己内心的情感需求,形成积极的自我认知。
>
> 情感表达是情感素养的重要组成部分。大学生应能够以适当的方式表达自己的情感,既要坦诚地表达自己的喜怒哀乐,也要尊重他人的感受,避免造成不必要的冲突。在人际交往中,要善于运用语言、表情和动作等多种方式传递情感信息,促进有效沟通。
>
> 情感调节是情感素养的又一关键方面。大学生应能够有效地管理自己的情绪,避免情绪失控对生活和学习造成负面影响。当遇到挫折或困难时,应能够保持冷静和理智,积极寻求解决问题的方法。同时,大学生也应能够通过适当的途径释放情感压力,保持心理健康。
>
> 情感品质体现了情感素养的内在特质。大学生应具备积极健康的情感态度,如乐观、自信、善良等,这些品质有助于在面对挑战时保持坚韧不拔的精神风貌。同时,大学生也应能够尊重和理解他人的情感差异,形成包容和共情的社会情感。

步骤三:创建 Python 文件并输入导入模块代码。

打开 Python 的集成开发环境 IDE,执行"File"→"New File"命令,在脚本窗口中输入如下代码。

```
from aip import AipNlp
```

这行代码的作用是从 aip 模块中导入 AipNlp 类。AipNlp 类允许用户使用百度 AI 的自然语言处理服务,这些服务包括情感分析、关键词提取、文本分类等。

步骤四:设置 API 凭证。

接着输入如下代码。

笔记

```
APP_ID = '***'
API_KEY = '***'
SECRET_KEY = '***'
```

把相应的"***"替换为本任务"步骤一"中获取的App ID、API Key和Secret Key。这些信息用于验证应用程序有权使用百度AI的NLP服务。

步骤五：创建AipNlp实例。

接着输入如下代码。

```
client = AipNlp(APP_ID, API_KEY, SECRET_KEY)
```

这行代码创建了一个AipNlp的实例，即client。这个实例将用于调用百度AI的NLP服务。

步骤六：读取待分析的文本。

接着输入如下代码。

```
Text = open('text.txt','r',encoding='utf-8').read()
```

使用open函数以只读模式（"r"）和UTF-8编码打开名为"text.txt"的文件。使用read方法读取文件的所有内容，并将其存储在变量Text中。

步骤七：进行情感分析。

接着输入如下代码。

```
result = client.sentimentClassify(Text)
```

这行代码调用了client的sentimentClassify方法，对变量Text中的文本进行情感分析，该方法会返回一个包含分析结果的字典。

步骤八：输出结果。

接着输入如下代码。

```
print(result)
```

这行代码将情感分析的结果打印到控制台。

步骤九：运行程序。

把脚本文件以文件名"用户评价情感分析.py"另存到桌面，执行"Run"→"Run Module"命令，运行代码后，将显示如图11-28所示的用户评价情感分析结果。

```
================= RESTART: C:\Users\wyz\Desktop\用户评价情感分析.py =============
{'text': '手机挺好的，用了一段时间，整体还是可以的。看视频会发烫。\n充电速度很快，基本是半个小时左右可以充满，夜晚拍照也很清晰。\n手机拿着正合适 外观也很不错，手机基本也是一天一充，充电快挺快的。\n基本上个小时左右电就充满了。裸机手感非常好，物流也挺快。\n手机两天就到了，像素非常好，很高清，不足的就是容易发烫。\n不支持5G太遗憾了。\n总体来说还是推荐买这个手机滴，送的手机壳有点老派。\n超级无敌好看。收到货很满意，包装很好，像素清新，值得购买。\n外观设计简约大气，时尚的外观加超强的影像拍照能力，华为忠粉。\n每一款手机我都爱，钟爱华为，支持国货。\n性能外观都足够用，拍照也很清晰。', 'items': [{'confidence': 0.999986, 'negative_prob': 6.43423e-06, 'positive_prob': 0.999994, 'sentiment': 2}], 'log_id': 1762113960873305318}
```

图11-28　用户评价情感分析结果

程序运行结果解释如下。

text：用户关于手机的评论，其中提到了手机的各种特性、使用体验、外观、充电速度、拍照效果等。

items：一个列表，其中包含了一个字典。这个字典是情感分析的结果。

confidence：情感分析的置信度，值为 0.999 986，这是一个非常高的值，说明情感分析的结果非常可靠。

negative_prob：评论为负面的概率，值为 6.434 23e-06，这是一个非常小的值，接近于 0，说明评论不太可能是负面的。

positive_prob：评论为正面的概率，值为 0.999 994，这是一个非常高的值，说明评论极可能是正面的。

sentiment：情感倾向的标识，值为 2。2 代表正面情感，具体的值及其对应的意义需要参考情感分析库。

log_id：是一个日志 ID，用于跟踪或调试。

根据情感分析的结果，这段评论的情感倾向是正面的，因为 positive_prob 的值非常高，而 negative_prob 的值非常低。此外，评论中提到了手机的一些优点，如外观、充电速度、拍照效果等；但也提到了一些不足，如手机容易发烫和不支持 5G。但总体来说，评论者对这款手机是推荐的，并给出了很高的评价。

项目小结

本项目以团队协作的方式完成，任务实施前先组建团队，明确组长人选和小组任务分工，填写表 11-1。

表 11-1　学生任务分配表

组号		成员数量	
组长			
组长任务			
组员姓名	学号	任务分工	

根据任务分工要求,协作完成相关的操作,并填写任务报告,见表 11-2。

表 11-2　任务报告表

学生姓名		学号		班级	
实施地点		实施日期		年　月　日	
任务类型	□演示性　□验证性　□综合性　□设计研究　□其他				
任务名称					
一、任务中涉及的知识点					
二、任务实施环境					
三、实施报告(包括实施内容、实施过程、实施结果、所遇到的问题、采用的解决方法、心得反思等)					
小组互评					
教师评价				日期	

自我提升

引导问题 1：制作证件照。通过手机自行拍摄三张你的个人照片，请利用所学 AI 工具进行美颜修图，并分别制作成红底、蓝底、白底的证件照。

_____

_____

引导问题 2：制作校园风光美图。通过手机自行拍摄多张校园风光照片，请利用所学 AI 工具进行色彩调整、去除多余对象等操作，使得照片呈现出校园美丽的风光。

_____

_____

引导问题 3：查询相关资料，列出 AI 情感分析的主要算法和技术，并作简要说明。

_____

_____

评价反馈

考核学生的专业能力和关键能力，采用过程性评价和结果评价相结合、定性评价与定量评价相结合的考核方法，填写考核评价表。注重学生动手能力和在实践中分析问题、解决问题能力的考核，对于在学习和应用上有创新的学生应给予特别鼓励（表 11-3）。

表 11-3　考核评价表

评价项目	评价内容		分值	自评	师评
相关知识（20%）	掌握了 AI 图像处理工具的具体应用		10		
	能调用百度 API 接口对用户评价进行情感分析		10		
工作过程（80%）	计划方案	工作计划制订合理、科学	10		
	自主学习	有计划地进行相关信息的探索，发现问题能及时和教师或同学讨论交流	15		
	任务及汇报	参见"任务报告表"任务完成情况进行评估	40		
	职业素养	注重团队合作，态度端正，工作认真、主动；具有良好的计算机使用习惯，爱护公共设施与环境	15		
附加分	考核学生的创新意识，在工作中有突出表现或特色做法		5		

项目 12 图像创意体验

项目导读

OpenCV（Open Source Computer Vision Library）是一个广泛使用的开源计算机视觉库，它最初由英特尔（Intel）于 1999 年开发，并演变成为一个全球性的开源项目。对于图像处理方面，OpenCV 提供了各种各样的功能，如色彩空间转换、图像滤波（平滑、锐化）、形态学操作、图像变换（旋转、缩放）、图像配准等，这些功能对于不同的图像处理任务非常有用。此外，OpenCV 还支持直方图操作、二值化、形状描述符计算、图像轮廓提取等高级功能，可用于更复杂的图像处理和分析。

本项目将利用 OpenCV 对图像作一些简单的处理，为同学们创造出更美好的美术创意体验和智能化应用。

学习目标

知识目标

1. 了解计算机视觉、图像金字塔等概念。
2. 掌握 OpenCV 库的基本使用方法。

能力目标

1. 能够使用 OpenCV 库对图像进行基本操作和边缘检测，实现对图像进行缩放、平移、旋转等几何变换的操作。
2. 能够使用图像金字塔方式对图像进行融合拼接，生成新的图片。

素质目标

1. 培养学生乐于探索、勇于实践的能力。
2. 培养学生的敬业精神。

任务 1　图像读取与几何变换

任务描述

能使用 OpenCV-Python 实现图像读取、写入、保存、几何变换，包括缩放、平移、旋转、透视等基本操作，为后续处理计算机视觉问题提供支持。

任务实施

1. 读取图像与写入图像

人能看到物体，需要经过一个复杂的传递和视觉过程。在看图像时，由所看图像反射的光线，透过角膜、晶状体、玻璃体的折射，在视网膜上成像，形成光刺激。视网膜上的锥体细胞和杆状细胞受到光刺激后，经过一系列的理化变化，转化成神经冲动，由视神经传到大脑皮层的视觉中枢，此时人们才可以看见图像。然而机器视觉是如何识别图形的呢？这是一个让人充满好奇的问题。人们常常惊叹于机器能够像人一样看到世界，但它们究竟是如何做到的呢？通过使用摄像头和强大的算法，机器能够将图像转化为数字信号，并对其进行分析和解读。

步骤一：导入 Python 工具包。

在 Python 编辑器里输入如下代码。

```
# 导入数据处理包
import numpy as np
# 导入图像处理包
import cv2 as cv
# 导入可视化包
from matplotlib import pyplot as plt
```

知识链接

导入的工具包简介

cv2 指的是 OpenCV2，OpenCV 是一个基于 BSD 许可（开源）发行的跨平台计算机视觉库，可以运行在 Linux、Windows、Android 和 Mac OS 操作系统上。它属于轻量级而且高效，由一系列 C 函数和少量 C++ 类构成，同时提供了 Python、Ruby、MATLAB 等语言的接口，实现了图像处理和计算机视觉方面的很多通用算法。OpenCV 拥有包括 500 多个 C 函数的跨平台的中、高层 API。它不依赖于其他的外部库，但也可以使用某些外部库。

NumPy（Numerical Python）是 Python 的一种开源的数值计算扩展。这种工具可用来存储和处理大型矩阵，比 Python 自身的嵌套列表（nested list structure）结构要高效得多（该结构也可以用来表示矩阵），支持大量的维度数组与矩阵运算，此外也针对数组运算提供大量的数学函数库。

Matplotlib 是 Python 中常用的 2D 绘图库，它能轻松地对数据进行可视化，制作出精美的图表。Matplotlib 模块很庞大，最常用的是其中一个子模块——pyplot。pyplot 中最基础的作图方式是以点作图，即给出每个点的坐标，pyplot 会将这些点在坐标系中画出，并用线将这些点连起来。

保存文件后，可按 F5 键运行该程序，如果提示缺少模块，比如"ModuleNot Found Error: No module named 'cv2'"，需要先加载相应的 cv2 模块，如图 12-1 所示。

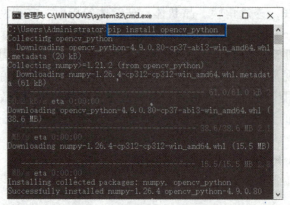

图 12-1　安装 OpenCV 库

步骤二：加载彩色灰度图像。
输入如下代码。

```
#加载彩色灰度图像
img = cv.imread('./pictures/pic1.jpg',0)
```

imread 函数的作用非常简单，从函数的名称也可以看出来，imread 为 image read 的缩写，即图像读取的意思。imread 函数的作用就是负责读取图像。

imread 函数的 Python 原型为 retval=cv.imread (filename,[flag])。

参数解释如下。

filename：读取的图片文件名，可以使用相对路径或绝对路径，但必须有完整的文件扩展名（图片格式后缀）。读取的图片格式可以为 Windows bitmaps(.bmp, .dib)、

JPEG files(.jpeg, .jpg, .jpe)、Portable Network Graphics(.png)、WebP (.webp) 等。

flag：一个读取标记，用于选择读取图片的方式，默认值为 IMREAD_COLOR，flag 值的设定与用什么颜色格式读取图片有关，主要有以下几种。

cv.IMREAD_COLOR=1：默认标志，表示加载彩色图像，任何图像的透明度都会被忽视。

cv.IMREAD_GRAYSCALE=0：表示加载灰度模式图像。

cv.IMREAD_UNCHANGED=-1：表示加载原图，不进行任何改变。

提示：除了这 3 个标志的写法，也可以直接分别用整数 1、0 或 -1 进行参数传递。

步骤三：显示图像尺寸。

要获取图像的属性，可以使用 shape 属性来获取图像的尺寸和通道数。输入如下代码，运行后可以显示读取的图片尺寸大小为 (500，750)，如图 12-2 所示。

```
# 获取图像的属性
h, w = img.shape[:2]  # 高度、宽度
print('Height:',h)
print('Width:',w)
```

图 12-2　显示图像尺寸

知识链接

图像尺寸

图像尺寸即图像像素尺寸，由宽和高两个维度组成，日常说的 1 920×1 080 尺寸图片，意思就是 1 920 个像素宽，1 080 个像素高的图片。

步骤四：显示灰度图。

输入如下代码。

```
# 将图像转为灰度图
plt.imshow(img,plt.cm.gray)
# 显示图像
plt.show()
```

函数的名称"imshow"为 image show 的缩写，即图像显示。

imshow 函数的 Python 原型为 None=cv.imshow(winname,mat)，负责将图像显示在窗口中，窗口自动适合图像尺寸。

参数解释如下。

winname：窗口名称，它是一个字符串。

mat：待显示的图像，实际上是一个 Matc 对象。

提示：在 IDLE 环境下，OpenCV 的 cv.imshow() 函数无法正常显示图片，故用 plt.imshow() 函数替代 cv.imshow()。

运行代码，灰度图显示效果如图 12-3 所示。

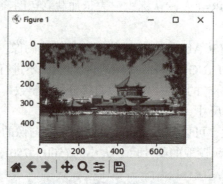

图 12-3　灰度图显示效果

知识链接

灰度图

Gray Scale Image 或 Grey Scale Image，又称灰阶图。

把白色与黑色之间按一定的关系分为若干等级，称为灰度。灰度分为 256 阶，即图片中每一个像素点为 0～255 的一个数值。

用灰度表示的图像称作灰度图。除了常见的卫星图像、航空照片，许多地球物理观测数据也以灰度表示。

步骤五：写入图像。

输入如下代码。

```
# 写入图像
cv.imwrite('pic1_gray.png',img)
```

函数的名称 "imwrite" 为 image write 的缩写，即图像写入。

imwrite 函数的 Python 原型为 cv.imwrite(filename,image)。

参数解释如下。

filename：保存到本地的文件名，必须包含图像文件的扩展名，例如 jpg、png 等，文件名为字符串类型。

image：需要保存的图像文件。

运行代码，即可写入成功。此时可以看到在当前文件夹下生成了一个"pic1_gray.png"图像文件。

2. 图像几何变换

图像几何变换又称为图像空间变换，它将一幅图像中的坐标位置映射到另一幅图像中的新坐标位置。几何变换不改变图像的像素值，只是在图像平面上进行像素的重新安排。图像的几何变换主要包括平移、旋转、镜像、缩放、剪切、仿射、透视等。下面，我们通过 OpenCV 对图像进行缩放、平移、旋转、透视变换等操作。

（1）图像的缩放与平移。

步骤一：原始图像读取与显示。

新建一个 Python 程序，输入如下代码。

```
import cv2 as cv
from matplotlib import pyplot as plt
img=cv.imread('./pictures/pic2.jpg')
plt.imshow(img)
plt.title('Origin')    # 设置图像标题
plt.show()
```

运行代码后，显示的原始图像效果如图 12-4 所示。

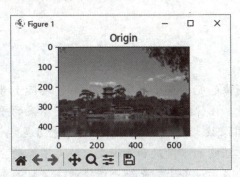

图 12-4　原始图像显示效果图

步骤二：获取原始图像的尺寸。

输入如下代码。运行程序后可以看到图像的尺寸为 450 像素 ×680 像素。

```
# 获取图像的高、宽
height,width=img.shape[:2]
print(height,width)
```

步骤三：定义图像缩放变换的参数。

输入如下代码。

```
# 改变图像大小，将原图像放大 2 倍
dst=cv.resize(img,(2*width,2*height),interpolation=cv.INTER_CUBIC)
```

函数 resize 的功能是缩小或放大图像，函数原型如下。

```
resize (InputArray src, OutputArray dst, Size dsize, double fx=0, double fy=0, int interpolation=INTER_LINEAR)
```

参数解释如下。

InputArray src：输入原图像，即待改变大小的图像。

OutputArray dst：输出改变后的图像。
dsize：输出图像的大小，它的参数设定与 fx、fy 均有关系。
fx 和 fy：图像 width 方向和 height 方向的缩放比例。
interpolation：指定插值的方式，图像缩放之后，像素需要进行重新计算，需要依赖这个参数来指定重新计算像素的方式，包括以下几种。
① INTER_NEAREST：最邻近插值。
② INTER_LINEAR：双线性插值，默认方式。
③ INTER_AREA：使用像素区域关系重采样。
④ INTER_CUBIC：4 像素 ×4 像素邻域内的双立方插值。
⑤ INTER_LANCZOS4：8 像素 ×8 像素邻域内的 Lanczos 插值。

插值方式的选择决定了图像缩放后的效果，其中第一个方式是最简单的灰度值插值，图像变换与计算简单，但效果一般。在本案例中插值的方式选择是第四种 INTER_CUBIC，它的算法放大效果是最好的。

知识链接

图像缩放变换

图像缩放是指图像的尺寸变小或变大的过程，实际上就是增加或减少原图像数据的像素的个数。图像缩放需要在处理效率及结果的平滑度和清晰度上做一个权衡。当一个图像放大之后，组成图像的像素可见度一般会变高；反之，缩小一个图像将会增强它的平滑度和清晰度。放大图像的主要目的是使原图像能显示在高分辨率的显示设备上，而缩小图像的主要目的是生成对应的缩略图或使图像符合显示区域的大小。

步骤四：输出放大前后图像的对比图。
输入如下代码。

```
plt.subplot(121),plt.imshow(img),plt.title('Input')
plt.subplot(122),plt.imshow(dst),plt.title('Output')
plt.show()
```

运行程序，即可显示放大前后的对比图，可以看到图像尺寸被放大到原来的 2 倍，如图 12-5 所示。

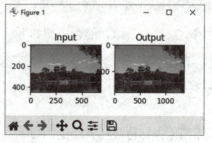

图 12-5　放大前后的对比图

步骤五：平移图像的读取。
新建一个 Python 程序，输入如下代码，读取新的图像 pic3.jpg。

```
import cv2 as cv
import numpy as np
from matplotlib import pyplot as plt
img=cv.imread('./pictures/pic3.jpg')
height,width=img.shape[:2]
```

步骤六：进行图像的平移变换。
输入如下代码，进行参数的设置和平移变换操作。

```
# 定义平移变换的参数，向左平移 80 个单位，向上平移 60 个单位
# np.float 是 Python float 的别名类型，是特定的 32 位浮点类型
M=np.float32([[1,0,-80],[0,1,-60]])
# 图像平移变换
dst=cv.warpAffine(img,M,(width,height))
```

知识链接

图像平移变换

图像的平移操作是将图像的所有像素坐标进行水平或垂直方向的移动，也就是所有像素点将按照给定的偏移量沿 x 轴、y 轴进行移动。

步骤七：显示平移前后的对比图。
继续输入如下代码，用于显示变换前后的对比图。

```
plt.subplot(121),plt.imshow(img),plt.title('Input')
plt.subplot(122),plt.imshow(dst),plt.title('Output')
plt.show()
```

运行上述 Python 程序后，显示的变换前后对比图如图 12-6 所示。由图可见，平移变换后的图像右方、下方出现黑色区域，表明图像是向左上方移动了一定的距离。

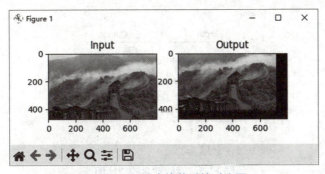

图 12-6　平移变换前后的对比图

（2）图像的旋转与透视。图像的旋转是指将图像绕着某个点进行旋转。图片旋转需要确定旋转角度，先通过一个旋转函数获取旋转矩阵，再进行仿射变换，即可实现图片旋转。图像透视变换就是让图像沿多个轴进行扭曲和错位。OpenCV 中需要通过定位图像的四个点计算透视效果，透视效果不能保证图像的平直性和平行性。下面，我们通过 OpenCV 对图像进行旋转与透视变换。

步骤一：读取图像。

新建一个 Python 程序，输入如下代码。

```
import cv2 as cv
from matplotlib import pyplot as plt
img=cv.imread('./pictures/pic4.bmp')
height,width=img.shape[:2]
```

步骤二：定义旋转变换参数。

```
# 定义旋转变换参数
M=cv.getRotationMatrix2D(((height-1)/2.0,(width-1)/2.0),90,1)
```

函数 getRotationMatrix2D 的功能是获得图像绕着某一点的旋转矩阵。该函数原型为 getRotationMatrix2D(Point2f center, double angle, double scale)。

参数解释如下。

Point2f center：表示旋转的中心点。

double angle：表示旋转的角度，正数表示逆时针旋转，负数表示顺时针旋转。

double scale：图像缩放因子，大于 1 表示扩大，小于 1 表示缩小，1 表示维持大小不变。

步骤三：进行图像的旋转变换。

```
dst=cv.warpAffine(img,M,(width,height))
```

步骤四：显示旋转前后的对比图。

```
plt.subplot(121),plt.imshow(img),plt.title('Input')
plt.subplot(122),plt.imshow(dst),plt.title('Output')
plt.show()
```

运行代码后，显示的旋转前后的对比图效果如图 12-7 所示。

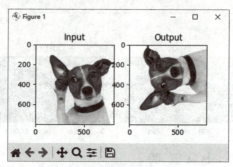

图 12-7　旋转前后的对比图

步骤五：读取透视变换的原图像。

新建一个 Python 程序，输入如下代码。

```
import cv2 as cv
import numpy as np
from matplotlib import pyplot as plt
img=cv.imread('./pictures/pic4.bmp')
```

步骤六：定义透视变换参数。

```
# 定义透视变换的参数
pts1=np.float32([[142,54],[780,200],[124,603],[741,787]])
pts2=np.float32([[0,0],[300,0],[0,300],[300,300]])
M=cv.getPerspectiveTransform(pts1,pts2)
```

函数 getPerspectiveTransform 的功能是将图像投影到一个新的视平面，该函数原型为 getPerspectiveTransform(src, dst)。

参数解释如下。

src：原图像四边形顶点的坐标。

dst：目标图像对应的四边形顶点的坐标。

知识链接

图像的透视变换

透视变换的定义是将图像投影到一个新的视平面，也称为投影映射。它是一种非线性变换，可以通过调整图像中物体的尺寸和位置关系，使其看起来更符合人眼的视觉感受。透视变换需要至少 4 个点来确定一个透视变换矩阵，它对图像校准有一种非常有效的变换手段。例如，现实中物体的边沿是正的，但由于角度拍摄的原因，在图像上可能呈现为斜的，通常通过透视变换来校正图像的畸变或改变图像的投影角度，如图 12-8 所示。

图 12-8　图像透视变换效果图

步骤七：进行图像的透视变换。

```
dst=cv.warpPerspective(img,M,(300,300))
```

函数 warpPerspective() 是 OpenCV 库中的一个函数，用于对图像进行透视变换。它的主要作用是将一个平面图像映射到一个三维空间中的平面上，从而实现图像的变形。透视变换与仿射变换非常类似，两者主要的区别在于透视变换是非线性变换，而仿射变换则是线性变换。因此，透视变换能更好地处理一些复杂的几何变形问题。

该函数原型如下。

```
dst=cv.warpPerspective(src, M, dsize[, dst[, flags[, borderMode[, borderValue]]]])
```

参数解释如下。

src：输入图像，通常是一个 8 位或 32 位浮点数的多通道图像。

M：透视变换矩阵，通常由 cv2.getPerspectiveTransform 函数计算得到。

dsize：输出图像的大小，格式为（宽度，高度）。

dst：输出图像，与输入图像具有相同的类型和大小。如果设置为 None，则将创建一个新图像。

flags：插值方法，默认为 INTER_LINEAR。可选值有 INTER_NEAREST、INTER_LINEAR、INTER_CUBIC、INTER_LANCZOS4 等。

borderMode：边界处理模式，默认为 BORDER_CONSTANT。可选值有 BORDER_CONSTANT、BORDER_REPLICATE、BORDER_REFLECT 等。

borderValue：边界填充值，当 borderMode 为 BORDER_CONSTANT 时有效，默认是 0（黑色）。

步骤八：显示透视变换前后的对比图。

```
plt.subplot(121),plt.imshow(img),plt.title('Input')
plt.subplot(122),plt.imshow(dst),plt.title('Output')
plt.show()
```

运行代码后，显示的透视变换前后的对比图效果如图 12-9 所示。

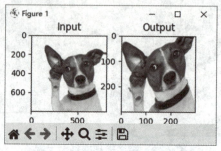

图 12-9　透视变换前后的对比图

任务 2　Canny 边缘检测

任务描述

Canny 边缘检测是一种从图像中提取有用结构信息的技术，它已广泛应用于各种计算机视觉系统。它的优点是以低错误率检测边缘，即可以尽可能准确地捕获图像中尽可能多的边缘。本任务使用 OpenCV 库对图像进行边缘检测，为后续处理计算机视觉问题提供支持。

知识链接

边缘检测

所谓边缘，是指其周围像素灰度急剧变化的那些像素的集合，它是图像最基本的特征。边缘存在于目标、背景和区域之间，所以它是图像分割所依赖的最重要的依据。边缘是位置的标志，对灰度的变化不敏感，因此边缘也是图像匹配的重要特征。

边缘检测是图像处理和计算机视觉中的基本问题，边缘检测的目的是标识数字图像中亮度变化明显的点。图像属性中的显著变化通常反映了属性的重要事件和变化。图像边缘检测大幅度地减少了数据量，并且剔除了可以认为不相关的信息，保留了图像重要的结构属性。

边缘检测和区域划分是图像分割的两种不同的方法，二者具有相互补充的特点。在边缘检测中，是提取图像中不连续部分的特征，根据闭合的边缘确定区域。而在区域划分中，是把图像分割成特征相同的区域，区域之间的边界就是边缘。边缘检测方法不需要将图像逐个像素地分割，因此更适合大图像的分割。

任务实施

在 Canny 边缘检测中，通过比较每个像素的梯度方向和大小，确定该像素是否为边界点。具体来说，如果某个像素点的梯度方向总是与边缘垂直，那么这个像素点就是边界点。

步骤一：工具包导入。

```
import cv2 as cv
from matplotlib import pyplot as plt
```

步骤二：图像读取与边缘检测。

Canny 边缘检测的阈值可分为高阈值和低阈值。高阈值用于将目标与背景区分开来，低阈值用于平滑边缘的轮廓。两个阈值的作用分别如下。

①高阈值：将那些强边界点（梯度值大于该阈值的点）提取出来。

②低阈值：用于平滑边缘轮廓，如果高阈值设置得太大，可能会导致边缘轮廓不连续或不够平滑，这时可以通过低阈值来平滑轮廓线，或使不连续的部分连接起来。

```
img = cv.imread('./pictures/pic1.jpg',0)
# 进行边缘检测
edges=cv.Canny(img,100,200)    #100 和 200 是两个阈值参数
```

需要注意的是，Canny 边缘检测的效果受到阈值的影响较大。如果高阈值设置过低，可能会导致大量非边界点被误判为边界点；如果高阈值设置过高，可能会导致一些真正的边界点被漏检。因此，需要根据具体情况选择合适的阈值。

步骤三：显示原始图像和边缘检测结果

```
# 显示原始图片
plt.subplot(121),plt.imshow(img,cmap='gray')
# 显示图像名称、X 轴刻度、Y 轴刻度
plt.title('Original Image'),plt.xticks([]),plt.yticks([])
# 显示边缘检测处理后的图片
plt.subplot(122),plt.imshow(edges,cmap='gray')
plt.title('Edge Image'),plt.xticks([]),plt.yticks([])
plt.show()
```

运行程序后，会显示两张图片，一张是原始的图片，一张是边缘检测之后的图片，如图 12-10 所示。

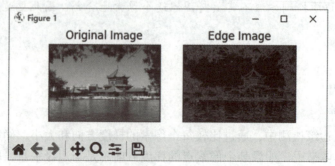

图 12-10　图像边缘检测效果图

任务 3 创意美术——拼接苹果橙

任务描述

OpenCV 除了可以对单张图像进行处理,还能对图像进行拼接处理,即可以将两张图像拼接起来生成新的有趣的图像。本任务将利用一张苹果图片和一张橙子图片,融合拼接成一张苹果橙的创意图像。

任务实施

图像拼接,尽量保证使用的是静态图片,不要加入一些动态因素干扰拼接。OpenCV 采用多线程并行计算方式,提供了多种算法,支持多视图拼接。

步骤一:加载图像。

需要加载苹果和橙子的两个图像,并将其缩放至合适大小,本案例将苹果和橙子图像设为 384 像素 ×384 像素,输入如下代码。

```
import cv2 as cv               # 导入图像处理包
A=cv.imread('apple.jpg')       # 读取苹果图片
# 将图片像素缩放至 384*384px
A=cv.resize(A,(384,384))
B=cv.imread('orange.jpg')      # 读取橙子图片
# 将图片像素缩放至 384 px*384 px
B=cv.resize(B,(384,384))
```

拼接苹果橙

知识链接

图像拼接

图像拼接是将两张或两张以上,且图像之间有相同特征点的图像通过特征匹配拼接在一起。图像拼接的应用场景很广,比如无人机航拍、遥感图像、手机中的全景照相等。图像拼接是进一步进行图像处理的基础步骤,拼接效果的好坏直接影响接下来的工作,所以一个好的图像拼接算法非常重要。尝试将一个场景从左往右依次拍两张图像,再将这些图像拼接成一张大图,效果如图 12-11 所示。

图 12-11　图像拼接效果图

步骤二：生成 A、B 的高斯金字塔。

常见的图像金字塔有两类，一种是高斯金字塔，另一种是拉普拉斯金字塔。一般在图像处理中，高斯代表"模糊"，高斯金字塔通过不断对图像进行模糊且下采样而获得。

```
# 生成 A 的高斯金字塔
G=A.copy()              # 复制图像 A，保存在变量 G 中
gpA=[G]                 # 初始化 A 的高斯金字塔
for i in range(6):      # 给 A 的高斯金字塔添砖加瓦
    G=cv.pyrDown(G)     # 对图像进行滤波然后进行下采样
    gpA.append(G)
# 生成 B 的高斯金字塔
G=B.copy()
gpB=[G]                 # 初始化 B 的高斯金字塔
for i in range(6):      # 给 B 的高斯金字塔添砖加瓦
    G=cv.pyrDown(G)     # 对图像进行滤波然后进行下采样
    gpB.append(G)
```

在 OpenCV 中，向下取样使用的函数为 pyrDown()，其原型如下。

dst = pyrDown(src[, dst[, dstsize[, borderType]]])

参数解释如下。

src：这是输入图像，即要构建下一级金字塔的原始图像。

dst（可选参数）：这是输出图像，即生成金字塔的下一级。如果提供了这个参数，函数将结果存储在 dst 中。如果未提供此参数，函数会创建一个新的图像来存储结果。

dstsize（可选参数）：这是一个指定输出图像大小的可选参数，它允许指定生成的金字塔的下一级图像的尺寸。通常，它是一个包含两个整数的元组（width, height)，用于指定宽度和高度。如果未提供此参数，输出图像的尺寸将是输入图像的尺寸除以 2。

borderType（可选参数）：这是可选的边界处理类型，用于处理金字塔边缘的情况。它控制了在图像缩小后，如何处理图像边界像素的值。常见的选项包括以下三种。

cv2.BORDER_DEFAULT：默认值，通常意味着用零填充。

cv2.BORDER_REPLICATE：边缘像素进行复制以填充边界。

cv2.BORDER_REFLECT：通过反射边缘像素来填充边界。

知识链接

高斯金字塔（Gaussian Pyramid）

图像金字塔是对图像的一种多尺度的表达，将各个尺度的图像按照分辨率从小到大，依次从上到下排列，就会形成类似金字塔的结构，因此称为图像金字塔，如图 12-12 所示。

高斯金字塔是常见的一种图像金字塔，是由底部的最大分辨率图像逐次向下采样（缩小图像）得到的一系列图像，下采样的因子一般是 2 倍。最下面的图像分辨率最高，越往上图像分辨率越低，效果如图 12-13 所示。

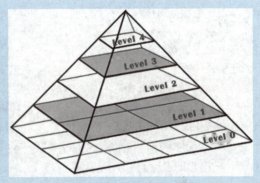

图 12-12　图像金字塔

图 12-13　高斯金字塔效果图

步骤三：生成 A、B 的拉普拉斯金字塔。

拉普拉斯金字塔是在高斯金字塔的基础上，对所有层进行上采样（一般是 2 倍上采样），然后使用原高斯金字塔结果减去同分辨率的上采样结果得到的每一层差异，即为拉普拉斯金字塔。在实际应用中，图像先下采样再上采样后不能复原，因为下采样通常涉及对图像进行压缩，减少图像的分辨率，而这个过程会导致图像信息的丢失，通过上采样技术尝试恢复这些信息，也无法完全还原到原始图像的状态。这种信息的不完全可逆性是下采样和上采样过程中的一个重要限制。

```
# 生成 A 的拉普拉斯金字塔
lpA=[gpA[5]]
for i in range(5,0,-1):
    GE=cv.pyrUp(gpA[i])           # 对图像进行上采样
    L=cv.subtract(gpA[i-1],GE)    # 对两个图像进行相减操作
    lpA.append(L)
# 生成 B 的拉普拉斯金字塔
lpB=[gpB[5]]
for i in range(5,0,-1):
    GE=cv.pyrUp(gpB[i])           # 对图像进行上采样
    L=cv.subtract(gpB[i-1],GE)    # 对两个图像进行相减操作
    lpB.append(L)
```

步骤四：在每层金字塔中添加左右两半图像。

```
# 导入数据处理包
import numpy as np
# 在每个级别中添加左右两半图像
LS=[]                              # 创建一个空列表，用于存储拼接好的图像
for la,lb in zip(lpA,lpB):
    rows,cols,dpt=la.shape         # 获得图像的规模：行数，列数，通道数
# 将两半图像进行拼接
    ls=np.hstack((la[:,0:int(cols/2)],lb[:,int(cols/2):]))
    LS.append(ls)
```

步骤五：以直接融合与金字塔融合的方式重建图像。

```
# 在每个级别中添加左右两半图像，金字塔整合重建图像
ls_=LS[0]
for i in range(1,6):
    ls_=cv.pyrUp(ls_)              # 上采样
    ls_=cv.add(ls_,LS[i])
# 直接连接原每一半图像
real=np.hstack((A[:,:int(cols/2)],B[:,int(cols/2):]))
```

步骤六：保存重建的图像。

```
# 保存直接融合图
cv.imwrite('Direct_blending.jpg',real)
# 保存金字塔融合图
cv.imwrite('Pyramid_blending.jpg',ls_)
```

步骤七：展示直接融合的图像。

```
from matplotlib import pyplot as plt
img=cv.imread('Direct_blending.jpg')   # 读取图片
```

```
plt.imshow(img[:,:,[2,1,0]])
plt.show()                          # 展示图片
```

步骤八：展示图像金字塔融合的图像。

```
img=cv.imread('Pyramid_blending.jpg')    # 读取图片
plt.imshow(img[:,:,[2,1,0]])
plt.show()                               # 展示图片
```

运行程序，两幅融合图像的效果分别如图 12-14、图 12-15 所示。

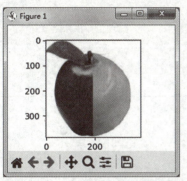   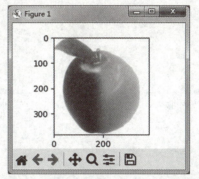

图 12-14　直接融合的图像拼接效果　　　图 12-15　使用图像金字塔融合的图像拼接效果

项目小结

本项目以团队协作的方式完成，任务实施前先组建团队，明确组长人选和小组任务分工，填写表 12-1。

表 12-1　学生任务分配表

组号		成员数量	
组长			
组长任务			
组员姓名	学号	任务分工	

根据任务分工要求,协作完成相关的操作,并填写任务报告,见表 12-2。

表 12-2 任务报告表

学生姓名		学号		班级	
实施地点			实施日期	年 月 日	
任务类型	□演示性 □验证性 □综合性 □设计研究 □其他				
任务名称					
一、任务中涉及的知识点					
二、任务实施环境					
三、实施报告(包括实施内容、实施过程、实施结果、所遇到的问题、采用的解决方法、心得反思等)					
小组互评					
教师评价				日期	

自我提升

引导问题 1：自主学习，思考 OpenCV 库与 Matlab、Halcon 有什么区别？

引导问题 2：查询相关资料，使用 OpenCV 测试一下你电脑摄像头的分辨率和帧率是多少？

引导问题 3：OpenCV 还能完成什么应用？请列举生活中的应用场景。

评价反馈

考核学生的专业能力和关键能力，采用过程性评价和结果评价相结合、定性评价与定量评价相结合的考核方法，填写考核评价表。注重学生动手能力和在实践中分析问题、解决问题能力的考核，对于在学习和应用上有创新的学生应给予特别鼓励（表 12-3）。

表 12-3　考核评价表

评价项目	评价内容		分值	自评	师评
相关知识（20%）	掌握了 OpenCV 库的基本使用方法		10		
	理解了图像金字塔的含义，会对图像进行拼接处理		10		
工作过程（80%）	计划方案	工作计划制订合理、科学	10		
	自主学习	有计划地进行相关信息的探索，发现问题能及时和教师或同学讨论交流	15		
	任务及汇报	参见"任务报告表"任务完成情况进行评估	40		
	职业素养	注重团队合合作，态度端正，工作认真、主动；具有良好的计算机使用习惯，爱护公共设施与环境	15		
附加分	考核学生的创新意识，在工作中有突出表现或特色做法		5		

项目 13 人脸检测与颜值打分

项目导读

基于 AI 技术的人脸检测与颜值打分是一种结合了人工智能、机器学习和图像处理技术的创新应用。其主要目的是在图像或视频中自动检测人脸,并对检测到的人脸进行颜值评估,给出相应的分数或评级。

人脸检测是计算机视觉的一个关键任务,它涉及在图像或视频中识别出人脸的位置。基于 AI 的人脸检测算法通常使用深度学习模型 [如卷积神经网络(Convolutional Neural Networks,CNN)],来训练模型识别图像中的人脸。这些模型可以从大量的标记数据中学习,以识别出人脸的关键特征,如眼睛、鼻子和嘴巴的位置与形状。

颜值打分是一个相对主观的任务,它依赖于对人脸的美学标准的理解和量化。基于 AI 的颜值打分系统通常使用深度学习模型来学习和模拟人类对美的感知。这些模型可以通过分析人脸的多个特征,如脸型、眼睛大小、鼻子形状、皮肤质量等,来评估一个人的颜值。然后,它们会根据这些特征与已知的美学标准之间的匹配程度来给出分数或评级。

这种基于 AI 的人脸检测与颜值打分技术在多个领域都有应用,如社交媒体、娱乐产业、美容行业等。然而,这种技术也面临一些挑战和争议,如隐私问题、算法偏见和审美标准的多样性。因此,在使用这种技术时,需要考虑到这些因素,并采取措施来保护用户的隐私和确保算法的公正性。

本项目将学习调用百度 API 接口进行人脸检测与颜值打分的具体方法,体验人工智能技术在人脸检测与颜值打分领域的应用。

学习目标

知识目标
1. 掌握调用百度 API 接口进行人脸检测的具体方法。
2. 掌握调用百度 API 接口进行颜值打分的具体方法。

能力目标
1. 能够借助百度人工智能开放平台实现人脸检测。
2. 能够借助百度人工智能开放平台实现颜值打分。

项目 13 | 人脸检测与颜值打分

素质目标

1. 培养学生乐于探索、勇于实践的能力。
2. 培养学生的敬业精神。
3. 培养学生解决问题的能力和创新性思维能力。
4. 培养学生精益求精的工匠精神、良好的沟通能力和团队合作精神。

任务 1　人脸检测

任务描述

编写 Python 程序，调用百度大脑 AI 开放平台 API，对素材图片"ym.jpg"中的人物进行智能识别，并借用百度百科简要介绍该人物的具体情况。

任务实施

人脸检测可调用百度人工智能开放平台中的"通用物体和场景识别"API 进行。

步骤一：创建通用物体和场景识别应用获取密钥。

百度人工智能开放平台中的"通用物体和场景识别"API 在"图像技术"模块中，如图 13-1 所示。

图 13-1　"通用物体和场景识别"API

参照"项目 08"中介绍的方法，创建通用物体和场景识别的应用并获取 AppID、API Key、Secret Key，如图 13-2 所示。

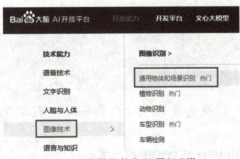

图 13-2　通用物体和场景识别的应用

步骤二：准备进行人脸检测的图片文件。

把素材中的图片文件"ym.jpg"放置于桌面，该图片文件的显示效果如图 13-3 所示。

图 13-3　图片文件"ym.jpg"显示效果

步骤三：创建 Python 文件并输入导入模块代码。

打开 Python 的集成开发环境 IDE，执行"File"→"New File"命令，在脚本窗口中输入如下代码。

```
from aip import AipImageClassify
```

这行代码从 aip 模块中导入了 AipImageClassify 类，AipImageClassify 类是用于调用百度 AI 平台的图像分类 API。

步骤四：设置 API 的认证信息。

接着输入如下代码。

```
APP_ID = '***'
API_KEY = '***'
SECRET_KEY = '***'
```

把相应的"***"替换为本任务"步骤一"中获取的 APP_ID、API_KEY 和 SECRET_KEY。

步骤五：初始化 AipImageClassify 客户端。

接着输入如下代码。

```
client = AipImageClassify(APP_ID,API_KEY,SECRET_KEY)
```

这行代码使用设置的认证信息来初始化 AipImageClassify 客户端，之后可以通过这个客户端来调用图像分类 API。

步骤六：定义 get_file_content 函数。

接着输入如下代码。

```
def get_file_content(filePath):
```

```
with open(filePath,'rb') as fp:
    return fp.read()
```

这个函数用于读取指定路径下的文件内容，并返回文件的二进制数据。它使用 with 语句来确保文件在操作完成后正确关闭。

步骤七：读取图像文件内容。

接着输入如下代码。

```
image=get_file_content('ym.jpg')
```

这行代码调用了 get_file_content 函数，读取了名为 ym.jpg 的图像文件的内容，并将结果存储在 image 变量中。

步骤八：设置 API 调用选项。

接着输入如下代码。

```
options={}
options["baike_num"]= 5
```

这里定义了一个名为 options 的字典，并设置了 baike_num 键的值为 5。这个选项是传递给图像分类 API 的，表示返回的百度百科数量上限为 5。

步骤九：调用图像分类 API。

接着输入如下代码。

```
res=client.advancedGeneral(image,options)
```

这行代码调用了 AipImageClassify 客户端的 advancedGeneral（通用识别）方法，将读取的图像内容 image 和设置的选项 options 作为参数传递给 API 进行图像分类。API 的调用结果存储在 res 变量中。

步骤十：打印 API 调用结果。

接着输入如下代码。

```
print(res)
```

这行代码将 API 调用的结果 res 打印到控制台。

步骤十一：运行程序。

把脚本文件以文件名"人脸检测 .py"另存到桌面，执行" Run → Run Module "命令，运行代码后，将显示如图 13-4 所示的人脸检测结果。

程序运行结果解释如下。

result：是一个列表，包含了图像分类 API 返回的分类结果。

score：是一个浮点数，表示该分类结果的得分或置信度。得分越高，表示 API 越确定该分类是正确的。

root：是一个字符串，表示分类结果的根类别。如"公众人物""人物 - 人物特写""商品 - 穿戴"等。

keyword：是一个字符串，表示具体的分类关键词。如"人物特写""美女""上衣"等。

```
= RESTART: C:/Users/wyz/Desktop/人脸检测.py
{'result': [{'score': 0.476748, 'root': '非自然图像-彩色动漫', 'keyword': '卡通
动漫人物', 'baike_info': {'baike_url': '', 'image_url': '', 'description': ''}},
{'score': 0.354919, 'root': '人物-人物特写', 'keyword': '人物特写', 'baike_info
': {'baike_url': '', 'image_url': '', 'description': ''}}, {'score': 0.240565,
'root': '非自然图像-艺术画', 'keyword': '绘画', 'baike_info': {'baike_url': 'http
s://baike.baidu.com/item/%E7%BB%98%E7%94%BB/612451', 'image_url': 'https://bkimg.
cdn.bcebos.com/pic/bd3eb13533fa828beef0f348f01f4134960a5a4d?x-bce-process=image
/resize,m_lfit,w_536,limit_1/quality,Q_70', 'description': '绘画（Drawing 或Pain
ting）在技术层面上，是一个以表面作为支撑面，再在其之上加上颜色的做法，那些表面可
以是纸张或布，加颜色的工具可以通过刷子、海绵或是布条等，也可以运
用软件进行绘画。在艺术用语的层面上，绘画的意义亦包含利用此艺术行为再加上图形、构
图及其他美学方法去达到画家希望表达的概念及意思。绘画在美术中占大部分。'}}, {'sco
re': 0.124274, 'root': '非自然图像-屏幕截图', 'keyword': '屏幕截图', 'baike_info
': {'baike_url': 'https://baike.baidu.com/item/%E5%B1%8F%E5%B9%95%E6%88%AA%E5%9B
%BE/3634161', 'image_url': 'https://bkimg.cdn.bcebos.com/pic/aa18972bd40735fa016
882639c510fb30e240854?x-bce-process=image/resize,m_lfit,w_536,limit_1/quality,Q_
70', 'description': '屏幕截图（Screenshot）就是将电脑屏幕上的桌面、窗口、对话框
、选项卡等屏幕元素保存为图片。在Windows下用户可以使用键盘上的"打印屏幕系统请求
"（Print Screen）按键进行整个屏幕的截图和当前活动窗口的截图（按住Alt键的同时按
下Print Screen键），还可以借助专业的屏幕截图软件进行截图。'}}, {'score': 0.01213
3, 'root': '人物-人物特写', 'keyword': '美女', 'baike_info': {'baike_url': 'http
://baike.baidu.com/item/%E7%BE%8E%E5%A5%B3/109596', 'image_url': 'https://bkimg.
cdn.bcebos.com/pic/91529822720e0cf3acdfc0280046f21fbe09aa3d', 'description': '美
女，汉语词语，拼音是měi nǚ，意思是容貌姣好、仪态优雅的女子。'}}], 'result_num':
5, 'log_id': 1776920440312947151}
```

图 13-4　人脸检测结果

baike_info：是一个字典，包含了与分类关键词相关的百度百科信息。如果 API 没有找到相关的百科信息，这个字典可能是空的。

baike_url：是一个字符串，表示分类关键词在百度百科中的 URL 地址。

image_url：是一个字符串，表示分类关键词在百度百科中的图片 URL 地址。

description：是一个字符串，表示分类关键词在百度百科中的描述或简介。

result_num：是一个整数，表示返回的分类结果数量。在这个例子中，返回了 5 个分类结果。

log_id：是一个整数或长整数，用于跟踪或调试 API 请求。

从结果来看，API 对图片中的人物进行了分类，并返回了与人物相关的 5 个分类结果。其中，得分最高的分类结果是关于"非自然图像 - 彩色动漫"的，关键词是"卡通动漫人物"。其他分类结果还包括"人物特写""绘画""美女"等与人物相关的分类。

任务 2　颜值打分

任务描述

编写 Python 程序，调用百度大脑 AI 开放平台 API 实现颜值打分。

任务实施

颜值打分可调用百度人工智能开放平台中的"人脸检测与属性分析"API 进行。"人脸检测与属性分析"API 在"人脸与人体"模块中，如图 13-5 所示。

图 13-5 "人脸检测与属性分析"API

参照"项目 08"中介绍的方法,创建人脸检测与属性分析的应用并获取 AppID、API Key、Secret Key,如图 13-6 所示。

图 13-6 人脸检测与属性分析的应用

1. 简单输出颜值打分结果

步骤一:准备进行颜值打分的图片文件。

将素材中的图片文件"yq.jpg"放置于桌面,该图片文件的显示效果如图 13-7 所示。

图 13-7 图片文件"yq.jpg"显示效果

步骤二:创建 Python 文件并输入导入模块代码。

打开 Python 的集成开发环境 IDE,执行"File → New File"命令,在脚本窗口中输入如下代码。

```
from aip import AipFace
```

```
import base64
```

这里导入了两个模块，AipFace 是百度 AI 平台提供的面部识别 API 的 Python SDK，base64 用于对二进制数据进行 Base64 编码。

步骤三：设置 API 的认证信息。

接着输入如下代码。

```
APP_ID = '***'
API_KEY = '***'
SECRET_KEY = '***'
```

把相应的"***"替换为本任务中获取的 APP_ID、API_KEY 和 SECRET_KEY。

步骤四：初始化 AipFace 客户端。

接着输入如下代码。

```
client=AipFace(APP_ID,API_KEY,SECRET_KEY)
```

使用设置的认证信息来初始化 AipFace 客户端，这样后续就可以通过这个客户端调用百度 AI 平台的面部识别 API。

步骤五：读取图片文件。

接着输入如下代码。

```
filename='yq.jpg'
fo=open(filename,'rb')
image=fo.read()
fo.close()
```

指定要读取的图片文件名"filename"为"yq.jpg"。

使用 open 函数以二进制读模式（'rb'）打开文件。

使用"read"方法读取文件内容到"image"变量中。

使用 close 方法关闭文件。

步骤六：对图片数据进行 Base64 编码。

接着输入如下代码。

```
image=str(base64.b64encode(image),'utf-8')
```

因为 API 要求图片数据需要是 Base64 编码的字符串，所以这里使用 base64.b64encode 对图片数据进行 Base64 编码，并将结果转换为 utf-8 格式的字符串。

步骤七：设置 API 调用选项。

接着输入如下代码。

```
image_type='BASE64'
options={}
options['face_field']="age,gender,beauty,glasses"
options['max_face_num']=10
```

```
options["face_type"]="LIVE"
```

image_type：指定图片数据的格式，这里设置为"BASE64"，表示图片数据是Base64 编码的字符串。

options：是一个字典，用于设置 API 调用的其他选项。

'face_field'：指定需要返回的面部信息字段，这里设置了"age,gender, beauty, glasses"，表示返回年龄、性别、颜值和是否佩戴眼镜的信息。

'max_face_num'：指定最多返回多少个面部信息，这里设置为 10。

"face_type"：指定面部类型，这里设置为"LIVE"，表示只检测活体面部。

步骤八：调用 API 并打印结果。

接着输入如下代码。

```
result=client.detect(image,image_type,options)
print(result)
```

使用之前初始化的 AipFace 客户端调用 detect 方法，传入图片数据、图片数据类型和选项，获取 API 的返回结果，并打印出来。

步骤九：运行程序。

把脚本文件以文件名"颜值打分01.py"另存为到桌面，执行"Run"→"Run Module"命令，运行代码后，将显示如图 13-8 所示的颜值打分结果。

```
= RESTART: C:/Users/wyz/Desktop/颜值打分01.py
{'error_code': 0, 'error_msg': 'SUCCESS', 'log_id': 2505872387, 'timestamp': 171
2486505, 'cached': 0, 'result': {'face_num': 1, 'face_list': [{'face_token': 'e7
bbf67845b32d57247ecbf0001889b6', 'location': {'left': 162.13, 'top': 257.86, 'wi
dth': 200, 'height': 179, 'rotation': 6}, 'face_probability': 1, 'angle': {'yaw'
: -11.15, 'pitch': 10.45, 'roll': 6.32}, 'age': 22, 'gender': {'type': 'female',
 'probability': 1}, 'beauty': 86.19, 'glasses': {'type': 'none', 'probability':
1}}]}}
```

图 13-8　程序"颜值打分 01.py"运行结果

程序运行结果解释如下。

error_code：0：错误码，0 表示请求成功，没有错误。

error_msg：'SUCCESS'：错误消息，"SUCCESS"表示请求成功完成。

log_id：日志 ID，用于跟踪或调试请求。

timestamp：时间戳，表示请求或响应的时间。这个数字是一个 Unix 时间戳（从 1970 年 1 月 1 日开始计算的秒数）。

cached：0：表示响应是否来自缓存。0 表示这个响应不是从缓存中取得的。

result：是主要的结果数据，包含人脸识别的详细信息。

face_num：1：表示在图片中检测到了一张人脸。

face_list：是一个列表，包含检测到的所有人脸的信息。在这个例子中，因为只检测到一张人脸，所以列表里只有一个元素，这个元素是一个字典。

face_token：是人脸的唯一标识符，用于后续操作或识别。

location：表示人脸在图片中的位置。

left：人脸左侧边缘的 x 坐标。

top：人脸顶部边缘的 y 坐标。
width：人脸的宽度。
height：人脸的高度。
rotation：人脸的旋转角度（以度为单位）。
face_probability：表示检测到人脸的置信度，1 表示完全确定。
angle：表示人脸的朝向角度（以度为单位）。
yaw：左右偏转角度。
pitch：上下俯仰角度。
roll：旋转角度。
age：表示估计的年龄，这里是 22。
gender：表示估计的性别。
type : female：表示是女性。
probability : 1：表示性别识别的置信度是 100%。
beauty：表示估计的颜值，这里是一个介于 0 和 100 之间的数值，86.19 表示颜值是 86.19。
glasses：表示是否戴眼镜及眼镜的类型。
type : none：表示不戴眼镜。
probability : 1：表示识别到不戴眼镜的置信度是 100%。

这个返回结果提供了人脸在图片中的位置、大小、旋转角度、性别、年龄、颜值估计，以及是否佩戴眼镜等信息。

2. 输出颜值打分的中文信息

步骤一：删除输出代码。
删除"颜值打分 01.py"中的输出代码"print(result)"。

步骤二：遍历人脸列表。
接着输入如下代码。

```python
for face in result['result']['face_list']:
```

这行代码遍历 result 字典中 'result' 键下的 'face_list' 列表，该列表包含了检测到的所有人脸信息。

步骤三：性别判断与赋值。
接着左缩进 4 字符输入如下代码。

```python
if face['gender']['type']=='male':
    gender=" 男 "
else:
    gender=" 女 "
```

对于每个人脸，代码检查其性别信息。如果性别类型为"male"，则将变量 gender 设置为"男"，否则设置为"女"。

步骤四：年龄和颜值提取。

接着左缩进 4 字符输入如下代码。

```
age=face['age']
beauty=face['beauty']
```

这两行代码从当前人脸信息中提取年龄和颜值，并将它们分别赋值给 age 和 beauty 变量。

步骤五：眼镜佩戴情况判断与赋值。

接着左缩进 4 字符输入如下代码。

```
if face['glasses']['type']=='none':
    glasses=" 没戴眼镜 "
else:
    glasses=" 戴眼镜 "
```

对于每个人脸，代码检查其是否佩戴眼镜。如果眼镜类型为"none"，则将变量 glasses 设置为"没戴眼镜"；否则设置为"戴眼镜"。

步骤六：打印结果。

接着左缩进 4 字符输入如下代码。

```
print(" 性别 :"+gender)
print(" 年龄 :"+str(age))
print(" 颜值 :"+str(beauty))
print(glasses+"\n")
```

这四行代码打印出每个人脸的性别、年龄、颜值及是否佩戴眼镜的信息。其中，str(age) 和 str(beauty) 用于将可能的浮点数转换为字符串，以便能够正确打印。最后的 print(glasses+"\n") 输出是否佩戴眼镜的信息，并在其后添加了一个换行符 \n，以确保每个人的信息输出后都有一个空行。

至此代码修改完成，输入的修改代码效果如图 13-9 所示。

```
for face in result['result']['face_list']:
    if face['gender']['type']=='male':
        gender="男"
    else:
        gender="女"
    age=face['age']
    beauty=face['beauty']
    if face['glasses']['type']=='none':
        glasses="没戴眼镜"
    else:
        glasses="戴眼镜"
    print("性别:"+gender)
    print("年龄:"+str(age))
    print("颜值:"+str(beauty))
    print(glasses+"\n")
```

图 13-9　输入的修改代码效果

步骤七：运行程序。

把脚本文件以文件名"颜值打分02.py"另存到桌面，执行"Run"→"Run Module"命令，运行代码后，将显示如图13-10所示的颜值打分结果。

```
= RESTART: C:\Users\wyz\Desktop\颜值打分02.py
性别：女
年龄：22
颜值：86.19
没戴眼镜
```

图 13-10　程序"颜值打分 02.py"运行结果

3. 在图片中输出颜值打分结果

步骤一：删除输出代码。

删除"颜值打分 01.py"中的输出代码"print(result)"。

步骤二：导入所需模块。

接着输入如下代码。

```
from PIL import Image, ImageDraw, ImageFont
```

这一行代码从 PIL（Python Imaging Library）库中导入 Image、ImageDraw 和 ImageFont 三个模块。这些模块分别用于处理图像、在图像上绘制图形和文本，以及加载字体。

步骤三：打开图像文件。

接着输入如下代码。

```
img = Image.open(filename)
```

使用 Image.open 方法打开名为 filename 的图像文件，并将其存储在变量 img 中。

步骤四：准备绘图工具。

接着输入如下代码。

```
draw = ImageDraw.Draw(img)
```

创建一个 ImageDraw 对象 draw，用于在图像 img 上进行绘制。

步骤五：加载自定义字体。

接着输入如下代码。

```
ttfont = ImageFont.truetype("C:/WINDOWS/Fonts/SIMYOU.TTF", 16)
```

使用 ImageFont.truetype 方法加载一个自定义字体，字体文件路径为"C:/WINDOWS/Fonts/SIMYOU.TTF"，字体大小为 16。加载后的字体对象存储在 ttfont 变量中。

步骤六：处理人脸信息并绘制矩形框。

接着输入如下代码。

```
for face in result['result']['face_list']:
    if face['gender']['type']=='male':
```

```
        gender=" 男 "
    else:
        gender=" 女 "
    age=face['age']
    beauty=face['beauty']
    if face['glasses']['type']=='none':
        glasses=" 没戴眼镜 "
    else:
        glasses=" 戴眼镜 "
    x1=face['location']['left']
    y1=face['location']['top']
    x2=x1+face['location']['width']
    y2=y1+face['location']['height']
    draw.rectangle((x1,y1,x2,y2),outline="blue")
```

这部分代码遍历 result 字典中的"face_list"列表，对于每个人脸提取性别、年龄、颜值和眼镜佩戴情况，并分别存储在相应的变量中。

根据人脸的位置信息（左上角坐标和宽高），计算出矩形框的四个顶点坐标。

使用 draw.rectangle 方法在图像上绘制一个蓝色的矩形框，以标记人脸的位置。

步骤七：在矩形框内绘制文本信息。

接着输入如下代码。

```
x = x2 + 5
draw.text([x, y1], " 性别 :" + gender, "white", font=ttfont)
draw.text([x, y1 + 15], " 年龄 : " + str(age), "white", font=ttfont)
draw.text([x, y1 + 30], " 颜值 : " + str(beauty), "white", font=ttfont)
draw.text([x, y1 + 45], glasses, "white", font=ttfont)
```

这部分代码在之前绘制的矩形框内，使用 draw.text 方法绘制人脸的性别、年龄、颜值和眼镜佩戴情况的文本信息。文本的颜色为白色，字体为之前加载的自定义字体 ttfont。

步骤八：显示处理后的图像。

接着输入如下代码。

```
img.show()
```

使用 img.show() 方法显示处理后的图像，将在默认的图像查看器中打开并显示图像。

步骤九：运行程序。

把脚本文件以文件名"颜值打分 03.py"另存为到桌面，执行"Run"→"Run Module"命令，运行代码后，将显示如图 13-11 所示的颜值打分结果。

本程序也可对一张图片中的多张人脸进行检测及颜值打分。示例效果如图 13-12 所示。

笔记

图 13-11　程序"颜值打分 03.py"运行结果

多人颜值打分

图 13-12　多张人脸的颜值打分

颜值自信

颜值自信是指个体对自己外貌的肯定和自信程度。在当今社会，外貌在很大程度上影响着个人的自我认同和社交关系，因此，颜值自信对于个体的心理健康和社会适应至关重要。

（1）颜值自信有助于提升个体的自我认同感和自尊水平。一个对自己外貌满意的人，往往能够更积极地看待自己，更有自信地面对生活中的挑战。这种自信会渗透到个体的方方面面，使其在各个方面都表现出更加积极的态度和更高的自我效能感。

（2）颜值自信对于个体的社交关系也有着积极的影响。外貌是人们交往中不可忽视的因素之一，一个拥有颜值自信的人更容易在社交场合中展现出自己的魅力，吸引他人的注意和好感。这种自信也会让个体在交往中更加自如和从容，从而建立起更加健康和良好的人际关系。

然而，颜值自信并非一蹴而就的，它需要个体在日常生活中不断地培养和提升。以下是一些建议，有助于增强颜值自信。

①接受自己的外貌：每个人都有自己的独特之处，无论是外貌还是内在。接受并欣赏自己的外貌，是建立颜值自信的基础。

②培养积极的自我形象：通过正面的自我暗示和自我肯定，培养积极的自我形象，增强对自己的认可和喜爱。

③关注内在品质：外貌固然重要，但内在品质同样不可忽视。注重培养自己的内在修养和素质，让自己的魅力从内而外散发出来。

④保持良好的生活习惯：健康的生活习惯和规律的作息有助于保持身体健康和良好的精神状态，从而提升外貌的吸引力。

总之，颜值自信是个体心理健康和社会适应的重要方面。通过接受自己的外貌、培养积极的自我形象、关注内在品质以及保持良好的生活习惯，我们可以逐渐增强自己的颜值自信，成为更加自信、有魅力和成功的人。

项目小结

本项目以团队协作的方式完成，任务实施前先组建团队，明确组长人选和小组任务分工，填写表 13-1。

表 13-1 学生任务分配表

组号		成员数量	
组长			
组长任务			
组员姓名	学号	任务分工	

根据任务分工要求，协作完成相关的操作，并填写任务报告，见表 13-2。

表 13-2　任务报告表

学生姓名		学号		班级	
实施地点			实施日期	年　月　日	
任务类型	□演示性　□验证性　□综合性　□设计研究　□其他				
任务名称					
一、任务中涉及的知识点					
二、任务实施环境					
三、实施报告（包括实施内容、实施过程、实施结果、所遇到的问题、采用的解决方法、心得反思等）					
小组互评					
教师评价				日期	

自我提升

引导问题 1： 人脸检测的基本原理是什么？它是如何识别和定位图像中的人脸区域的？

_____

_____

引导问题 2： 人脸检测如何处理复杂背景、光照条件和遮挡物对人脸检测的影响？

_____

_____

引导问题 3： 通过手机自行拍摄你和舍友的合照，利用学过的知识对合照进行颜值对比。通过 AI 工具对合照进行美颜修图，对修图后的颜值再进行打分，比较前后两次颜值结果的变化。

_____

_____

评价反馈

考核学生的专业能力和关键能力，采用过程性评价和结果评价相结合、定性评价与定量评价相结合的考核方法，填写考核评价表。注重学生动手能力和在实践中分析问题、解决问题能力的考核，对于在学习和应用上有创新的学生应给予特别鼓励（表 13-3）。

表 13-3 考核评价表

评价项目		评价内容	分值	自评	师评
相关知识（20%）		掌握了调用百度 API 接口进行人脸检测的具体方法	10		
		能调用百度 API 接口对图片中的人脸进行颜值打分	10		
工作过程（80%）	计划方案	工作计划制订合理、科学	10		
	自主学习	有计划地进行相关信息的探索，发现问题能及时和教师或同学讨论交流	15		
	任务及汇报	参见"任务报告表"任务完成情况进行评估	40		
	职业素养	注重团队合作，态度端正，工作认真、主动；具有良好的计算机使用习惯，爱护公共设施与环境	15		
附加分		考核学生的创新意识，在工作中有突出表现或特色做法	5		

项目 14 人脸识别与对比

项目导读

基于 AI 技术的人脸识别与对比是一种利用人工智能和计算机视觉技术来识别、验证和对比人脸的先进方法。这种技术基于深度学习算法，可以自动提取和分析人脸的关键特征，以实现高效、准确的人脸识别。

人脸识别技术是通过使用摄像头或图像传感器捕获人脸图像，利用 AI 算法对这些图像进行分析和处理。这些算法可以自动提取人脸的关键特征，如眼睛、鼻子、嘴巴的形状和位置，以及面部的纹理和轮廓等。它们将这些特征与存储在数据库中已知的人脸数据进行比对，以识别出人脸的身份。

人脸对比是人脸识别技术的一个重要应用。它通过将捕捉到的人脸图像与数据库中的人脸图像进行比对，以验证身份或查找相似的人脸。这种对比通常基于特征向量之间的相似度计算，如欧几里得距离、余弦相似度等。通过计算两个特征向量之间的相似度，系统可以判断两张人脸是否属于同一个人，或者找出与给定人脸最相似的人脸。

基于 AI 技术的人脸识别与对比在多个领域都有广泛的应用。例如，在安防领域，如机场、车站、商场等公共场所的安全检视，它可以用于身份验证、犯罪嫌疑人追踪和公共场所的安全监控。在金融领域，它可以用于客户身份验证、交易安全和反欺诈等方面，为用户提供更加安全可靠的服务。还可用于企业事业单位的门禁系统和考勤系统中，实现对员工身份的准确识别和验证，提高安全管理水平。此外，在社交媒体、智能出行、医疗等领域也有广泛的应用前景。

本项目将学习调用百度 API 接口进行人脸识别与对比的具体方法，体验人工智能技术在人脸识别与对比领域的应用。

学习目标

知识目标

1. 掌握调用百度 API 接口进行两张图片对比的具体方法。
2. 掌握调用百度 API 接口进行一张图片和多张图片对比的具体方法。

3. 掌握调用百度 API 接口进行两组图片对比的具体方法。

能力目标

能够借助百度人工智能开放平台实现人脸识别与对比。

素质目标

1. 培养学生乐于探索、勇于实践的能力。
2. 培养学生的敬业精神。
3. 培养学生解决问题的能力和创新性思维能力。
4. 培养学生精益求精的工匠精神、良好的沟通能力和团队合作精神。

任务 1　两张图片的对比

任务描述

编写 Python 程序，调用百度人工智能开放平台 API，通过两张图片中人物的对比，判断是否为同一人。

任务实施

人脸识别与对比可调用百度人工智能开放平台中的"人脸对比"API 进行。"人脸对比"API 在"人脸与人体"模块中，如图 14-1 所示。

参照"项目 8"中介绍的方法，创建人脸对比的应用并获取 AppID、API Key、Secret Key。

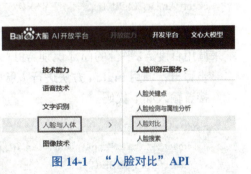

图 14-1　"人脸对比"API

步骤一：准备进行人脸对比的图片文件。

准备素材图片文件"01.jpg""02.jpg"，如图 14-2 所示。

步骤二：创建 Python 文件并输入导入模块代码。

打开 Python 的集成开发环境 IDE，执行"File → New File"命令，在脚本窗口中输入如下代码。

```
from aip import AipFace
import base64
```

这里导入了 2 个模块。

AipFace 是百度 AI 平台提供的面部识别 API 的 Python SDK。

base64 用于对二进制数据进行 Base64 编码。

人脸对比（1对1）

图 14-2　对比的两张照片

步骤三：设置 API 的认证信息。

接着输入如下代码。

```
APP_ID = '***'
API_KEY = '***'
SECRET_KEY = '***'
```

把相应的"***"替换为本任务中获取的 APP_ID、API_KEY 和 SECRET_KEY。

步骤四：初始化 AipFace 客户端。

接着输入如下代码。

```
client=AipFace(APP_ID,API_KEY,SECRET_KEY)
```

使用设置的认证信息来初始化 AipFace 客户端，这样后续就可以通过这个客户端来调用百度 AI 平台的面部识别 API。

步骤五：调用 match 方法进行人脸匹配。

接着输入如下代码。

```
result=client.match([
    {'image': str(base64.b64encode(open('01.jpg','rb').read()),'utf-8'),
     'image_type':'BASE64'},
    { 'image': str(base64.b64encode(open('02.jpg','rb').read()),'utf-8'),
     'image_type':'BASE64'}
])
```

client.match 是 AipFace 客户端的一个方法，用于比较两张图片中的人脸。

在 match 方法中，传入了一个列表，列表中包含两个字典。每个字典代表一张要比较的图片。

"'image'"键的值是图片的 base64 编码。首先，使用 open 函数以二进制模式读取图片文件。其次，使用 base64.b64encode 对读取到的二进制数据进行 base64 编码。最后，将编码后的数据转换为 utf-8 格式的字符串。

"'image_type'"键的值是图片数据的类型，这里设置为"BASE64"，表示图片数据是由 base64 编码的。

步骤六：打印结果。

接着输入如下代码。

```
print(result)
```

这行代码将打印出 match 方法的返回结果。返回的结果是一个字典，其中包含关于两张图片中人脸是否匹配的信息。

步骤七：运行程序。

把脚本文件以文件名"人脸对比—1 对 1.py"另存到桌面，执行"Run → Run Module"命令，运行代码后，将显示图 14-3 所示的人脸对比结果。

```
=================== RESTART: C:\Users\wyz\Desktop\人脸对比—1对1.py ============
======
{'error_code': 0, 'error_msg': 'SUCCESS', 'log_id': 458919561, 'timestamp': 1712
491658, 'cached': 0, 'result': {'score': 76.83123016, 'face_list': [{'face_token
': 'f6e75fba3d9f32321d952fe3a8233076'}, {'face_token': '6db6eefabc20ce1aff90551f
8636dd62'}]}}
```

图 14-3 程序"人脸对比 –1 对 1.py"运行结果

程序运行结果解释如下。

error_code：表示操作是否成功。值是"0"意味着没有错误，即操作成功。

error_msg：提供关于操作是否成功的具体信息。值是"SUCCESS"表明操作成功，与"error_code"的值相匹配。

log_id：日志或请求的标识符，用于跟踪或调试目的。

Timestamp：表示事件或操作发生的时间点。这个数字是一个 Unix 时间戳，代表从 1970 年 1 月 1 日（UTC）开始到该事件或操作发生时的秒数。

cached：是一个标志，指示结果是否来自缓存。值是"0"能意味着结果不是从缓存中取得的。

result：一个嵌套的字典，包含了操作或请求的主要结果。

score：对应的值是一个浮点数，表示匹配度即评分，具体含义表示人脸的相似程度。这个值在 0 到 100 之间，"76.8612306"表明匹配度相对较高。

face_list：一个包含多个字典的列表，每个字典代表一个检测到的面部。

face_token：一个唯一标识该面部的字符串，用于在后续操作或请求中引用该面部。

程序的运行结果表明一个面部识别操作成功执行，并返回了两个面部的匹配度，以及它们的唯一标识符。

任务 2 一张图片和多张图片的对比

任务描述

编写一个 Python 程序"人脸对比—1 对多 .py"，调用百度大脑 AI 开放平台

API，比较素材中的照片"z01.jpg"与素材文件夹"照片"中的哪几张照片为同一人，要求用中文显示对比结果。

任务实施

步骤一：准备进行人脸对比的图片文件。

素材放置于桌面，包含多张图像的"照片"文件夹和图14-4所示的照片"z01.jpg"。

图14-4　照片"z01.jpg"显示效果

人脸对比（1对多）

步骤二：创建Python文件并输入导入模块代码。

打开Python的集成开发环境IDE，执行"File → New File"命令，在脚本窗口中输入如下代码。

```
from aip import AipFace
import base64
import time
import os
```

这里导入了4个模块。

AipFace是百度AI平台提供的面部识别API的Python SDK。

base64用于对二进制数据进行Base64编码。

time用于控制代码执行的速度。

os用于操作文件和目录，如列出目录中的文件。

步骤三：设置API的认证信息。

接着输入如下代码。

```
APP_ID = '***'
API_KEY = '***'
```

```
SECRET_KEY = '***'
```

把相应的"***"替换为本项目"任务1"中获取的APP_ID、API_KEY和SECRET_KEY。

步骤四：初始化AipFace客户端。

接着输入如下代码。

```
client=AipFace(APP_ID,API_KEY,SECRET_KEY)
```

使用设置的认证信息来初始化AipFace客户端，这样后续就可以通过这个客户端来调用百度AI平台的面部识别API。

步骤五：获取照片目录中的所有文件。

接着输入如下代码。

```
searchimageList = os.listdir("照片")
```

使用os.listdir函数获取名为"照片"的文件夹中的所有文件名，并将它们存储在searchimageList列表中。

步骤六：遍历照片并比较。

接着输入如下代码。

```
for simg in searchimageList:
    time.sleep(1)
    result = client.match([{"image": str(base64.b64encode(
            open("z01.jpg", "rb").read()),"utf-8"),
        "image_type": "BASE64"},
        {"image": str(base64.b64encode(
            open("照片/" + simg, "rb").read()),"utf-8"),
        "image_type": "BASE64"},])
    if result["result"]["score"] >= 75:
        print("z01.jpg 和 " + simg, " 应该是同一个人，相似度得分:", result["result"]["score"])
    else:
        print("z01.jpg 和 " + simg, " 不是同一个人，相似度得分:", result["result"]["score"])
```

这段代码的作用是对于"照片"文件夹中的每个文件（simg），执行以下操作。

a. 暂停1秒。

相应代码：第2条语句。

这是为了避免过于频繁地调用AipFace的API，可能导致API调用受限。

b. 调用AipFace的match方法进行比较。

相应代码：第3行至第8行语句。

使用client.match方法比较图片"z01.jpg"和当前遍历到的图片simg中的人脸。

c. 判断并输出结果。

相应代码：第9行至第14行语句。

根据返回的score值（相似度得分），判断两张图片中的人脸是否为同一人，并

笔记

输出结果。

步骤七：运行程序。

把脚本文件以文件名"人脸对比—1对多.py"另存到桌面，执行"Run → Run Module"命令，运行代码后，将显示图14-5所示的人脸对比结果。

```
==================== RESTART: C:\Users\wyz\Desktop\人脸对比－1对多.py ====================
z01.jpg和mx01.jpg  不是同一个人，相似度得分：25.13022614
z01.jpg和mx02.jpg  不是同一个人，相似度得分：1.549877167
z01.jpg和x01.jpg  不是同一个人，相似度得分：14.59590912
z01.jpg和x02.webp.jpg  不是同一个人，相似度得分：19.9667778
z01.jpg和x03.jpeg  不是同一个人，相似度得分：38.91187668
z01.jpg和z02.jpg  应该是同一个人，相似度得分：91.60552979
z01.jpg和z03.jpg  应该是同一个人，相似度得分：94.12546539
```

图14-5　程序"人脸对比—1对多.py"运行结果

任务3　两组图片的对比

任务描述

编写一个Python程序，调用百度大脑AI开放平台API，比较素材文件夹"照片01"与素材文件夹"照片02"中的哪几张照片为同一人，要求每一组图片的对比先用中文显示结果，接着显示出所对比的图片。

任务实施

步骤一：准备进行人脸对比的图片文件。

把素材文件夹"照片01"与"照片02"放置于桌面。

步骤二：创建Python文件并输入导入模块代码。

打开Python的集成开发环境IDE，执行"File → New File"命令，在脚本窗口中输入如下代码。

```python
from aip import AipFace
from PIL import Image, ImageTk
import tkinter as tk
import base64
import os
import time
```

这里导入了7个模块。

AipFace是百度AI平台提供的面部识别API的Python SDK。

Image和ImageTk从PIL（Python Imaging Library）中导入的模块，用于图像处理和Tkinter中的图像显示。

tkinter 是 Python 的标准 GUI 库，用于创建图形用户界面。
base64 用于对二进制数据进行 Base64 编码。
os 用于操作文件和目录，如列出目录中的文件。
time 用于控制代码执行的速度。

步骤三：设置 API 的认证信息。

接着输入如下代码。

```
APP_ID = '***'
API_KEY = '***'
SECRET_KEY = '***'
```

把相应的"***"替换为本项目"任务 1"中获取的 APP_ID、API_KEY 和 SECRET_KEY。

步骤四：初始化 AipFace 客户端。

接着输入如下代码。

```
client=AipFace(APP_ID,API_KEY,SECRET_KEY)
```

使用设置的认证信息来初始化 AipFace 客户端，这样后续就可以通过这个客户端来调用百度 AI 平台的面部识别 API。

步骤五：获取文件夹中的图像文件。

接着输入如下代码。

```
orginimageList = os.listdir(" 照片 01/")
searchimageList = os.listdir(" 照片 02/")
```

使用 os.listdir 函数"照片 01/"和"照片 02/"文件夹中的所有图像文件。

步骤六：循环遍历图片。

接着输入如下代码。

```
for oimg in orginimageList:
    for simg in searchimageList:
```

这两行代码使用了两个嵌套的 for 循环，分别遍历 orginimageList（文件夹"照片 01"中的图像）和 searchimageList（文件夹"照片 02"中的图像）中的每一个图像文件名。

步骤七：图片处理与匹配。

接着在第 2 个 for 循环中输入如下代码。

```
time.sleep(1)
result = client.match([{"image": str(base64.b64encode(open(
    " 照片 01/" + oimg, "rb").read()),"utf-8"), "image_type": "BASE64"},
    {"image": str(base64.b64encode(open(
    " 照片 02/" + simg, "rb").read()),"utf-8"), "image_type": "BASE64"}])
```

对于每一组图片，先暂停一秒[time.sleep(1)]，然后调用client.match方法进行面部匹配。进行面部匹配时，首先读取图片文件，将其内容编码为base64格式，然后传递给AIP的match方法进行比较。

代码作用解释如下。

"open("照片01/" + oimg, "rb").read()"和"open("照片02/" + simg, "rb").read()"用于读取两个文件夹中的图片文件。open函数用于打开一个文件，并返回一个文件对象。

""照片01/" + oimg"和""照片02/" + simg"分别是两个图片文件的路径，其中oimg和simg分别是两个循环变量，代表从orginimageList和searchimageList中取出的图片文件名。"rb"表示以二进制模式读取文件。read()方法则用于读取文件的全部内容。

"base64.b64encode(open(...).read())"用于对读取到的图片文件内容进行Base64编码。Base64编码是一种用64个可打印字符来表示二进制数据的方法，常用于在HTTP协议中传输二进制数据。base64.b64encode()函数接受一个二进制数据作为输入，并返回其Base64编码后的字符串。

"str(base64.b64encode(...), "utf-8")"用于利用str()函数将Base64编码之后的字节串（bytes）转换为utf-8编码的字符串，以便在后续任务中进行数据处理。

"[{"image" : ..., "image_type" : "BASE64"}, {"image" : ..., "image_type" : "BASE64"}]"用于将编码后的图片数据构造为一个包含两个字典的列表，每个字典分别代表一个待比较的图片。每个字典中包含两个键值对，"image"键对应的是Base64编码后的图片数据字符串，而"image_type"键指明了图片数据的类型是"BASE64"。采用这样的数据结构是为了满足客户端match方法所需的请求格式。

"result = client.match(...)"用于调用客户端的match方法来执行图片匹配。match方法是一个网络请求，用于将请求数据发送到服务器进行图片比对，并返回比对结果。返回的结果被存储在result变量中，以供后续处理使用。

步骤八：匹配结果判断。

接着在第2个for循环中输入如下代码。

```
if result["result"]["score"] >= 80:
```

匹配完成后，检查返回的匹配得分是否大于或等于80。80分是一个阈值，用来判断两张图片是否为同一人的面部。

步骤九：匹配结果输出。

接着在if语句结构中输入如下代码。

```
print(oimg + " 和 " + simg, " 应该是同一个人，相似度得分:", result["result"]["score"])
root = tk.Tk()
image1 = Image.open("照片01/" + oimg)
image2 = Image.open("照片02/" + simg)
photo1 = ImageTk.PhotoImage(image1)
```

```
        photo2 = ImageTk.PhotoImage(image2)
        label1 = tk.Label(root, image=photo1)
        label2 = tk.Label(root, image=photo2)
        label1.pack(side="left")
        label2.pack(side="right")
        root.mainloop()
    else:
        print(oimg + " 和 " + simg, " 应该是同一个人，相似度得分 :", result["result"]["score"])
        root = tk.Tk()
        image1 = Image.open(" 照片 01/" + oimg)
        image2 = Image.open(" 照片 02/" + simg)
        photo1 = ImageTk.PhotoImage(image1)
        photo2 = ImageTk.PhotoImage(image2)
        label1 = tk.Label(root, image=photo1)
        label2 = tk.Label(root, image=photo2)
        label1.pack(side="left")
        label2.pack(side="right")
        root.mainloop()
```

这段代码的整体功能是，在确认两张图片中的面部是否属于同一个人后，将打印出匹配结果，并使用 Tkinter GUI 库来展示这两张图片，其中一张在窗口的左侧，另一张在窗口的右侧。

具体代码作用解释如下。

（1）第 1 条语句作用是在控制台打印出两张图片的文件名，以及它们之间的相似度得分。oimg 和 simg 是两张图片的文件名，"result["result"]["score"]" 是从匹配结果中获取的相似度得分。

（2）第 2 条语句作用是创建一个 Tkinter 窗口实例，它是所有 Tkinter GUI 组件的容器。

（3）第 3 条、第 4 条语句作用是使用 Pillow 库打开两张图片文件。

（4）第 5 条、第 6 条语句作用是将 Pillow 库加载的图片转换为 Tkinter 可以显示的格式，即 PhotoImage 对象。

（5）第 7 条、第 8 条语句作用是创建两个 Tkinter 标签（Label），并将之前转换好的 PhotoImage 对象设置为它们的图片。

（6）第 9 条、第 10 条语句作用是使用 pack 方法将两个标签添加到窗口中，并设置它们的位置。使 "side="left"" 和 "side="right"" 分别指定了 label1 和 label2 在窗口中的位置，使 label1 显示在左侧，而 label2 显示在右侧。

（7）第 11 条语句作用是启动 Tkinter 的事件循环，使窗口保持打开状态，直到用户关闭它。在这个循环中，Tkinter 会处理所有的窗口事件，比如按钮点击、窗口大小调整等。

步骤十：运行程序。

把脚本文件以文件名"人脸对比—多对多 .py"另存到桌面，执行"Run → Run

人工智能基础与应用

Module"命令，运行代码后，将显示图 14-6 所示的人脸对比结果。同时会显示所对比的相应两张图片，示例效果如图 14-7 所示。

```
= RESTART: C:\Users\wyz\Desktop\人脸对比－多对多.py
B01.jpg和A01.jpg 不是同一个人，相似度得分：79.66963196
B01.jpg和A02.jpg 不是同一个人，相似度得分：30.567976
B01.jpg和A03.jpg 不是同一个人，相似度得分：48.62783051
B02.jpg和A01.jpg 不是同一个人，相似度得分：30.62137032
B02.jpg和A02.jpg 不是同一个人，相似度得分：28.52442551
B02.jpg和A03.jpg 不是同一个人，相似度得分：0
B03.jpeg和A01.jpg 不是同一个人，相似度得分：38.69781494
B03.jpeg和A02.jpg 应该是同一个人，相似度得分：92.5530014
B03.jpeg和A03.jpg 不是同一个人，相似度得分：31.18017387
```

图 14-6　程序"人脸对比 - 多对多 .py"运行结果

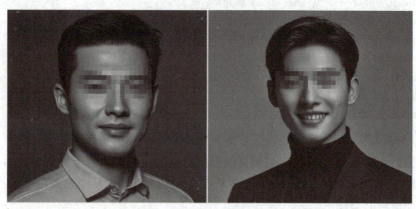

图 14-7　所对比的两张图片示例效果

✍ 社会公益

社会公益是指有关社会公众的福祉和利益，是由一定的组织或个人向社会捐赠财物、时间、精力和知识等活动，如社区服务、环境保护、知识传播、公共福利、帮助他人、社会援助、社会治安、紧急援助、青年服务、慈善、社团活动、专业服务、文化艺术活动等。

社会公益事业不仅是中国优良传统的延续，还是构建社会主义和谐社会的内在要求。

积极参与社会公益事业对于个人和社会都具有深远的意义。从个人层面来看，参与社会公益不仅能够体现个人的社会责任感，还能够培养个人的公益精神和团队合作能力。通过参与公益活动，人们能够体验到帮助他人的快乐，增强自我价值感和成就感，同时也能够拓宽个人的视野，增加对社会的认知和理解。从社会层面来看，积极参与社会公益事业对于构建和谐社会、推动社会进步具有重要的作用。公益活动能够促进社会资源的合理分配，缓解社会矛盾，增进社会和谐。同时，公益活动也能够提升社会的道德水平，弘扬社会正气，树立社会新风尚。通过公益事业的推动，社会能够形成积极向上的氛围，激发人们的创造力和创新精神，推动社会的持续发展。

为了积极参与社会公益事业，个人可以采取多种方式。首先，可以关注身边的公益组织和活动，积极参与其中，为公益事业贡献自己的力量。其次，可以通过捐款捐物、志愿服务等方式，为需要帮助的人群提供支持和帮助。最后，还可以利用自己的专业技能和知识，为公益事业提供咨询、培训等服务，推动公益事业的专业化和规范化发展。

积极参与社会公益事业是每个人的责任和义务，也是推动社会进步和发展的重要力量。通过个人的努力和社会的共同支持，可以共同构建一个更加和谐、美好的社会。

项目小结

本项目以团队协作的方式完成，任务实施前先组建团队，明确组长人选和小组任务分工，填写表 14-1。

表 14-1　学生任务分配表

组号		成员数量	
组长			
组长任务			
组员姓名	学号	任务分工	

根据任务分工要求,协作完成相关的操作,并填写任务报告,见表 14-2。

表 14-2 任务报告表

学生姓名		学号		班级	
实施地点			实施日期	年 月 日	
任务类型	□演示性 □验证性 □综合性 □设计研究 □其他				
任务名称					
一、任务中涉及的知识点					
二、任务实施环境					
三、实施报告(包括实施内容、实施过程、实施结果、所遇到的问题、采用的解决方法、心得反思等)					
小组互评					
教师评价				日期	

项目 14 | 人脸识别与对比

💬 自我提升

引导问题 1：智能门禁系统利用人脸识别技术，实现门禁系统的智能化管理，广泛应用于办公楼、住宅小区、学校、机要重地等需要严格控制人员进出的场所。用户可以通过事先录入的人脸信息，实现无接触式的开门操作。系统具备实时人脸比对功能，确保只有已被授权的人员才能进入特定区域。请简单阐述智能门禁系统的技术要点。

_____

_____

引导问题 2：人脸支付系统结合人脸识别与支付技术，为用户提供便捷、安全的支付体验。用户可以通过在支付终端进行人脸识别，完成支付操作，无须携带任何物理支付工具。系统支持多种支付方式，如微信支付、支付宝支付、银行卡支付等，广泛应用于商场、超市、餐饮店等消费场所。请简单阐述人脸支付系统的技术要点。

_____

_____

引导问题 3：人脸考勤系统利用人脸识别技术，实现员工考勤的自动化管理。员工可以通过在考勤机前进行人脸识别，完成上下班打卡操作。系统可以实时记录员工的考勤信息，并生成考勤报表。请简单阐述人脸考勤系统的技术要点。

_____

_____

✏️ 评价反馈

考核学生的专业能力和关键能力，采用过程性评价和结果评价相结合、定性评价与定量评价相结合的考核方法，填写考核评价表。注重学生动手能力和在实践中分析问题、解决问题能力的考核，对于在学习和应用上有创新的学生应给予特别鼓励（表 14-3）。

表 14-3 考核评价表

评价项目		评价内容	分值	自评	师评
相关知识 （20%）		掌握了人脸识别与对比的原理及具体实施方法	10		
		能调用百度 API 接口对多张图片中的人物进行识别与对比	10		
工作过程 （80%）	计划方案	工作计划制订合理、科学	10		
	自主学习	有计划地进行相关信息的探索，发现问题能及时和教师或同学讨论交流	15		
	任务及汇报	参见"任务报告表"任务完成情况进行评估	40		
	职业素养	注重团队合作，态度端正，工作认真、主动；具有良好的计算机使用习惯，爱护公共设施与环境	15		
附加分		考核学生的创新意识，在工作中有突出表现或特色做法	5		

项目 15　机器学习

项目导读

机器学习是一种人工智能技术。它使计算机系统能够从数据中学习并自动改进其性能，以实现特定的任务或目标。

鸢尾花分类是机器学习中一个经典的问题，涉及使用机器学习算法来对鸢尾花数据集中的品种进行分类。鸢尾花数据集（Iris data set）是机器学习领域的一个常用的多元数据集，最初由英国统计学家和生物学家罗纳德·费舍尔（Ronald Fisher）在其 1936 年发表的论文"The use of multiple measure in taxonomic questions"中使用。我们可通过构建和训练机器学习模型，对鸢尾花的品种进行准确分类。

数据分析与预测是机器学习中两个至关重要的步骤，它们共同构成了整个机器学习流程的核心部分。数据分析是机器学习流程中的第一步，它的主要目的是对收集的数据进行基本分析，以便了解数据的特性、分布和潜在的问题。数据预测是机器学习流程的最终目标，它涉及使用训练好的模型对新数据进行预测和分析。

本项目将学习鸢尾花分类及数据分析与预测的具体方法。

机器学习简介

学习目标

知识目标
1. 熟悉机器学习的基本思路和基本方法。
2. 熟悉调用 Sklearn 库中机器学习模型的方法。
3. 熟悉导入数据集和处理数据的方法。
4. 熟悉数据分类方法。
5. 熟悉数据分析方法。
6. 了解回归分析方法。

能力目标
1. 能够使用 Sklearn 对鸢尾花进行分类。
2. 能够使用 Sklearn 对销售数据进行分析与预测。

项目 15 | 机器学习

素质目标

1. 培养学生乐于探索、勇于实践的能力。
2. 培养学生的敬业精神。
3. 培养学生解决问题的能力和创新性思维能力。
4. 培养学生精益求精的工匠精神、良好的沟通能力和团队合作精神。

任务 1 鸢尾花分类

任务描述

编写 Python 程序,使用决策树机器学习算法,构建一个机器学习模型,鸢尾花(iris)数据集按比例"7∶3"分割训练集和测试集,对 Sklearn 库中的鸢尾花样本进行品种分类。

任务实施

鸢尾花(iris)数据集是 Sklearn 库中一个经典的示例数据集,也是一个常用的分类试验数据集。鸢尾花(iris)数据集共有 4 个属性列:Sepal Length(萼片长度)、Sepal Width(萼片宽度)、Petal Length(花瓣长度)、Petal Width(花瓣宽度),单位是厘米;还有一个品种类别列:Species(品种),品种类别共 3 种,分别是 setosa(山鸢尾)、versicolor(杂色鸢尾)、virginica(弗吉尼亚鸢尾)。每种鸢尾花有 50 个样本,样本数量共 150 个,如图 15-1 所示。

Sepal.Length	Sepal.Width	Petal.Length	Petal.Width	Species
6.3	2.8	5.1	1.5	virginica
5.1	3.4	1.5	0.2	setosa
5.8	2.8	5.1	2.4	virginica
5.1	3.8	1.5	0.3	setosa
5.7	2.6	3.5	1	versicolor
5.7	2.8	4.1	1.3	versicolor
7.6	3	6.6	2.1	virginica
7	3.2	4.7	1.4	versicolor
6.5	2.8	4.6	1.5	versicolor
4.8	3.4	1.6	0.2	setosa
6.3	2.9	5.6	1.8	virginica

图 15-1 鸢尾花(iris)数据集中的数据

知识链接

Sklearn 库

Sklearn,也称为 Scikit-learn,是一个强大的 Python 机器学习库。它提供了

人工智能基础与应用

> 简单而高效的工具，用于处理各种机器学习任务，包括分类、回归、聚类、降维等。Sklearn 库集成了大量常用的机器学习算法，如决策树、支持向量机、随机森林等，并提供了丰富的数据预处理和模型评估工具。
>
> Sklearn 的设计思想简单而高效，它建立在 NumPy、SciPy 和 matplotlib 等科学计算库的基础上，用户可以轻松地进行数据分析和建模。通过 Sklearn 库，用户可以快速构建和训练模型，实现高效的预测和分析。同时，Sklearn 库也提供了广泛的文档和示例，方便用户学习和使用。

知识链接

决策树

> 决策树是一种直观且易于理解的机器学习算法，常用于分类和回归问题。它通过树状结构表示决策过程，每个内部节点表示一个特征属性的判断条件，每个分支代表一个可能的属性值，每个叶节点代表一个类别或数值预测。
>
> 决策树的构建过程通常是递归的，从根节点开始，根据信息增益、基尼指数等准则选择最优特征进行划分，生成子节点。然后，对子节点递归地执行相同的操作，直到满足停止条件（如所有样本属于同一类别、特征用完等）。
>
> 决策树具有可读性强、分类速度快等优点，但也容易过拟合。因此，在实际应用中，常采用剪枝、随机森林等方法来改进决策树的性能。

步骤一：安装 Sklearn 库。

在 CMD 环境下，安装 Sklearn 库的具体命令如下。

```
pip install -U scikit-learn
```

安装成功后的窗口如图 15-2 所示。

图 15-2　安装 Sklearn 库

说明：要成功安装 Sklearn 库，需要确保系统中已经安装了 NumPy 和 SciPy 这两个库，因为 Scikit-learn 依赖这两个库。

安装 NumPy 和 SciPy 库的具体命令如下。

```
pip install numpy
pip install scipy
```

步骤二：创建 Python 文件并输入导入所需库和模块的代码。

打开 Python 的集成开发环境 IDE，执行"File→New File"命令，在脚本窗口中输入如下代码。

```
from sklearn import datasets
import numpy as np
from sklearn import tree
from sklearn.model_selection import train_test_split
```

这段代码的目的是导入所需的库和模块，以便后续进行机器学习试验或项目。

第 1 行代码从 sklearn 库中导入 datasets 模块。sklearn（scikit-learn）是一个开源的 Python 机器学习库，而 datasets 模块提供了许多内置的数据集，如鸢尾花数据集、手写数字数据集等，方便用户进行试验和学习。

第 2 行代码导入 numpy 库，并为其设置了一个常用的别名 np。numpy 是 Python 中用于处理数组和矩阵运算的基础库，它提供了大量的数学函数和操作，使得数组和矩阵的运算变得非常简单和高效。

第 3 行代码从 sklearn 库中导入了 tree 模块。tree 模块提供了决策树算法的实现，包括分类树和回归树。决策树是一种常用的监督学习算法，用于分类和回归任务。

第 4 行代码从 sklearn.model_selection 模块中导入了 train_test_split 函数。train_test_split 函数用于将数据集划分为训练集和测试集。在机器学习中，通常使用训练集来训练模型，然后使用测试集来评估模型的性能。这个函数允许指定划分的比例，以及是否进行随机划分等。

步骤三：导入 iris 数据集。

接着输入如下代码。

```
iris= datasets.load_iris()
iris_data=iris['data']
iris_label=iris['target']
x=np.array(iris_data)
Y=np.array(iris_label)
```

这段代码的目的是加载鸢尾花（iris）数据集，并将其分为特征数据（iris_data）和标签数据（iris_label），然后将它们转换为 NumPy 数组格式。

第 1 行代码调用了 datasets 模块中的 load_iris() 函数，该函数从 sklearn 库中加载了鸢尾花数据集。

第 2 行代码从加载的 iris 对象中取出键为"data"的部分，即特征数据。"iris

笔记

['data']"是一个形状为（150,4）的NumPy数组，包含150个样本的4个特征。

第3行代码从加载的iris对象中取出键为"'target'"的部分，即标签数据。"iris['target']"是一个长度为150的NumPy数组，包含每个样本对应的标签（0表示setosa，1表示versicolor，2表示virginica）。

第4行代码将iris_data转换成一个NumPy数组，并将其赋值给变量x。

第5行代码将iris_label转换成一个NumPy数组，并将其赋值给变量Y。

步骤四：将数据按照比例分割为训练集和测试集，测试样本占比30%。

接着输入如下代码。

```
train_x,test_x,train_y,test_y=train_test_split(X,Y,test_size=0.3,random_state=0)
print(' 训练集数量：', len(train_x))
print(' 测试集数量：', len(test_x))
```

这段代码的目的是将原始的鸢尾花数据集划分为两个子集：一个用于训练机器学习模型（训练集），另一个用于评估模型的性能（测试集）。在机器学习的实践中，通常会将数据集划分为训练集和测试集，以确保模型的泛化能力。通过train_test_split函数，我们可以很方便地实现这一目标。

第1行代码调用了train_test_split函数，它是sklearn.model_selection模块中的一个函数，用于将数据集随机划分为训练集和测试集。X和Y分别是特征数据和标签数据，它们是从鸢尾花数据集中提取的。"test_size=0.3"表示测试集包含整个数据集的30%，因此，训练集将包含剩余的70%。"random_state=0"设置了一个固定的随机种子，确保每次运行代码时数据的划分方式都是一致的，这样可以在多次实验中保持结果的可重复性。函数执行后，返回四个值：训练集的特征数据"train_x"、测试集的特征数据"test_x"、训练集的标签数据"train_y"和测试集的标签数据"test_y"。

第2行代码用于打印出训练集中样本的数量。"len(train_x)"返回"train_x"数组的长度，即训练集中样本的数量。

第3行代码用于打印出测试集中样本的数量。"len(test_x)"返回"test_x"数组的长度，即测试集中样本的数量。

把程序以文件名"鸢尾花.py"保存至桌面，运行程序后将显示训练集样本及测试集样本的数量，如图15-3所示。

```
= RESTART: C:\Users\wyz\Desktop\鸢尾花.py
训练集数量： 105
测试集数量： 45
```

图15-3 训练集样本及测试集样本的数量

步骤五：训练决策树模型。

接着输入如下代码。

```
dt_model=tree.DecisionTreeClassifier()
dt_model.fit(train_x,train_y)
```

这段代码的功能是使用训练集数据 train_x 和 train_y 来训练一个决策树分类器模型，并将其存储在 dt_model 变量中。训练完成后，该模型就可以用来对新数据进行预测和分类任务了。

第 1 行代码作用是创建一个决策树分类器模型的实例，并将其存储在变量 dt_model 中。tree.DecisionTreeClassifier() 是 sklearn.tree 模块中提供的决策树分类器的构造函数。在默认情况下，DecisionTreeClassifier() 函数使用 CART（分类与回归树）算法，不设置任何参数时，它将采用默认设置，如基尼不纯度作为分裂准则、最大深度不限制等。

第 2 行代码用于训练决策树模型。fit 方法是模型训练的过程，它接受两个参数：特征数据 train_x 和对应的标签数据 train_y。在训练过程中，模型会学习 train_x 中的特征如何最好地预测 train_y 中的标签。具体来说，它会根据训练数据构建决策树的结构，确定每个节点的分裂条件，以及每个叶节点的类别。训练完成后，dt_model 将成为一个完全训练好的决策树模型，可以用来对新的、未见过的数据进行预测或分类。

步骤六：评估预测结果。

接着输入如下代码。

```
predict_y=dt_model.predict(test_x)
score=dt_model.score(test_x,test_y)
```

这段代码用于评估已经训练好的决策树模型 dt_model 在测试集 test_x 上的预测结果和相应的准确率，从而评估模型的性能和泛化能力。

第 1 行代码调用了 dt_model 对象的 predict 方法，并将测试集的特征数据 test_x 作为参数传入。predict 方法使用训练好的决策树模型对测试集 test_x 中的每个样本进行分类预测。它根据决策树的结构和节点条件，为每个测试样本分配一个类别标签。预测结果是一个数组 predict_y，其中包含了模型对每个测试样本的类别预测。这些预测标签通常与测试集的真实标签 test_y 进行比较，以评估模型的准确性。

第 2 行代码调用了 dt_model 对象的 score 方法，并将测试集的特征数据 test_x 和对应的真实标签 test_y 作为参数传入。score 方法计算模型在测试集上的准确率。它比较 predict_y（模型的预测结果）和 test_y（真实的标签），并计算预测正确的样本数占总样本数的比例。score 方法返回的准确率值存储在变量 score 中，通常用于后续的分析和报告。

步骤七：打印预测结果。

接着输入如下代码。

```
print(' 测试集的类别：', test_y)
print(' 分类预测的结果类别：',predict_y)
print(' 准确率：',score)
```

这段代码将测试集的真实标签、模型的预测标签，以及模型的准确率打印到控制台，以便用户能够直观地查看模型的预测性能。

程序运行后，将显示图 15-4 所示的结果。

```
= RESTART: C:\Users\wyz\Desktop\鸢尾花.py
训练集数量： 105
测试集数量： 45
测试集的类别： [2 1 0 2 0 2 0 1 1 1 2 1 1 1 1 0 1 1 0 0 2 1 0 0 2 0 0 1 1 0 2 1
 0 2 2 1 0
 1 1 1 2 0 2 0 0]
分类预测的结果类别： [2 1 0 2 0 2 0 1 1 1 2 1 1 1 1 0 1 1 0 0 2 1 0 0 2 0 0 1 1
 0 2 1 0 2 2 1
 2 1 1 2 0 2 0 0]
准确率： 0.9777777777777777
```

图 15-4　程序运行结果

从程序运行结果分析，预测正确的样本数为 44（因为有一个样本预测错误），所以准确率为 44/45 = 0.977 777 777 777 777 7。

从输出结果来看，模型的准确率非常高，达到了 97.78%。这可能是因为 iris 数据集本身比较简单，或者决策树分类器对于这种类型的数据集表现良好。不过，需要注意的是，这个准确率是在一个特定的数据集上计算出来的，如果换一个数据集，准确率可能会有所不同。因此，在实际应用中，通常需要使用交叉验证等方法来评估模型的泛化能力。

任务 2　销售数据分析与预测

任务描述

现有某超市关于某品牌饮料的一年历史销售数据，这些数据被存放在"cola.csv"数据集中，其中包括日期、日平均温度、日销量等信息。编写一个 Python 程序"cola.py"，根据数据集"cola.csv"中的数据绘制散点图，观察并分析气温与销量的关系；使用机器学习中的回归分析方法，生成直线函数解析式；预测温度在 15℃ 及 28℃ 时该品牌饮料的销量。

任务实施

步骤一：安装 pandas 及 matplotlib 库。

在 CMD 环境下，安装 pandas 库及 matplotlib 库的命令如下。

```
pip install pandas
pip install matplotlib
```

步骤二：准备数据分析与预测的数据集。

把数据集文件"cola.csv"放置于桌面，该文件的内容如图 15-5 所示。

日期	日平均温度	销量
1月1日	-1	27
1月2日	-1	29
1月3日	-1.5	26
1月4日	-2	45
1月5日	-2	29
1月6日	-1.5	26
1月7日	-1.5	27
1月8日	-1.5	26
1月9日	-2	29
1月10日	-1.5	27
1月11日	-2	28
1月12日	-2	23
1月13日	-2	66
1月14日	-2	28
1月15日	-2.5	29
1月16日	-2.5	28

图 15-5　数据集文件 "cola.csv" 中的数据

步骤三：创建 Python 文件并输入导入所需库或模块的代码。

打开 Python 的集成开发环境 IDE，执行 "File → New File" 命令，在脚本窗口中输入如下代码。

```
import pandas as pd
import matplotlib.pyplot as plt
```

这段代码导入了两个常用的 Python 库：pandas 用于数据处理和分析，matplotlib.pyplot 用于数据可视化。

第 1 行代码用于导入 pandas 库，并使用别名 pd 来表示它。pandas 是一个用于数据分析和操作的强大库，它提供了数据结构（如 DataFrame）和数据分析工具，使数据处理变得非常方便。

第 2 行代码用于导入 matplotlib 库中的 pyplot 模块，并使用别名 plt 来表示它。matplotlib 是 Python 中一个非常流行的绘图库，而 pyplot 是它的一个子模块，提供了一个类似 MATLAB 的绘图框架。使用 plt，可以很容易地创建各种静态、动态、交互式的 2D 图表。

步骤四：导入数据集。

接着输入如下代码。

```
cola=pd.read_csv("cola.csv",encoding='gbk')
```

这行代码的功能是使用 pandas 库来读取一个名为 "cola.csv" 的 CSV（逗号分隔值）文件，并将其内容存储在名为 cola 的 DataFrame 对象中。"encoding='gbk'" 参数指定了文件的字符编码为 GBK，这是一种常用于简体中文的字符编码。

步骤五：绘制散点图，观察气温与销量的关系。

接着输入如下代码。

```
x=cola[' 日平均温度 ']
y=cola[' 销量 ']
plt.rcParams['font.sans-serif']=['SimHei']
plt.title(" 某品牌饮料销量与气温关系图 ")
plt.xlabel(" 气温 ")
```

```
plt.ylabel(" 销量 ")
plt.scatter(x, y)
plt.show()
```

这段代码的主要目的是使用 matplotlib 库绘制一个散点图，以展示"某品牌饮料销量"与"日平均温度"之间的关系。

第 1 行代码的作用是从 cola DataFrame 中提取名为"日平均温度"的列，并将其赋值给变量 x。这表示 x 轴上的数据点将是日平均温度。

第 2 行代码的作用是从 cola DataFrame 中提取名为"销量"的列，并将其赋值给变量 y。这表示 y 轴上的数据点将是销售量。

第 3 行代码的作用是设置 matplotlib 的字体为" SimHei"，这是因为默认情况下，matplotlib 可能无法正确显示中文标题和标签，所以需要指定一个支持中文的字体。SimHei 是一种常用的中文字体。

第 4 行代码的作用是设置图的标题为"某品牌饮料销量与气温关系图"。

第 5 行代码的作用是设置 x 轴的标签为"气温"。

第 6 行代码的作用是设置 y 轴的标签为"销量"。

第 7 行代码的作用是使用 matplotlib 的 scatter 函数绘制一个散点图，其中 x 和 y 分别是数据点的坐标。每个点代表一个数据样本，其中 x 坐标是日平均温度，y 坐标是销量。

第 8 行代码的作用是显示绘制的图形。如果没有这行代码，图形将不会直接显示出来。

把程序以文件名"cola.py"保存至桌面，运行程序后将显示图 15-6 所示的某品牌饮料销量与气温关系散点图。

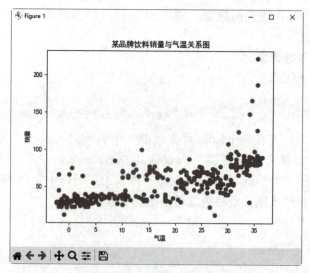

图 15-6　某品牌饮料销量与气温关系散点图

步骤六：数据分析。

通过观察生成的散点图可以发现，气温对销量有较大的影响，气温越高销售量越大。

接着输入如下代码。

```
print(x.corr(y))
```

这行代码使用了 corr() 方法来计算两个变量 x 和 y 之间的相关系数，并打印相关系数的值。

corr() 方法是 pandas.Series 对象的一个方法，用于计算两个序列之间的相关系数，默认情况下，corr() 方法计算的是皮尔逊相关系数（Pearson correlation coefficient），这是一种衡量两个变量之间线性关系强度和方向的指标。相关系数的值范围在 –1 到 1 之间。值接近 1 表示两个变量之间存在强烈的正相关性；值接近 –1 表示存在强烈的负相关性；值接近 0 表示两个变量之间几乎没有线性关系。

此时，运行此行代码，效果如图 15-7 所示。

```
= RESTART: C:/Users/wyz/Desktop/cola.py
0.7465362209300166
```

图 15-7 某品牌饮料销量与气温的相关系数

通过计算得知，气温和销量的相关系数为 0.75，表示两者密切相关。

步骤七：使用机器学习中的回归分析方法，生成直线函数解析式。

接着输入如下代码。

```
from sklearn.linear_model import LinearRegression
model=LinearRegression()
X=cola[[' 日平均温度 ']]
model.fit(X, y)
Y=model.predict(X)
plt.scatter(x,y)
plt.plot(x,Y,color='blue')
plt.xlabel(' 气温 ')
plt.ylabel(' 销量 ')
plt.show()
print(" 斜率：",model.coef_[0])
print(" 截距：", model.intercept_)
import joblib
joblib.dump( model,'cola_TrainMode.m')
```

线性回归算法简介

这段代码的目的是使用线性回归模型来探索"日平均温度"与"销量"的关系，并通过图形展示这种关系，最后保存训练好的模型以供后续使用。

第 1 行代码的作用是导入线性回归模型。这行代码从 sklearn 库中导入了 LinearRegression 类，该类用于执行线性回归。

第 2 行代码的作用是创建线性回归模型实例。这行代码创建了一个名为 model 的线性回归模型实例。

第 3 行代码的作用是从 cola DataFrame 中选取了"日平均温度"这一列作为特征（自变量），并将其存储在 X 中。

第 4 行代码的作用是训练模型。使用 X（特征）和 y（目标变量，即销量）来训练线性回归模型。

第 5 行代码的作用是预测。使用训练好的模型对 X 进行预测，得到预测值 Y。

第 6 行至第 10 行代码的作用是绘制散点图和拟合线。这些代码行首先使用 matplotlib 的 scatter 函数绘制了 x（气温）和 y（销量）之间的散点图。然后，使用 plot 函数绘制了通过数据点的拟合直线（蓝色）。xlabel 和 ylabel 分别设置了 x 轴和 y 轴的标签，而 show 函数则显示了图形。

第 11 行、第 12 行代码的作用是输出模型参数，打印线性回归模型的斜率和截距。model.coef_ 是一个数组，包含模型中每个特征的系数，因为这里只有一个特征（日平均温度），所以使用 model.coef_[0] 来获取斜率。model.intercept_ 则给出了模型的截距。

第 13 行、第 14 行代码的作用是保存模型。这两行代码导入了 joblib 库，并使用 dump 函数将训练好的线性回归模型保存为一个文件，文件名为 cola_TrainMode.m。joblib 是一个用于序列化和反序列化 Python 对象的库，常用于保存和加载模型。

此段代码运行后，先显示出带拟合直线的散点图，效果如图 15-8 所示，再打印线性回归模型的斜率和截距，如图 15-9 所示。

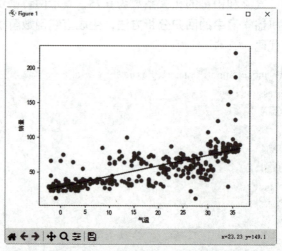

图 15-8 带拟合直线的某品牌饮料销量与气温关系图

```
斜率： 1.523781833259362
截距： 28.698791575813235
```

图 15-9 线性回归模型的斜率和截距

由此得知，散点图中的直线函数解析式为 y=1.5x+28.7。

步骤八：预测在指定温度下某品牌饮料的销量。

接着输入如下代码。

```
modelUse=joblib.load('cola_TrainMode.m')
testx=pd.DataFrame([[15],[28]],columns=list([' 日平均温度 ']))
y=modelUse.predict(testx)
print(" 销量预测值：",*y)
```

这段代码的目的是使用先前训练好的线性回归模型来预测给定温度下的销量。

它首先加载模型，然后准备测试数据（两个温度值），接着使用模型对这些温度值进行预测，并最后打印出预测的销量值。

第 1 行代码的作用是加载模型。使用 joblib 库的 load 函数来加载之前保存的线性回归模型，该模型是在文件 cola_TrainMode.m 中保存的。加载后，模型对象存储在 modelUse 变量中。

第 2 行代码的作用是准备测试数据。创建一个新的 pandas.DataFrame 对象 testx，其中包含两个数据点（两行），每行只有一个特征，即"日平均温度"。这些温度值分别是 15 和 28。

第 3 行代码的作用是进行预测。使用加载的模型 modelUse 对测试数据 testx 进行预测。预测的结果（销量预测值）将存储在变量 y 中。

第 4 行代码的作用是打印预测结果。使用 print 函数打印预测的销量值。"*y"是一个解包操作，它将 y 列表中的每个元素作为单独的参数传递给 print 函数，这样每个预测值都会在新的一行上打印出来。

此段代码运行后，结果如图 15-10 所示。运行结果说明，通过机器学习预测出当气温为 15℃时，该品牌饮料销量约为 52 瓶；当气温为 28℃时，该品牌饮料销量约为 71 瓶。

销量预测值： 51.55551907470367 71.36468290707538

图 15-10 预测的销量

节能减排

节能减排是指节约物质资源和能量资源，减少废弃物和环境有害物（包括三废和噪声等）排放。

《中华人民共和国节约能源法》所称节约能源（简称节能），是指加强用能管理，采取技术上可行、经济上合理以及环境和社会可以承受的措施，从能源生产到消费的各个环节，降低消耗、减少损失和污染物排放、制止浪费，有效、合理地利用能源。

作为一名大学生，节能减排不仅是我们的社会责任，也是培养环保意识和可持续发展观念的重要途径。具体可从如下方面实施。

1. 节约能源

（1）节约用水：在洗漱、洗衣等日常活动中，注意控制用水量，避免长时间打开水龙头。

（2）节约用电：养成随手关灯的习惯，不使用电器时及时关闭电源。尽量使用节能灯等高效照明设备，减少能耗。

（3）减少待机时间：计算机、手机等电子设备在不使用时，应设置为休眠或关机状态，避免长时间待机造成能源浪费。

2. 绿色出行

（1）选择公共交通：尽量使用公交、地铁等公共交通工具，减少使用私家车出行，降低碳排放。

（2）骑行或步行：短途出行时，可以选择骑自行车或步行，既锻炼身体又环保。

（3）拼车出行：与同学或朋友拼车，减少车辆数量，降低碳排放。

3. 减少废弃物

（1）垃圾分类：遵守垃圾分类规定，将垃圾正确分类投放，促进资源回收。

（2）减少使用一次性用品：尽量使用可重复使用的餐具、杯子等物品，减少一次性塑料用品的使用。

（3）节约纸张：双面打印、合理使用纸张，减少浪费。

4. 支持绿色产品

（1）购买节能产品：在购买电器时，选择能效标识高的产品，减少能源消耗。

（2）支持环保品牌：选择那些注重环保、采用可持续生产方式的产品和品牌。

5. 参与环保活动

（1）加入环保社团：参与学校的环保社团或组织，共同开展节能减排的宣传和实践活动。

（2）参与志愿者活动：参加植树造林、环保清洁等志愿者活动，为环境保护贡献自己的力量。

6. 提高环保意识

（1）学习相关知识：通过课程、讲座等途径，学习节能减排的知识和技巧，提高自己的环保意识。

（2）传播环保理念：向身边的人宣传节能减排的重要性，引导更多人参与到环保行动中来。

项目小结

本项目以团队协作的方式完成，任务实施前先组建团队，明确组长人选和小组任务分工，填写表 15-1。

表 15-1　学生任务分配表

组号		成员数量	
组长			
组长任务			
组员姓名	学号	任务分工	

根据任务分工要求，协作完成相关的操作，并填写任务报告，见表15-2。

表 15-2　任务报告表

学生姓名		学号		班级	
实施地点		实施日期		年　月　日	
任务类型	□演示性　□验证性　□综合性　□设计研究　□其他				
任务名称					
一、任务中涉及的知识点					
二、任务实施环境					
三、实施报告（包括实施内容、实施过程、实施结果、所遇到的问题、采用的解决方法、心得反思等）					
小组互评					
教师评价				日期	

自我提升

引导问题 1：请解释什么是决策树、随机森林和支持向量机，并比较它们的优点与缺点。

引导问题 2：用不同的分类算法比较鸢尾花分类的效果。对本项目中的鸢尾花分类项目，尝试使用随机森林、支持向量机分类算法来进行分类，比较三种分类算法的分类效果。

引导问题 3：收集并整理某冰淇淋销售门店的往年的销售数据，包括销售日期、日最高温度、日销量等数据，并生成数据集 csv 文件。请编写一个 Python 程序，根据数据集中的数据绘制散点图，观察并分析温度与销量的关系，预测温度在 30 ℃ 时冰淇淋的销售量。

评价反馈

考核学生的专业能力和关键能力，采用过程性评价和结果评价相结合、定性评价与定量评价相结合的考核方法，填写考核评价表。注重学生动手能力和在实践中分析问题、解决问题能力的考核，对于在学习和应用上有创新的学生应给予特别鼓励（表 15-3）。

表 15-3　考核评价表

评价项目		评价内容	分值	自评	师评
相关知识（20%）		掌握了鸢尾花分类的原理及具体实施方法	10		
		掌握了销售数据分析与预测的原理及具体实施方法	10		
工作过程（80%）	计划方案	工作计划制订合理、科学	10		
	自主学习	有计划地进行相关信息的探索，发现问题能及时和教师或同学讨论交流	15		
	任务及汇报	参见"任务报告表"任务完成情况进行评估	40		
	职业素养	注重团队合作，态度端正，工作认真、主动；具有良好的计算机使用习惯，爱护公共设施与环境	15		
附加分		考核学生的创新意识，在工作中有突出表现或特色做法	5		

模块 4

智慧办公

项目 16 信息检索

项目导读

信息检索（Information Retrieval）起源于图书馆的参考咨询和文摘索引工作，分为广义信息检索和狭义信息检索，广义信息检索包括信息存储和检索两个过程，狭义信息检索仅指信息检索过程，即指利用计算机和算法从大量的文本和数据中快速、准确地找到所需信息的过程。在信息爆炸时代，有效检索信息对学习和工作至关重要。本项目将利用集成人工智能检索技术的360AI搜索和百度搜索，获取专题资料，利用专用平台检索期刊论文，利用数据平台统计数据。

学习目标

知识目标

1. 了解百度高级检索中关键词的作用，以及布尔逻辑的用法。
2. 掌握学术信息检索的基本方法和技巧。

能力目标

1. 能使用百度、360AI搜索获取专题资料。
2. 能使用数据平台进行信息检索。

素质目标

1. 培养学生信息检索的实践能力和探索精神。
2. 培养学生的信息意识和终身学习的理念。

任务 1　使用搜索引擎

任务描述

通过百度搜索引擎、360AI搜索工具，以及搜狗微信搜索，查找与中国人口老龄化有关的资料。

项目 16 信息检索

任务实施

1. 使用百度搜索引擎查询

百度作为最大的中文搜索引擎，其检索功能集成了人工智能技术，利用自然语言处理（NLP）、机器学习、深度学习等多种 AI 技术，理解查询意图，提供高相关度的搜索结果和个性化搜索体验。

步骤一：使用百度快速搜索。

打开百度首页，默认检索方式为简单检索，搜索框键入"中国人口老龄化"，搜索框下方会自动出现检索提示项，可根据需要选择其中一项点击搜索，如图 16-1 所示。

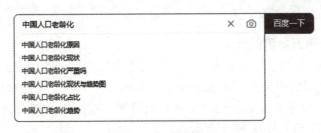

图 16-1　百度快速搜索

步骤二：使用百度高级检索。

在百度首页右上角点击"设置—高级搜索"，打开高级搜索界面，在"包含全部关键词"一栏中输入"中国人口老龄化"，为获取较新的查询结果，如图 16-2 所示，时间限制中可以选择较短的时间区间，如设置为"一月内"。

图 16-2　百度高级搜索

> 🔗 **知识链接**

百度高级搜索中的关键词设置

包含全部关键词：这个选项要求搜索结果必须包含用户列出的所有关键词，但这些关键词可以在文本中任意位置出现，既不必相邻，也不必按照特定顺序

百度功能应用

233

排列。这相当于关键词之间使用了逻辑 AND 操作。例如，搜索"苹果 橙子"，则返回的结果将同时包含"苹果"和"橙子"。

包含完整关键词：当用户希望搜索结果严格匹配一个特定的短语或一组词语时，使用此选项。这意味着只有那些包含了用户以完全相同的顺序输入的关键词的页面才会显示出来。包含完整关键词用于寻找确切的短语或特定信息。

包含任意关键词：此选项允许搜索结果包含用户列出的任意一个或多个关键词。以此来增加找到相关信息的可能性，结果将返回任何包含至少一个指定关键词的页面。这等同于关键词之间使用了逻辑 OR 操作。

不包括关键词：此选项用于从搜索结果中排除包含特定关键词的页面。当用户希望过滤掉包含某些不相关或不想看到的信息时，则采用这个选项。相当于使用了逻辑 NOT 操作。

步骤三：使用百度限制检索。

（1）使用 site 语法，限定在新浪微博中搜索中国人口老龄化方面的资料。方法为：在搜索关键词后面加上 site:站点域名，从而在指定站点中检索所需要的信息，提高检索效率。注意冒号必须用英文状态的冒号，查询的关键词与"site:站点域名"之间留一个空格。如图 16-3 所示。

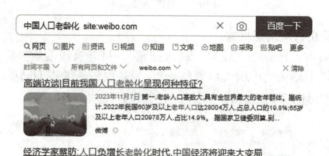

图 16-3　site 检索

（2）使用 intitle 语法，限定在网页标题范围中搜索中国人口老龄化方面的内容。格式为：在搜索关键词前面加 intitle:，从而限制只搜索网页标题中含有相关内容的网页。注意，intitle: 和后面所跟的关键词之间不要有空格。如图 16-4 所示。

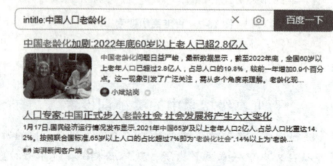

图 16-4　intitle 检索

（3）使用 filetype 语法，搜索中国人口老龄化方面的 PDF 文档。格式为：在搜索关键词后面加上 filetype: 文档类型，支持检索的文档类型包括 pdf、doc、xls、ppt、txt、rtf 等。搜索关键词与 filetype 之间加一个空格，如图 16-5 所示。

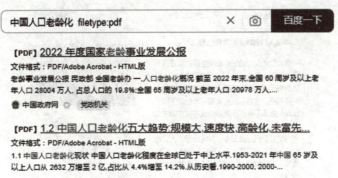

图 16-5　filetype 检索

2. 使用 360AI 搜索工具查询

360AI 搜索工具是基于人工智能的生成式搜索引擎，通过与大语言模型相结合，在信息检索时，触发问题分析、网页检索、重新匹配排序、提取内容等智能流程，直接为用户提供检索答案摘要，同时能识别匹配图像。

步骤一：打开并登录 360AI 搜索。

在浏览器中输入网址 https://so.360.com/（推荐使用 360 浏览器），点击登录，并开启输入框中的增强模式，如图 16-6 所示。

图 16-6　360AI 搜索界面

> **知识链接**
>
> **360AI 搜索增强模式的作用**
>
> 通过语义分析和追问提高搜索效率：在增强模式下，AI 将进行语义分析并追问补充获取上下文信息，更准确地理解用户的需求，提高搜索的效率。
>
> 通过拆分关键词提高搜索的准确性：AI 将问题拆分为多组关键词，检索信息，提高网页阅读的广度和深度，辅助生成逻辑清晰的检索结果，提高搜索的准确性。

步骤二：搜索中国人口老龄化方面的资料。

使用 360AI 搜索时，检索结果如图 16-7 所示。该 AI 检索系统同时支持图片和视频检索。

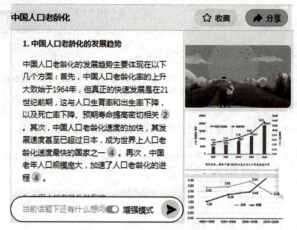

图 16-7　360AI 搜索结果

3. 使用搜狗微信搜索查询

微信公众平台拥有大量相对封闭的信息，一般外部搜索引擎难以直接搜索。搜狗微信搜索是能够提供微信公众号搜索功能的一个搜索引擎，用户通过搜狗微信搜索可以检索到文字、图片、视频等多样化的微信端资源。

步骤一：打开搜狗微信搜索工具。

在浏览器中输入网址 https://weixin.sogou.com/，打开搜狗微信搜索，并在输入框中键入"中国人口老龄化"，系统会以下拉菜单形式自动提示内容，如图 16-8 所示。

步骤二：搜索中国人口老龄化方面的资料。

点击"搜文章"，查看中国人口老龄化搜索结果，如图 16-9 所示，列表将显示对应信息及来源，注意应选择来源为官方组织、主流媒体、权威机构的信息，确保内容的准确性和可靠性。

图 16-8　搜狗微信搜索框　　　　图 16-9　搜狗微信搜索结果

项目 16 │ 信息检索

笔记

任务 2　专用平台检索期刊论文

专业检索与作者发文检索

任务描述

通过中国知网、AMiner 分别检索题名中含中国人口老龄化的期刊论文。要求通过中国知网对中国人口老龄化研究文献做计量可视化分析，选取高质量的期刊论文进行下载并导出论文的参考文献格式；利用 AMiner 简要总结英文论文要点、速读理解论文内容、获取科研助手学术搜索回答、跟踪订阅相关研究。

任务实施

1. 使用中国知网检索

中国知网是集学术期刊论文、会议论文、报纸、年鉴、标准、专利、图书、工具书、科技报告等多种文献信息资源于一身的全文数字资源，它提供一站式检索和可视化分析，并能支持知识元检索和引文检索，具有 AI 学术助手功能，提供生成式知识服务。

步骤一：提取检索词、构建检索式。

查找的论文题名含中国人口老龄化，检索词是中国、人口老龄化。因此构建的检索式为：中国 AND 人口老龄化。AND 为布尔逻辑运算符，表示并且。

知识链接

布尔逻辑运算符在信息检索中的作用

AND（与）运算符：AND 运算符用于指定检索结果必须同时包含所有给定的关键词或条件。在知网检索中可用 * 表示。使用 AND 运算符可以缩小检索范围，使结果更加精确和相关性更高。例如，搜索"cats AND dogs"将返回包含同时提及"cats"和"dogs"的文档。

OR（或）运算符：OR 运算符用于指定检索结果可以包含任意一个或多个给定的关键词或条件。在知网检索中可用 + 表示。使用 OR 运算符可以扩大检索范围，提供更全面的结果。例如，搜索"cats OR dogs"将返回包含至少提及"cats"或"dogs"中任意一个或两者都包含的文档。

NOT（非）运算符：NOT 运算符用于排除包含指定关键词或条件，以获取

> **笔记**
> 不包含特定内容的文档集合。在知网检索中可用 - 表示。使用 NOT 运算符可以帮助过滤掉不想要的结果。例如，搜索"cats NOT dogs"将返回包含"cats"但不包含"dogs"的文档。

步骤二：利用知网一般检索和 AI 学术助手功能查找。

打开中国知网首页，在检索框中选择篇名字段，输入检索式：中国 AND 人口老龄化，点击搜索，获取结果列表，在列表上方点击学术期刊，可查看检索到的期刊论文，如图 16-10 所示。

步骤三：计量可视化分析。

在搜索结果上方选择"导出与分析—可视化分析—全部检索结果分析"，操作如图 16-11 所示。可视化分析结果中显示了文献发表的总体趋势及主要主题、次要主题、学科等具体分布图形。如图 16-12 所示为中国人口老龄化学术期刊论文的学科分布情况。

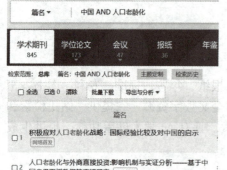

图 16-10　搜索中国人口老龄化方面的期刊论文

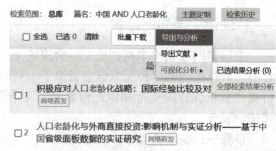

图 16-11　可视化分析操作

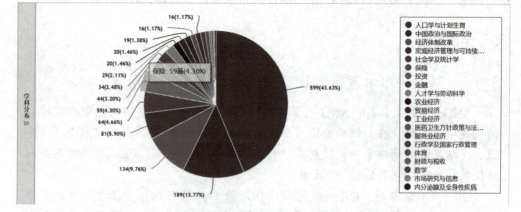

图 16-12　中国人口老龄化学术期刊论文的学科分布状况

步骤四：筛选高质量论文。

在检索结果中，论文的数量很多，质量良莠不齐，因此要对检索结果进行筛选，挑选出高质量的论文。

（1）通过排序筛选。在中国知网中，对检索结果可以按相关度、发表时间、被引、下载、综合五种方式排序，如图 16-13 所示。如点击被引，检索到的论文将以被引量从高到低的顺序排序。被引量高的论文影响力较大，质量也相对高。

图 16-13　检索结果的排序

知识链接

中国知网检索结果的排序

按相关度排序：根据检索词与文档内容之间的匹配程度进行排序。系统会评估关键词在文献中出现的频率、位置（如标题、摘要、全文）及文献的新旧程度等因素，以确定每篇文献与搜索查询的相关性。使用该排序，相关度较高的文献会被排在前面。

按发表时间排序：根据文献的发表日期进行排序，最新发表的文献会被排列在最前面。这种排序方式适用于寻找最新的研究成果。

按被引量排序：根据文献被引用的次数进行排序，被引用次数多的文献学术影响力较大，因此会被排列在前面。被引量是衡量一篇学术文献影响力和学术价值的重要指标。

按下载量排序：根据文献被下载的次数进行排序。下载次数多通常意味着文献受欢迎程度高，包含对用户有价值的信息相较也多。

按综合排序：是综合考虑相关度、发表时间、被引量、下载量等多个因素的排序方式。系统通过一定的算法权重来综合评估每篇文献的综合价值，并据此进行排序。综合排序旨在平衡各种因素，为用户提供既相关又有影响力的文献。

（2）按来源类别筛选。高质量的论文一般来源于高质量的期刊，因此，按照期刊的收录来源筛选，可以获取到质量较好的论文。如勾选检索结果上方来源类别中的北大核心、CSSCI，点击检索，即可筛选出收录在北大核心期刊和 CSSCI 期刊中的高质量论文。其操作如图 16-14 所示。

图 16-14　按来源类别筛选期刊

知识链接

期刊论文的收录来源

SCI（Science Citation Index）：国际科学引文索引，收录各学科领域的顶级期刊。

EI（Engineering Index）：工程索引，收录工程技术领域重要的学术期刊和会议论文。

北大核心：《中国人文社会科学核心期刊目录》，收录中国人文社会科学领域的核心期刊。

CSSCI（Chinese Social Sciences Citation Index）：中国社会科学引文索引，收录中国社会科学领域的优秀期刊。

CSCD（Chinese Science Citation Database）：中国科学引文数据库，收录中国科学技术领域的优秀期刊。

AMI（Academic Master Index）：评价中国学术期刊影响力和引用情况的一个指数，根据该指数，期刊分为 AMI 权威、AMI 核心、其他 AMI。

步骤五：浏览、下载及使用 AI 学术研究助手辅助阅读。

选取高质量的论文，单击论文标题打开摘要页面，在页面下方有相应的阅读和下载按钮，如图 16-15 所示。单击手机阅读，可通过下载全球学术快报 App 阅读论文；点击 HTML 阅读可在线浏览全文；单击 CAJ 下载可以以 CAJ 格式下载论文，下载后需用专属的 CAJView 阅读器浏览；单击 PDF 下载可以以 PDF 格式下载论文。如果单击 AI 辅助阅读将跳转到 AI 学术研究助手，右侧的对话框能提供生成式知识服务，为用户提供文献阅读支持，如图 16-16 所示。

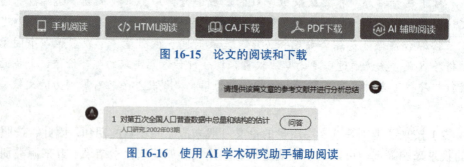

图 16-15　论文的阅读和下载

图 16-16　使用 AI 学术研究助手辅助阅读

知识链接

参考文献的含义

参考文献是指在学术论文、研究报告或著作中引用的文献、资料。一般用于支持作者的论点、提供背景信息、验证研究成果、展示学术研究的深度和广度，并让读者能够查找和进一步阅读相关的文献，通常包括书籍、期刊文章、学术论文、报告、网站等来源。

步骤六：利用 AI 学术助手建立专题问答。

在 AI 学术研究助手里，可以结合自己所关注的中国人口老龄化主题中某方面问题建立研究专题，利用 AI 分析整合一系列的相关论文，获取所需的回答。例如，需要了解最新的中国人口老龄化趋势方面的研究：先单击 AI 学术研究助手界面中的专题问答选项，再单击下方按钮，打开检索界面，在篇名中输入检索条件。为了筛选最新的相关重要文献，可以进一步在下方的选项中进行设置，例如，设置筛选近三年中 CSSCI 期刊发表的论文，并按被引频次排序。最后，在检索结果中勾选添加所需的论文，并创建问答名称文件夹。图 16-17 所示为在 AI 学术助手专题问答中检索论文。

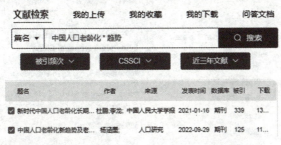

图 16-17　在 AI 学术助手专题问答中检索论文

添加并创建文件夹后，AI 学术研究助手左侧会显示文件夹名及勾选的论文。用户如需获取对勾选论文的 AI 辅助阅读分析，可以在右侧对话框中提问。

步骤七：利用 AI 学术助手全库问答获取信息。

若想了解与中国人口老龄化有关的各种问题，也可单击 AI 学术助手界面中的全库问答或单击知网首页的问答按钮，进入问答式增强检索向 AI 提问，如图 16-18 所示。

图 16-18　问答式增强检索

2. 使用 AMiner 检索

AMiner 是一个基于人工智能技术的中外文学术搜索平台，它能够进行自然语言处理和数据挖掘，以自动化方式收集、整理和分析庞大的科研数据。通过 AI 功能提供智慧伴读、揭示科研趋势、识别领域内的关键学者和机构、智能推荐学术信息，帮助用户有效地追踪最新的学术进展和网络动态。

步骤一：使用 AMiner 检索中国人口老龄化的论文。

打开 https://www.aminer.cn/，进入 AMiner 首页。检索途径设置为标题，在检索框中输入 China's population aging，如图 16-19 所示。检索结果会显示相关论文、专家及专利。

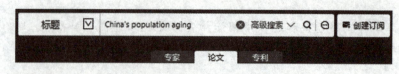

图 16-19　在 AMiner 中的检索论文

步骤二：查看某一学科分类下的高引用量的论文。

如出现检索到的论文较多的情况，需要缩小检索范围，可以通过检索结果列表左侧的分类筛选栏按时间、学科、期刊、机构分类筛选。为查看某一学科分类下的高引用量的论文，在筛选栏中单击一项学科，如应用经济学，再单击右侧的"引用数"按钮，即可按引用量从高到低排序应用经济学类别下的相关论文，如图 16-20 所示。

图 16-20　在 AMiner 中筛选和排序论文

步骤三：利用 AMiner 的 ChatPaper 功能获取论文概要。

ChatPaper 功能能够对文章进行快速分析，作出一句话总结，帮助用户快速了解论文概要，筛选适合自己需要的论文。

操作时，需要在检索结果列表中，单击论文下方的"ChatPaper"按钮，AI 即可生成简短的中英文概要，如图 16-21 所示。

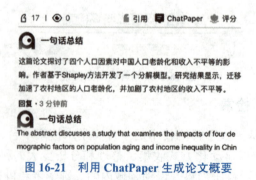

图 16-21　利用 ChatPaper 生成论文概要

步骤四：使用 AI 速读论文功能辅助理解论文内容。

AI 速读是 AMiner 基于学术预训练模型对文献全文的理解而抽取的论文重点信息，包括背景、方法、结果、结论等要点，帮助用户深入理解论文内容。

单击打开检索结果列表中的一篇论文，拉到下方 AI 理解论文，单击"立即生成"按钮，如图 16-22 所示，系统将自动罗列论文中各部分的重点。

图 16-22　AI 速读

步骤五：使用 AMiner 科研问答助手检索中国人口老龄化主题下某一问题。

　　AMiner 科研问答助手是问答式的智能检索。单击 AMiner 首页检索框后面的问答按钮，打开 AMiner 科研问答助手，如输入问题：中国人口老龄化的趋势是什么？AI 将基于 AMiner 库的资源或个人上传资源给出回答，如图 16-23 所示。

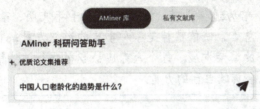

图 16-23　使用 AMiner 科研问答助手检索

步骤六：关键词订阅，持续追踪相关动态。

　　单击检索框后面的"创建订阅"按钮，如图 16-24 所示，弹出"创建订阅"对话框，输入邮箱地址后，系统会智能推荐与检索关键词相关的新研究成果、学者、论文等内容。

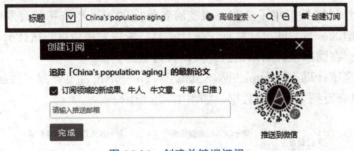

图 16-24　创建关键词订阅

EPS 数据平台

任务 3　利用数据平台统计数据

　　通过国家统计局网站、EPS 数据平台检索收集中国人口老龄化方面的统计数据。

　　在当今信息化社会，数据的真实性和有效性对于任何组织或个人都至关重要。

人工智能基础与应用

 笔记

真实的数据是决策的基础,有效的数据是行动的依据。

诚信是社会主义核心价值观中公民个人层面的价值准则之一,它体现了人们在日常生活中应持有的基本道德态度和行为准则。诚信一直是中华民族的传统美德。两千多年前,孔子就主张"言必信,行必果"。在几千年的历史长河中,"曾子杀彘""立木取信"等许多诚信人物及故事广为传诵。

与朋友交,言而有信。　　　　　　　　　——《论语·学而》

真者,精诚之至也,不精不诚,不能动人。　——《庄子·渔夫》

志不强者智不达,言不信者行不果。　　　——《墨子·修身》

千教万教,教人求真;千学万学,学做真人。——陶行知

诚乃立身之本,信为道德之基。泱泱中华数千年文明,蕴含着丰富的诚信品质,值得用心体会。总之,诚信精神是一种重要的道德力量,它有助于建立和谐的人际关系、推动社会的繁荣发展。每个人都应该积极践行诚信精神,为构建一个诚信、公正、和谐的社会贡献自己的力量。

任务实施

1. 使用国家统计局网站检索

国家统计局网站汇集了全国各级政府各年度的国民经济和社会发展统计信息,发布了各个地区、行业的统计数据、统计年鉴、阶段发展数据、统计分析等内容。

步骤一:在国家统计局网站打开人口普查数据。

打开国家统计局官网 https://www.stats.gov.cn/,单击首页下方"数据查询—普查数据",可以查看到人口普查数据,如图 16-25 所示。

人口普查	第七次人口普查数据	第七次人口普查主要数据
	第六次人口普查数据	第五次人口普查数据

图 16-25　人口普查数据查询

步骤二:在人口普查数据中查找老龄化相关数据。

通过普查数据可以获知某一阶段的人口结构,分析老龄化的趋势。图 16-26 所示为第七次人口普查主要数据中的相关图表。

2. 使用 EPS 数据平台检索

EPS 数据平台是数值型数据的检索平台,它涵盖了多学科、多领域的综合性信息服务及数据分析,可以对检索得到的数据自动生成统计表图。例如,查询浙江省 2021—2022 年 65 岁以上的人口数量。

步骤一:打开 EPS 数据平台中的宏观数据库。

打开地址 https://www.epsnet.com.cn/index.html#/Index,在 EPS 平台首页单击"宏观经济"按钮,如图 16-27 所示。

普查年份	各年龄段人口比重 Proportion of Population by Age Group to National Population			
Census Years	0-14	15-59	60+	'65+
1953	36.28	56.40	7.32	4.41
1964	40.69	53.18	6.13	3.56
1982	33.59	58.79	7.62	4.91
1990	27.69	63.74	8.57	5.57
2000	22.89	66.78	10.33	6.96
2010	16.60	70.14	13.26	8.87
2020	17.95	63.35	18.70	13.50

图 16-26　人口普查年份各年龄段人口比重

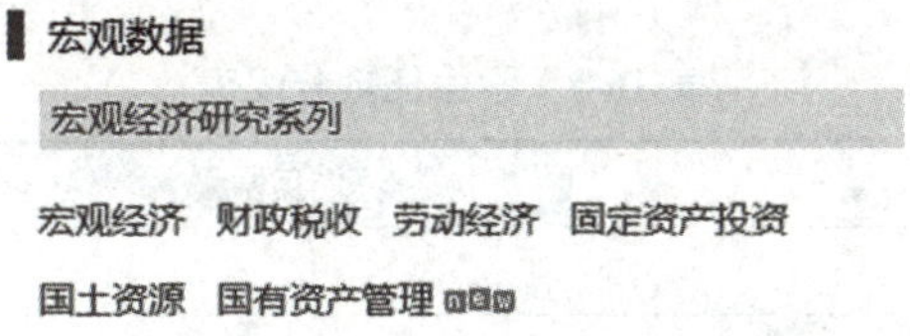

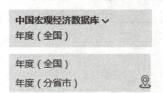

图 16-27　EPS 宏观经济数据库

步骤二：设置分年度地区统计。

需要查询浙江省 2021—2022 年 65 岁以上人口数量，先单击左上角"中国宏观经济数据库"，在下拉列表中选择"年度（分省市）"选项，如图 16-28 所示。

图 16-28　EPS 宏观经济数据库

步骤三：设置统计行维度和列维度。

在左侧行维度地区中选择浙江，行维度指标中选择 65 岁以上，如图 16-29 所示。列维度中勾选 2022、2021 两年。

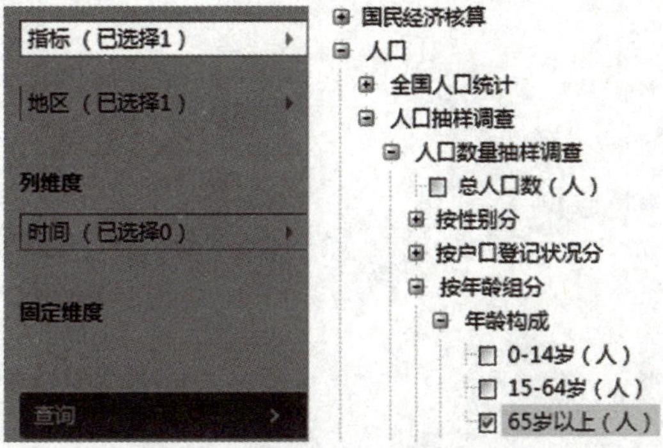

图 16-29　设置选择 65 岁以上人口数

步骤四：生成查询结果。

单击"查询"按钮，右侧将生成统计图（图16-30）。

		2021	2022
65岁以上（人）	浙江	9,815.00	10,046.00

图 16-30　浙江省 2021 年、2022 年 65 岁以上人口统计

项目小结

本项目以团队协作的方式完成，任务实施前先组建团队，明确组长人选和小组任务分工，填写表 16-1。

表 16-1　学生任务分配表

组号		成员数量	
组长			
组长任务			
组员姓名	学号	任务分工	

根据任务分工要求，协作完成相关的操作，并填写任务报告，见表 16-2。

表 16-2 任务报告表

学生姓名		学号		班级	
实施地点			实施日期	年 月 日	
任务类型	□演示性 □验证性 □综合性 □设计研究 □其他				
任务名称					
一、任务中涉及的知识点					
二、任务实施环境					
三、实施报告（包括实施内容、实施过程、实施结果、所遇到的问题、采用的解决方法、心得反思等）					
小组互评					
教师评价				日期	

自我提升

引导问题 1： 自主学习，思考使用百度检索、360AI 搜索结果和搜狗微信搜索各有什么优势？

_____

_____

引导问题 2： 利用学术平台检索中国人口老龄化应对政策方面的研究并选出高质量文献。

_____

_____

引导问题 3： 查找中国人口出生率和死亡率的相关数据。

_____

_____

评价反馈

考核学生的专业能力和关键能力，采用过程性评价和结果评价相结合、定性评价与定量评价相结合的考核方法，填写考核评价表。注重学生动手能力和在实践中分析问题、解决问题能力的考核，对于在学习和应用上有创新的学生应给予特别鼓励（表 16-3）。

表 16-3　考核评价表

评价项目	评价内容		分值	自评	师评
相关知识（20%）	掌握了学术信息检索的基本方法和技巧		10		
	能使用信息检索平台进行数据统计		10		
工作过程（80%）	计划方案	工作计划制订合理、科学	10		
	自主学习	有计划地进行相关信息的探索，发现问题能及时和教师或同学讨论交流	15		
	任务及汇报	参见"任务报告表"任务完成情况进行评估	40		
	职业素养	注重团队合作，态度端正，工作认真、主动；具有良好的计算机使用习惯，爱护公共设施与环境	15		
附加分	考核学生的创新意识，在工作中有突出表现或特色做法		5		

项目 17　使用 AI 润色文章

项目导读

AI 润色文章是指通过人工智能技术对文章进行修饰和改进，使其表达更加流畅、准确且生动。AI 润色文章的优势在于其高效性和精确性。它能够迅速识别并修正语法错误、逻辑不连贯等问题，从而极大地提高文章的整体质量。更加值得一提的是，AI 还能根据作者的具体需求进行有针对性的修改，并提供多样化的修饰方式，使文章更具丰富性和多样性。无论是撰写学术论文、新闻报道、小说创作，还是商业文案，AI 润色文章都能为作者提供强有力的支持，帮助他们在各种写作场景中脱颖而出。

学习目标

知识目标
1. 了解人工智能在文本处理中的应用。
2. 了解常见的语法错误、逻辑问题。
3. 了解常用的 AI 润色文章工具。

能力目标
1. 能够独立使用 AI 润色工具，对文章进行高效、准确的润色和改进。
2. 能够对 AI 润色结果进行评估和反馈，不断优化和改进润色策略。

素质目标
1. 培养学生对人工智能技术的兴趣和热情。
2. 培养精益求精的工匠精神。

任务 1　文本纠错

任务描述

近几年，我国人工智能技术发展迅速，涌现出许多优秀的 AI 工具，如文心一言、美图云修、火山写作等。本任务使用AI工具,对给定的文本内容进行语法、拼写和错别字等方面的检查,旨在提高文本的质量和准确性。

自信中国

中国是世界上人工智能领域发展最快的国家之一。近年来,中国政府高度重视人工智能的发展,出台了一系列政策来支持和促进人工智能产业的发展,包括资金支持、税收优惠和人才引进等。

在技术创新方面,中国AI领域在多个方面均取得了重要突破。例如,在语音识别、自然语言处理、图像识别等领域,中国的技术已经达到国际先进水平。同时,中国的大模型技术也取得了显著进展,成为推动AI应用落地的重要力量。

在产业应用方面,AI技术已经深入渗透到中国的制造业、农业、医疗、城市管理等多个领域。通过机器视觉、智能诊断、自动化控制等技术,传统行业正在实现智能化升级。此外,AI技术还在智慧城市建设、环境保护、公共安全等方面发挥了重要作用,提高了公共服务水平。

未来,随着技术的不断进步和应用场景的不断拓展,相信中国在AI领域将取得更加辉煌的成就。

任务实施

目前,市面上涌现出众多AI润色工具,选择合适的工具对于提升文章品质至关重要。不同的AI润色工具可能具有不同的功能和特点:有的专注于语法和拼写校正,有的则侧重于文章结构与风格的优化。个人在选择AI润色工具时可综合考虑其功能、可定制性、用户评价、成本等因素。本项目以"文心一言"大语言模型为例,百度搜索"文心一言",如图17-1所示,通过单击"体验文心一言"按钮,即可跳转至其官方网站。

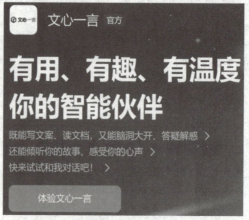

图17-1 百度搜索"文心一言"页面

文心一言基础使用

知识链接

文心一言

文心一言是百度研发的人工智能大语言模型产品,具备理解、生成、逻辑、记忆四大基础能力,能够与人对话互动、回答问题、协助创作,高效便捷地帮助人们获取信息、知识和灵感。当前文心大模型已升级至 4.0 版本,还推出了多款原生插件,如览卷文档、E 言易图、说图解画等,进一步拓展了大语言模型的应用领域,更好地满足用户的多样化需求。

搜索,是一个基于关键词的互联网信息检索过程。输入关键词,搜索引擎会迅速在庞大的网络世界中寻找、筛选和整合与关键词相关的内容,随后将最符合需求的结果展现给你。搜索的本质在于信息的匹配与整合,并不涉及内容的创造、生成。然而,诸如"文心一言""ChatGPT"等 AI 大模型不仅能够深刻理解用户的问题,更能根据用户的个性化需求,生成全新的内容,如图片、诗歌、报告等,充分展现了它们在内容创造方面的卓越能力。

1. 中文文本

通过输入文本内容和指令,"文心一言"将快速检测并提示潜在的错别字和语法问题,同时提供纠正建议。这将帮助用户快速修正错误,提升文本表达效果。

步骤一:打开文心一言。

在计算机上打开浏览器,并访问文心一言的官方网站。登录个人账号后,即可进入文心一言的编辑界面。

步骤二:粘贴或输入文本。

在"文心一言"对话框中输入或粘贴需要检查的文本内容,如下所示。

> AI,这种高科技让人惊叹不已。它的应用范场非常广泛,比如自动驾驶、智能家居等等。AI 的出现,让我们的生活变得更加便捷和高效。然而,也有人担心它会取代人类的工作,甚至威胁我们的安全。但无论如何,AI 都是一个值得关注和研究的领域。

步骤三:输入修改指令。

在对话框中换行输入指令,指令可以参考如下内容。

> 你是一位文字校对专家,请对提供的"上述内容"进行错别字和语法检查,并输出纠正后的正确内容。请确保仔细校对每个字词,以确保内容的准确性和规范性。

步骤四:单击 ▶ 图标,输出结果。

经过"文心一言"检查修改后的文本结果如图 17-2 所示。

WORD 纠错功能的使用

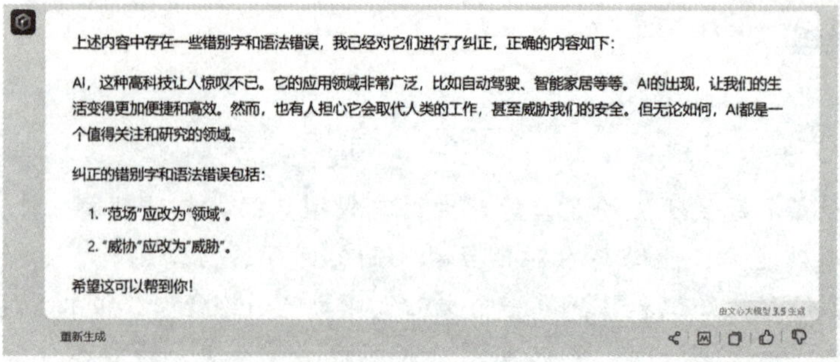

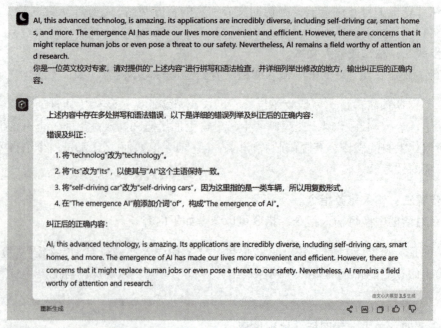

图 17-2 "文心一言"纠正错别字

特别要注意，尽管 AI 工具极具实用性，但其准确性并非百分之百。因此，在运用 AI 工具时，必须审慎地评估其提供的修改建议。在作出最终决策时，务必结合自身的语言知识和判断力，以确保最终文本的准确性和流畅性。

2. 英文文本

使用"文心一言"检查英文拼写和语法的步骤类似中文，在输入指令时可修改如下。

> 你是一位英文校对专家，请对提供的"上述内容"进行拼写和语法检查，并详细列举出修改的地方，输出纠正后的正确内容。

案例如图 17-3 所示。

图 17-3 利用"文心一言"检查英文文本

任务 2　文本优化

任务描述

能使用 AI 工具，对文章的内容进行深度分析，并基于其特点和目的，从结构、句子长度到写作风格等多个维度提出改善建议，从而使段落更加流畅，增强文章的可读性，优化读者的阅读体验。

任务实施

1. 直接润色

参考指令：请对上述内容进行润色，使其逻辑更为严谨，更符合 ×× 写作风格。

参考指令：请对上述内容进行润色和重写，确保其既符合 ×× 风格，又体现出专业性。若有不符合实际或逻辑的部分，请参照相关原理对内容进行调整。

参考指令：根据你所了解的关于 ××× 的知识，润色并续写上述内容，以使其更加充实和完整。

有时，对于修改后的句子若感到不适宜，可要求其提供润色理由，并以此作为最终判断的参考。

参考指令：针对 [润色前的句子]，请解释为何将其润色为 [润色后的句子]。

知识链接

常用指令

更精确的措辞：选择更精确的词汇。

更简练的表达：消除不必要的词语和短语，使句子更加清晰、直接。

更客观的语言：删除主观性语言，以中立的方式呈现信息。

更连贯的表达：确保句子组织良好，逻辑流畅。

更一致的风格：确保句子所使用的语言和风格与论文的其余部分一致。

更符合学术风格：使用学术写作中常用的术语和短语。

更正式的语法：使用正确的语法和句法，例如避免句子碎片化或跑题。

更具细节的描述：通过使用词语或短语来传达更复杂或微妙的含义，使句子更具细节。

人工智能基础与应用

在"文心一言"对话框中输入需要润色的内容和指令,如下所示。

> AI 技术,也就是人工智能技术,如今正逐渐成为我们生活的一部分。它们不是只存在于科幻电影的幻想,而是正在逐步改变着我们的生活方式。AI 技术的应用涵盖了各个领域,从智能手机上的语音助手到自动驾驶汽车,从医疗诊断到金融风控,无不展现出其巨大的潜力和价值。
> 请对上述内容进行润色,使其逻辑更为严谨,更符合论文写作风格。

单击 图标或按 Enter 键,可获得润色结果,如图 17-4 所示。

> 人工智能(AI)技术,作为当代科技浪潮的核心驱动力,正逐步渗透到我们生活的方方面面,将幻想变为现实。不再局限于科幻电影的构想,AI技术正以其独特的魅力与实用性,深刻改变着我们的生活方式与工作模式。其应用领域之广泛,涉及智能手机、自动驾驶、医疗诊断及金融风控等多个关键领域,不仅展示了AI技术的巨大潜力,更凸显了其在实际应用中的价值。

图 17-4 内容润色输出结果

如果对"文心一言"的润色结果不满意,可以单击"重新生成",也可以继续提问,如"润色的逻辑更严谨,语言更简练一些""再润色一下,增加一些实例"等,直到满意为止。

2. 结合特定要求润色

参考指令:请根据你掌握的关于××××的知识,帮助润色并改进上述内容,以便更适合××××使用。

根据背景知识进行润色,与直接润色相比,此方法可能会产生更多丰富的信息,如图 17-5 所示,与图 17-4 相比,同样的内容,不同的指令,AI 输出的结果大相径庭。

> AI技术,也就是人工智能技术,如今正逐渐成为我们生活的一部分。它们不是只存在于科幻电影的幻想,而是正在逐步改变着我们的生活方式。AI技术的应用涵盖了各个领域,从智能手机上的语音助手到自动驾驶汽车,从医疗诊断到金融风控,无不展现出其巨大的潜力和价值。
> 请根据您掌握的关于AI技术的知识,帮助润色并改进上述内容,以便更适合论文使用。

> 人工智能(AI)技术,作为现代科技的重要组成部分,正逐渐融入并深刻改变着我们的日常生活。它不再局限于科幻电影中的虚构场景,而是以其强大的潜力和广泛的应用价值,正重塑着我们的生活方式。AI技术的应用领域广泛,涵盖了智能手机、自动驾驶、医疗和金融等多个领域,为我们的生活带来了前所未有的便利和效率。
>
> 在智能手机领域,AI技术为语音助手赋予了强大的功能,使得用户可以通过简单的语音指令完成各种复杂的操作。在交通领域,自动驾驶汽车的发展离不开AI技术的支持,它通过对大量数据的处理和分析,实现了车辆的自主驾驶和智能导航,极大地提高了交通的效率和安全性。
>
> 在医疗领域,AI技术的应用也为疾病诊断和治疗提供了新的可能。例如,通过深度学习和大数据分析,AI技术可以辅助医生进行更准确的疾病诊断,为患者提供个性化的治疗方案。同时,在金融领域,AI技术在风控方面也发挥着重要作用,它可以通过智能分析客户信息和交易数据,有效识别和预防潜在风险,为金融市场的稳定和发展提供了有力保障。
>
> 综上所述,AI技术已经渗透到我们生活的方方面面,成为现代社会不可或缺的一部分。其巨大的潜力和广泛的应用前景预示着AI技术将在未来发挥更加重要的作用,推动人类社会向更加智能化和高效化的方向发展。

图 17-5 根据背景知识润色

假如段落中有难以理解的长句，可以输入如下的拆分指令进行润色。

> 此句过长且复杂，请将其分解为多个简短的句子。

在科学论文写作中，客观性是非常重要的。AI 可以帮助用户删除主观性语言，并以中立的方式呈现信息。参考指令：如何去除这句话中的主观性。

知识链接

提升文章质量的指令

1. 精简内容

输入"删除不必要的内容"，即可去除与主题无关的内容，让文章更简洁流畅。

2. 加强段落连贯

使用"优化段落衔接"，可插入过渡句或调整段落布局，提升文章的流畅度。比如段落间的跳跃性可能让文章显得断裂，强化段落间的过渡可以帮助读者更好地理解文章的内容。

3. 改善段落逻辑结构

输入"完善段落逻辑"，能检测并优化段落中的逻辑断层，使文章更加连贯。

4. 替换过时词汇

输入"替换过时的词汇或短语"，可以检测并用更现代或常用的表达方式替换文章中过时的词汇或短语。

5. 增加详细信息

输入"增加更多的细节和具体内容"，可以增加更多具体的例子或数据使文章更加生动、有趣。如果文章中的描述或论据缺乏必要的细节，我们可以通过添加更多的例子或数据，使文章内容更加详尽和具体。

6. 澄清表达含义

输入"澄清表达意思"，可以找出并修正文章中含义模糊或易引起误解的部分，替换为更加清晰明确的表达方式，从而提高文章的可读性和理解度。

此外，在论文写作中，简洁、清晰和直接的表达往往更受欢迎。AI 可以帮助用户简化复杂的句子，清楚地表达用户的想法。例如：文中有相似的内容，输入相关内容后，再输入如下去除冗余指令。

> 本节内容似乎重复，请重构以避免冗余。

去除文章冗余的案例如图 17-6 所示。

人工智能基础与应用

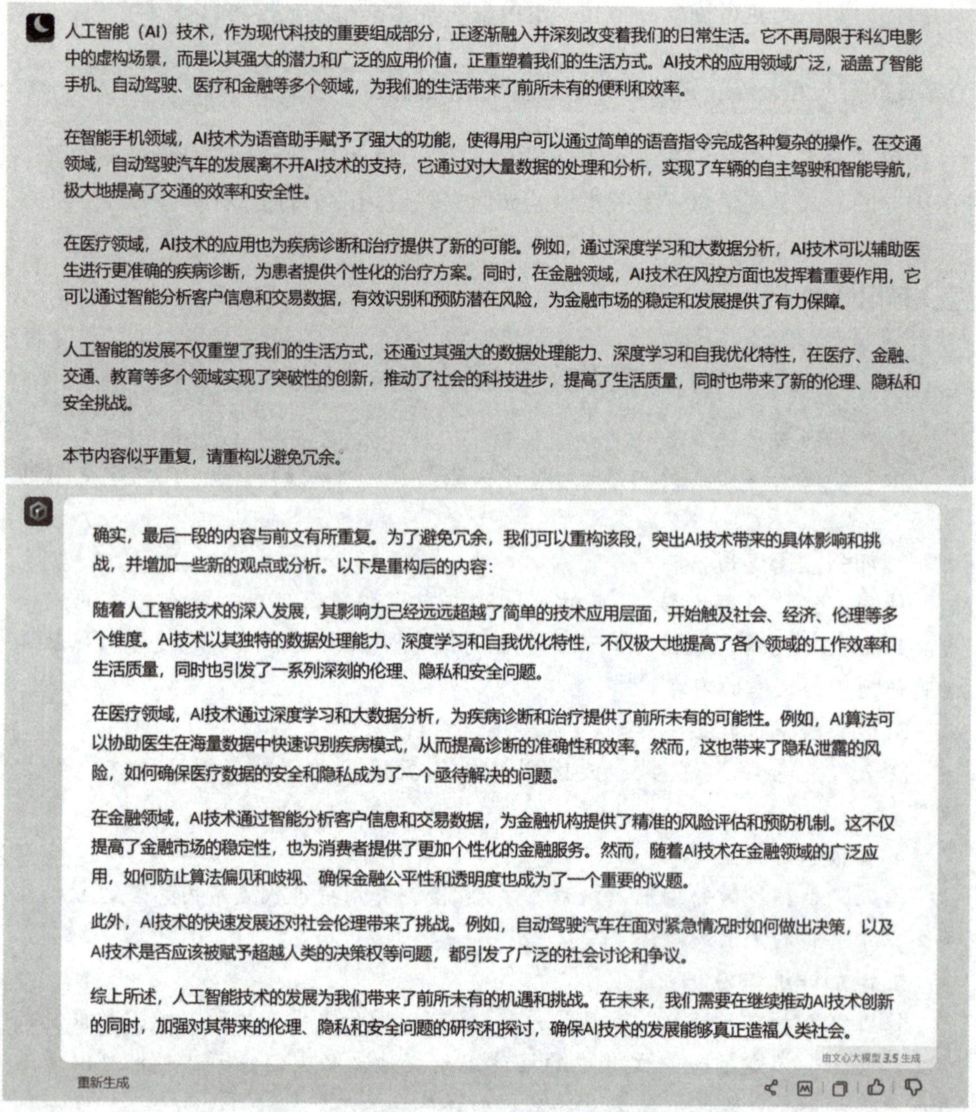

> 🌙 人工智能（AI）技术，作为现代科技的重要组成部分，正逐渐融入并深刻改变着我们的日常生活。它不再局限于科幻电影中的虚构场景，而是以其强大的潜力和广泛的应用价值，正重塑着我们的生活方式。AI技术的应用领域广泛，涵盖了智能手机、自动驾驶、医疗和金融等多个领域，为我们的生活带来了前所未有的便利和效率。
>
> 在智能手机领域，AI技术为语音助手赋予了强大的功能，使得用户可以通过简单的语音指令完成各种复杂的操作。在交通领域，自动驾驶汽车的发展离不开AI技术的支持，它通过对大量数据的处理和分析，实现了车辆的自主驾驶和智能导航，极大地提高了交通的效率和安全性。
>
> 在医疗领域，AI技术的应用也为疾病诊断和治疗提供了新的可能。例如，通过深度学习和大数据分析，AI技术可以辅助医生进行更准确的疾病诊断，为患者提供个性化的治疗方案。同时，在金融领域，AI技术在风控方面也发挥着重要作用，它可以通过智能分析客户信息和交易数据，有效识别和预防潜在风险，为金融市场的稳定和发展提供了有力保障。
>
> 人工智能的发展不仅重塑了我们的生活方式，还通过其强大的数据处理能力、深度学习和自我优化特性，在医疗、金融、交通、教育等多个领域实现了突破性的创新，推动了社会的科技进步，提高了生活质量，同时也带来了新的伦理、隐私和安全挑战。
>
> 本节内容似乎重复，请重构以避免冗余。

> 🤖 确实，最后一段的内容与前文有所重复。为了避免冗余，我们可以重构该段，突出AI技术带来的具体影响和挑战，并增加一些新的观点或分析。以下是重构后的内容：
>
> 随着人工智能技术的深入发展，其影响力已经远远超越了简单的技术应用层面，开始触及社会、经济、伦理等多个维度。AI技术以其独特的数据处理能力、深度学习和自我优化特性，不仅极大地提高了各个领域的工作效率和生活质量，同时也引发了一系列深刻的伦理、隐私和安全问题。
>
> 在医疗领域，AI技术通过深度学习和大数据分析，为疾病诊断和治疗提供了前所未有的可能性。例如，AI算法可以协助医生在海量数据中快速识别疾病模式，从而提高诊断的准确性和效率。然而，这也带来了隐私泄露的风险，如何确保医疗数据的安全和隐私成为了一个亟待解决的问题。
>
> 在金融领域，AI技术通过智能分析客户信息和交易数据，为金融机构提供了精准的风险评估和预防机制。这不仅提高了金融市场的稳定性，也为消费者提供了更加个性化的金融服务。然而，随着AI技术在金融领域的广泛应用，如何防止算法偏见和歧视、确保金融公平性和透明度也成为了一个重要的议题。
>
> 此外，AI技术的快速发展还对社会伦理带来了挑战。例如，自动驾驶汽车在面对紧急情况时如何做出决策，以及AI技术是否应该被赋予超越人类的决策权等问题，都引发了广泛的社会讨论和争议。
>
> 综上所述，人工智能技术的发展为我们带来了前所未有的机遇和挑战。在未来，我们需要在继续推动AI技术创新的同时，加强对其带来的伦理、隐私和安全问题的研究和探讨，确保AI技术的发展能够真正造福人类社会。
>
> 由文心大模型 3.5 生成

图 17-6　去除文章冗余

任务 3　标题生成

任务描述

能利用 AI 技术，根据文章的核心内容和主题，自动生成精练且吸引人的大标题。同时，根据每个段落的内容，自动生成小标题，以简洁明了地概括段落主题或关键点，帮助读者理解和跟踪文章结构。

任务实施

文章标题,犹如文章的灵魂,不仅吸引着读者的目光,更能精准地概括文章的核心主题。而段落小标题,则如同指引的指南针,能帮助读者迅速把握文章的结构脉络。这两者共同构建了一个清晰、有条理的框架,对于提升读者的阅读体验而言,无疑起到了至关重要的作用。在拟定文章标题时,借助 AI 技术能够为作者提供灵感,拓宽思路,从而创造出更具吸引力和概括性的标题。

参考指令:请根据上述内容,生成一个简洁且吸引人的标题。

参考指令:请根据下面的文本内容,创作一个简洁、吸人眼球且与主题紧密相关的标题,字数不超过 10 字。

参考指令:请根据这段文本的内容和主旨,创作一个既有深度又引人共鸣的标题。

参考指令:请从这段文本中提取关键信息,并创作一个既能够吸引读者关注,又能准确传达文本主旨的标题。

步骤一:打开文心一言对话界面。

步骤二:粘贴或输入需要生成标题的文本内容。

步骤三:输入生成标题的指令。

步骤四:单击 ◎ 图标或按 Enter 键。

根据文本内容,利用"文心一言"生成标题的案例如图 17-7 所示。虽然 AI 生成的标题具有一定的参考价值,但并非总是完美的选择。这些标题可以作为启发点,帮助我们打开思路。在实际应用中,应根据文章的核心内容和结构,对 AI 生成的标题进行适当的修改和调整,以确保其更加精准地传达文章的主旨。

图 17-7 利用"文心一言"生成标题

知识链接

如何让标题成为文章的最佳名片

一个优质的标题不仅是文章的最佳名片,还是吸引读者注意力的首要因素。那么,如何精心打造一个出色的标题呢?在确定标题时,需综合考量以下几个关键要素。

概括性:标题应该能够简洁明了地概括文章的主题或核心观点,让读者一目了然地了解文章的主要内容。

吸引力：标题应该具有一定的吸引力，能够引起读者的兴趣和好奇心，进而点燃他们深入阅读的渴望。

独特性：一个理想的标题应独具匠心，避免与其他文章或标题雷同，从而在浩如烟海的信息海洋中独树一帜，脱颖而出。

准确性：标题应该准确地反映文章的内容和意图，避免误导读者或产生歧义。

相关性：标题应该与文章的内容紧密相关，能够引导读者深入理解文章的主题和要点。

在确定一个好的标题时，可以考虑使用一些创意和技巧，如运用修辞手法、引用名人名言、采用疑问句或反问句等，以吸引读者的注意力并提高标题的吸引力。同时，也需要考虑目标读者群体的特点和需求，以确保标题能够引起他们的共鸣和兴趣。一个好的标题应该能够概括文章主题、吸引读者、准确传达信息并与文章内容紧密相关。

任务 4　提示词润色

任务描述

能利用"文心一言"优化输入的原始指令，使得优化后的指令更明确地传达用户的期望和需求。

任务实施

指令是让 AI 准确理解用户意图的关键，也是用户与 AI 进行有效沟通的语言方式。如果想获得高质量的 AI 回答，首要任务就是学会与 AI 进行有效的沟通，也就是学会编写指令。一条优秀的指令词应清晰明确且具有针对性，能够准确引导模型理解并回应用户的问题。

知识链接

基础指令技巧

指令（Prompt）其实就是文字，它可以是用户向 AI 提的问题（如：帮我解释一下什么是人工智能），可以是用户希望 AI 帮助自己完成的任务（如：帮我写一首诗歌）。

指令基本格式如图 17-8 所示。

图 17-8　指令基本格式

参考信息：包含完成任务时需要知道的必要背景和材料，如报告、知识、数据库、对话上下文等。

动作：需要帮用户解决的事情，如撰写、生成、总结、回答等。

目标：需要生成的目标内容，如答案、方案、文本、图片、视频、图表等。

要求：需要遵循的任务细节要求，如按××格式输出、按××语言风格撰写等。

将该模板应用到实际场景中，如图 17-9 所示。

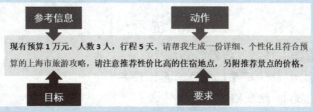

图 17-9　指令示例

步骤一：打开"文心一言"对话界面。

输入的原始指令如下。

> 帮我写一篇关于环保的文章。

步骤二：单击润色指令图标。

在指令的最后会出现 图标，如图 17-10 所示，单击该图标即可进行指令润色。

图 17-10　指令润色按钮

文心一言插件应用

步骤三：与"文心一言"对话。

"润色后"的指令，如图 17-11 所示，适当调整修改后，再将其作为指令发送给"文心一言"。

在与"文心一言"对话时，用户可能会遇到以下情形：当用户希望它帮助提升某项技能时，可能不仅想要获得基础的学习资源，还期待它能提供个性化的学习建议或实战案例；当用户请它设计一套健身计划时，可能希望在标准动作之外，得到一些适合个人体质和健身目标的特殊建议；当用户希望它解析一个复杂的科学问题时，可能期待它能以更通俗易懂的方式，解释那些专业术语和复杂概念……

人工智能基础与应用

> 作为一位环保主题文章作家,请撰写一篇关于环保的文章。文章应包含环保的重要性、当前的环保现状、环保措施及其实施效果等方面的描述,同时要具有可读性和说服力。请确保文章的逻辑清晰,语言流畅,观点明确。信息原文:帮我写一篇关于环保的文章。
>
> 润色前 润色后

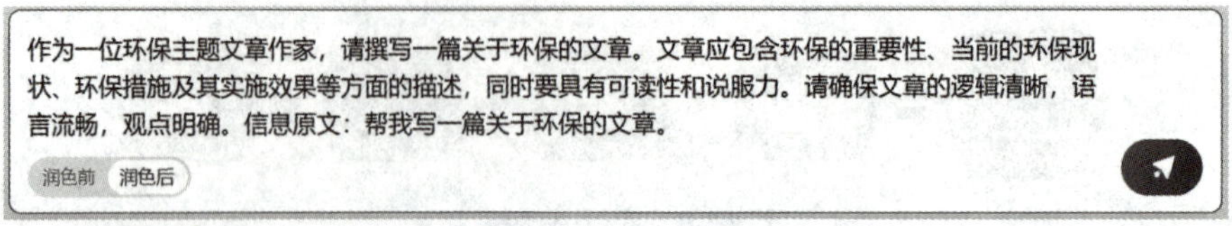

图 17-11 润色后的指令

在输入指令后,"文心一言"的单轮初次回应可能并未完全达到用户的预期。然而,不必急于开启新的对话。"文心一言"强大的上下文理解能力可以确保在多轮对话中不断优化生成的内容,逐步实现最终的完美答案。而要做到这一点,关键在于如何步步精进提问的方法,从更细致、更严格的角度来向文心一言提问。

知识链接

Prompt 提示词框架

1. TAG 框架【任务、行动、目标】

任务(Task):描述所要求完成的具体任务。

行动(Action):细致描述需要做什么。

目标(Goal):明确所追求的最终目的。

2. APE 框架【行动、目的、期望】

行动(Action):定义要完成的工作或活动。

目的(Purpose):讨论意图或目标。

期望(Expectation):阐明所期待的结果或成功的标准。

3. RTF 框架【角色、任务、格式】

角色(Role):指定 AI 的角色。

任务(Task):详述特定的任务内容。

格式(Format):定义想要的答案的方式。

4. CARE 框架【背景、行动、结果、示例】

背景(Context):界定讨论的场景或上下文环境。

行动(Action):描述自己想要做什么。

结果(Result):阐明期待的结果。

示例(Example):提供一个例证以阐述自己的观点。

5. SPAR 框架【情境、问题、行动、结果】

情境(Scenario):描述背景或情况。

问题(Problem):阐释所面临的问题。

行动(Action):概述要采取的行动。

结果(Result):描绘期待的成果。

6. SAGE 框架【情况、行动、目标、期望】

情况(Situation):描述背景或当前情况。

行动(Action):详细描述需要做什么。

目标（Goal）：解释最终目标。

期望（Expectation）：阐明所期望获得的结果。

7. ROSSS 框架【角色、目标、情境、解决方案、步骤】

角色（Role）：指定 AI 的角色。

目标（Objective）：明确意图。

情境（Scenario）：描写当前状况或情景。

解决方案（Solution）：设定所期望的结果。

步骤（Steps）：询问达成解决方案所需的行动。

8. SCOPE 框架【情境、并发症、目标、计划、评估】

情境（Scenario）：描述情况。

并发症（Complications）：讨论任何潜在的问题。

目标（Objective）：陈述预期结果。

计划（Plan）：阐述实现目标所需的策略。

评估（Evaluation）：讲述如何评估成功的标准。

9. TRACE 框架【任务、请求、行动、语境、示例】

任务（Task）：确定并明确具体的任务。

请求（Request）：表述所希望请求的具体事项。

行动（Action）：说明需要采取的行动。

语境（Context）：提供相关背景或情境。

示例（Example）：举一个例子来说明观点。

项目小结

本项目以团队协作的方式完成，任务实施前先组建团队，明确组长人选和小组任务分工，填写表 17-1。

表 17-1　学生任务分配表

组号		成员数量	
组长			
组长任务			
组员姓名	学号	任务分工	

根据任务分工要求,协作完成相关的操作,并填写任务报告,见表 17-2。

表 17-2 任务报告表

学生姓名		学号		班级	
实施地点		实施日期		年　月　日	
任务类型	□演示性　□验证性　□综合性　□设计研究　□其他					
任务名称					
一、任务中涉及的知识点						
二、任务实施环境						
三、实施报告(包括实施内容、实施过程、实施结果、所遇到的问题、采用的解决方法、心得反思等)						
小组互评					
教师评价				日期	

项目 17 | 使用 AI 润色文章

 **自我提升**

引导问题 1：查询相关资料，了解 AI 润色工具还有哪些？请介绍它们的特点和优势。

_____

_____

引导问题 2：如何根据提示词框架撰写指令？请撰写不同提示词框架的案例指令。

_____

_____

_____

引导问题 3：与 AI 交互过程中，有哪些常见的 AI 交互错误可以避免？

_____

_____

_____

 评价反馈

考核学生的专业能力和关键能力，采用过程性评价和结果评价相结合、定性评价与定量评价相结合的考核方法，填写考核评价表。注重学生动手能力和在实践中分析问题、解决问题能力的考核，对于在学习和应用上有创新的学生应给予特别鼓励（表 17-3）。

表 17-3 考核评价表

评价项目		评价内容	分值	自评	师评
相关知识 （20%）		掌握了 AI 润色文章工具的使用方法	10		
		能对 AI 润色结果进行评估和反馈	10		
工作过程 （80%）	计划方案	工作计划制订合理、科学	10		
	自主学习	有计划地进行相关信息的探索，发现问题能及时和教师或同学讨论交流	15		
	任务及汇报	参见"任务报告表"任务完成情况进行评估	40		
	职业素养	注重团队合作，态度端正，工作认真、主动；具有良好的计算机使用习惯，爱护公共设施与环境	15		
附加分		考核学生的创新意识，在工作中有突出表现或特色做法	5		

项目 18　Word 文档的高效排版

项目导读

一个排版精良的 Word 文档，不仅能够显著增强内容的可读性，还能有效彰显作者的专业素养。在数字化时代的大潮中，Word 文档已然成为人们工作、学习和生活中的重要组成部分。然而，如何高效地对文档进行排版，以确保内容的清晰度和美观度，却是一门值得深入研究的技能。本项目旨在引导同学们深入探索 Word 文档排版的精髓，全面提升文档的呈现效果，将从 Word 软件自带的高效处理方法入手，进而探讨如何利用 Python 技术批量处理图片和表格，使学生们能够轻松掌握高效排版的技巧。

学习目标

知识目标

1. 了解 Word 查找和替换功能的基本用法与高级选项。
2. 认识 python-docx 库。
3. 掌握使用 python-docx 库处理 Word 文档中表格和图片的方法。

能力目标

1. 能够独立分析排版问题并找到合适的解决方案。
2. 能够通过查找和替换功能优化文档格式和一致性。
3. 能够使用 python-docx 库读取和编辑 docx 格式的 Word 文档。
4. 能够辨识并创造出美观、易读的文档。

素质目标

1. 培养学生的审美意识。
2. 培养学生的创新精神。
3. 培养学生持续学习的态度和团队合作精神。

项目 18 | Word 文档的高效排版

 笔记

查找和替换功能

任务 1　使用"查找和替换"

任务描述

在编写、编辑或修改文档时，可能会遇到需要快速查找和替换某些特定内容的情况。无论是错别字、格式问题还是其他需要修改的内容，都能够使用 Word 文档的"查找和替换"功能，一键轻松找到并完成替换，从而提高文档编辑的效率和准确性。本任务以删除给定 Word 文档中的空格和替换指定字体为例，阅读时突出显示指定内容。

效率意识

效率意识是指人们在工作或学习中，对时间和资源的珍视，追求在有限的时间内取得最佳的成果。它要求人们合理安排时间，充分利用资源，以提高工作或学习的效率。效率意识的体现贯穿于日常生活的方方面面，即在工作与生活中对效率的高度重视与不懈追求。这种意识鞭策人们以高度的责任感与实干精神，迅速而精准地完成任务。

为培养效率意识，人们可采取多种策略。首要之务是深刻认识到高效率的重要性，从而自觉培养自己的效率意识。其次，掌握有效的学习方法和技巧至关重要，如精心规划学习时间、精准提取重点知识、善于总结归纳等。此外，激发学习兴趣、培养良好的学习习惯等也是提升效率的有效途径。

简而言之，效率意识是一种积极向上的工作态度与学习理念，它助力人们在有限的时间内取得更为卓越的成果。通过培养效率意识，能够更好地管理时间，提升工作效率与学习效率，进而推动个人与组织的持续进步。

任务实施

1. 删除空格

在文档编辑的日常工作中，人们经常需要从网络上复制、粘贴文本到 Word 文档中。然而，这个过程往往会带来一个问题：从网页上复制的文字经常会带有大量不必要的空格，这不仅影响文档的整洁度，还可能降低读者的阅读体验。这些多余的空格可能是由于网页排版、HTML 标记或其他不可见字符造成的。那么，如何高效地删除这些不必要的空格以提高文档的整洁度和可读性呢？

步骤一：打开 Word 文档。

双击打开需要修改的 Word 文档，如图 18-1 所示。

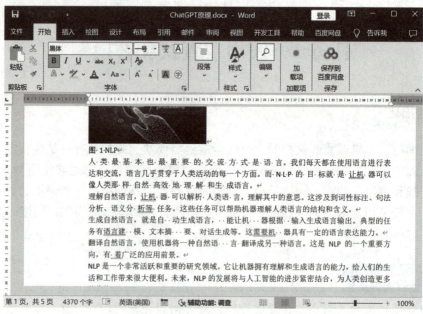

图 18-1　带"空格"的文档内容

步骤二：打开"查找和替换"对话框。

在"开始"菜单下单击"编辑"组中的"替换"按钮，或按快捷键 Ctrl+H，打开"查找和替换"对话框，如图 18-2 所示。

图 18-2　"查找和替换"对话框

步骤三：完成替换。

在"查找内容"编辑框中输入一个"空格"，"替换为"编辑框中不需要输入任何内容，单击"全部替换"按钮，在提示框中单击"确定"按钮，即可删除全文的空格，如图 18-3 所示。

如果目标不是删除整篇文章的空格，而是针对特定段落内容中的空格进行清理，那么在执行"查找和替换"功能前，首先需要精准地选中这些特定的段落。随后，按照既定步骤打开"查找和替换"对话框，并在相应的"查找内容"编辑框中设定空格为查找目标。当单击"全部替换"按钮后，若系统弹出确认提示框

(图 18-4），单击"否"按钮，以确认不替换其他未选中的段落内容。这样，就能精准且高效地清除特定段落中的多余空格，确保文档内容的整洁与清晰。

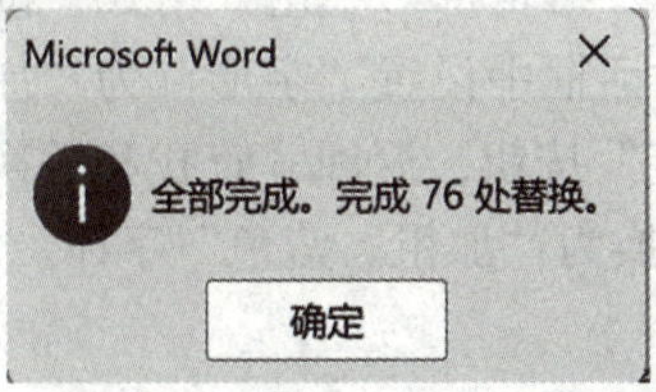

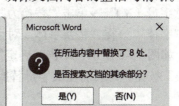

图 18-3 完成"空格"删除　　图 18-4 确认提示框

知识链接

Word 文档内容选择技巧

（1）选择整个文档：使用鼠标三击文档的左侧空白区域或按下快捷键 Ctrl+A。
（2）选择一句话或一个段落：将鼠标指针置于句首或段首，然后单击并按住鼠标拖动至句尾或段尾。
（3）选择不连续的文本：单击并拖动鼠标选择第一个文本片段；释放鼠标左键后，按住键盘上的 Ctrl 键不放，再次单击并拖动鼠标选择其他不连续的文本片段。
（4）选择矩形区域：按住 Alt 键，然后使用鼠标拖动选择所需的矩形区域。

2. 替换指定文字的字体

例如，将文档中的所有字母加粗，蓝色显示。

步骤一：打开"查找和替换"对话框。

打开"查找和替换"对话框，默认界面如图 18-2 所示，单击界面左下角"更多"按钮，可扩展对话框的界面，如图 18-5 所示。

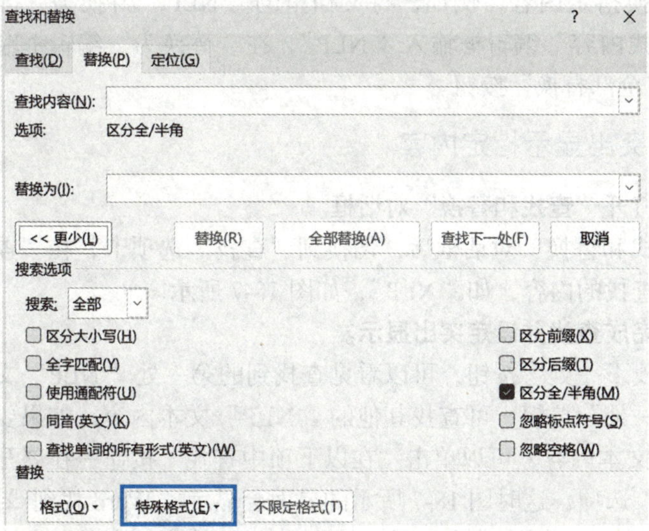

图 18-5 "查找和替换"扩展后的界面

步骤二：完成替换。

鼠标左键单击"查找内容"编辑框→单击"特殊格式"按钮→在弹出的列表中选择"任意字母（Y）"→单击"替换为"编辑框→单击"格式"按钮→在弹出的列表里选择"字体"→在"替换字体"对话框中设置"字形"为"加粗"，"字体颜色"为蓝色，如图 18-6 所示→单击"确定"按钮，返回"查找和替换"对话框→单击"全部替换"按钮，即可将全文字母替换为"加粗、蓝色"字体。

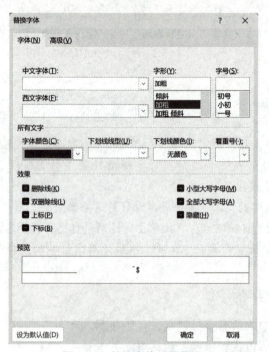

图 18-6　替换字体设置界面

如果要替换文本中的数字，只需要在"特殊格式"列表里选择"任意数字（G）"。

如果要替换指定内容，例如，将文档里的"NLP"替换为"自然语言处理"，只需要在"查找内容"编辑框输入"NLP"，在"替换为"编辑框输入"自然语言处理"，单击"全部替换"按钮。

3. 阅读时突出显示指定内容

步骤一：打开"查找和替换"对话框。

打开"查找和替换"对话框后，切换到"查找"选项卡，在"查找内容"编辑框中输入需要查找的内容，如"NLP"，如图 18-7 所示。

步骤二：完成查找并设定突出显示。

单击"查找下一处"按钮，可以看见查找到的第一处"NLP"文本内容，继续单击"查找下一处"按钮，可查找其他的"NLP"文本内容。如果要查看文档中所有的"NLP"文本内容，可以单击"在以下项中查找"按钮→在展开的下拉列表中选择"主文档"选项，这时图 18-7 所示的界面会显示"Word 找到 ×× 个与此条件相匹配的项"。单击"阅读突出显示"按钮→在展开的下拉列表中选择"全部突出显示"选项,即可将指定文本突出显示,方便阅读。

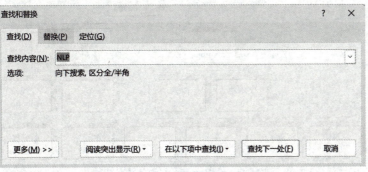

图 18-7 查找内容界面

表格的排版

任务 2　表格的排版

任务描述

能使用 Python 对 docx 格式的 Word 文档进行编辑,设置文档中表格和单元格的对齐方式,同时,确保表格上面的编号和描述性文字对齐方式与表格一致。

任务实施

1. 设置表格对齐方式

通过 Python 编程将 Word 文档中所有表格和表注居中对齐,需要使用 python-docx 库。

步骤一:安装 python-docx 库。

使用快捷键"Win+R"打开"运行"窗口,输入"cmd"并按 Enter 键,打开命令提示符窗口,输入如下代码。

```
pip install python-docx
```

知识链接

python-docx 库

python-docx 库对文档中的文本和表格是分开处理的。其逻辑结构如图 18-8 所示。

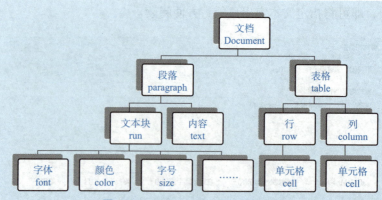

图 18-8　python-docx 库的逻辑结构

（1）Document：表示一个 Word 文档，可以包含一个或多个段落（paragraph）对象和表格（table）对象。

（2）paragraph：Word 文档中的一个文本段落，可通过 Document.paragraphs 获取。它的 text 属性表示段落中的文本内容，可以通过 paragraph.text 获取。

（3）run：代表段落中的一个文本块或对象，包含文本内容，以及与该文本内容相关的样式和格式信息，如 font（字体）、color（颜色）、size（字号）等属性。

（4）table：表示 Word 文档中的一个表格，可以通过 Document.tables 获取。

（5）row：表示表格中的一行，可以通过 table.rows（row 对象的集合）获取。

（6）column：表示表格中的一列，可以通过 table.columns（column 对象的集合）获取。

（7）cell：表示行或列的一个单元格，可以通过 row.cells 或 column.cells（cell 对象的集合）获取。

步骤二：打开 Python，导入必要的模块和库。

新建一个 Python 程序，输入如下代码。

```
from docx import Document
from docx.enum.table import WD_TABLE_ALIGNMENT
from docx.enum.text import WD_PARAGRAPH_ALIGNMENT
from re import match
```

代码解释如下。

（1）enum：是一个内置模块，用于定义枚举类型。枚举类型是一种特殊的类型，用于表示固定数量的常量集。这些常量通常用于表示某些特定的、不可变的数值。

（2）re：是 Python 标准库中的一个模块，用于处理正则表达式。正则表达式是一种强大的文本处理工具，可以用来匹配、查找和替换复杂的文本模式。

（3）match：是 re 模块中的一个函数，它从字符串的起始位置开始尝试匹配一个正则表达式模式，如果匹配成功则返回匹配对象；否则返回 None。

知识链接

表格的对齐方式

在设置表格的对齐中,将表格作为一个整体,要用到 table 的 alignment 属性。python-docx 定义了表格对齐的枚举类型,存储在 WD_TABLE_ALIGNMENT 中,共定义了 LEFT、CENTER 和 RIGHT 三个常量。含义如下。

WD_TABLE_ALIGNMENT.LEFT:表格为左对齐。
WD_TABLE_ALIGNMENT.CENTER:表格为居中对齐。
WD_TABLE_ALIGNMENT.RIGHT:表格为右对齐。

步骤三:加载 Word 文档。

使用 docx.Document 打开指定路径的 Word 文档,并将其对象存储在 doc 变量中,输入如下代码。

```
doc = Document('你的文档路径.docx')
```

步骤四:调整表格对齐方式。

将文档里的所有表格居中,输入如下代码。

```
for table in doc.tables:
    table.alignment =WD_TABLE_ALIGNMENT.CENTER
```

代码解释如下。

(1)使用 for table in doc.tables 循环遍历文档中的每个表格。

(2)通过 table.alignment =WD_TABLE_ALIGNMENT.CENTER 语句将每个表格的对齐方式设置为居中。

步骤五:调整特定段落的对齐方式。

将文档中表格上面的编号和描述性文字也设置居中,输入如下代码。

```
for paragraph in doc.paragraphs:
    txt=paragraph.text
    if match('表 +',txt) and len(txt)<20:
        paragraph.alignment = WD_PARAGRAPH_ALIGNMENT.CENTER.
```

代码解释如下。

(1)txt = paragraph.text:获取当前段落的文本内容。

(2)match('表 +', txt):使用正则表达式检查段落文本是否以"表"开头。

(3)len(txt) < 20:检查段落文本的长度是否小于 20 个字符。

(4)paragraph.alignment = WD_PARAGRAPH_ALIGNMENT.CENTER.CENTER:将段落的对齐方式设置为居中。

> **知识链接**
>
> ### 段落的对齐方式
>
> WD_PARAGRAPH_ALIGNMENT 是一个枚举类型，包含了所有可用的段落对齐方式，需要从 docx.enum.text 模块中导入该枚举类型才能使用。常用的对齐方式有以下四种。
>
> （1）WD_PARAGRAPH_ALIGNMENT.LEFT：段落左对齐。
> （2）WD_PARAGRAPH_ALIGNMENT.CENTER：段落居中对齐。
> （3）WD_PARAGRAPH_ALIGNMENT.RIGHT：段落右对齐。
> （4）WD_PARAGRAPH_ALIGNMENT.JUSTIFY：段落两端对齐。
>
> python-docx 库在发展过程中可能会对一些枚举或类进行重构或重命名，以更好地组织代码或满足新的需求。在实际使用中，应该根据正在使用的 python-docx 库的版本和文档来选择正确的枚举值。如果不确定应该使用哪个，建议查阅所使用的 python-docx 版本的官方文档或源代码。

步骤六：保存修改后的文档。

输入如下代码。

```
doc.save(' 新文件名 .docx')
```

注意：保存时不指定文件存放路径，默认存放在程序所在路径下。

2. 设置单元格对齐方式

经过对整个表格对齐方式的设置后，有时仍需要进一步调整单元格内容的对齐方式，以确保文档排版的整体效果更加美观与协调。以设置单元格"中部居中对齐"为例。

步骤一：打开 Python，导入必要的模块和库。

新建一个 Python 程序，输入如下代码。

```
from docx import Document
from docx.enum.table import WD_CELL_VERTICAL_ALIGNMENT
from docx.enum.text import WD_PARAGRAPH_ALIGNMENT
```

步骤二：加载 Word 文档。

使用 docx.Document 打开指定路径的 Word 文档，并将其对象存储在 doc 变量中，输入如下代码。

```
doc = Document(' 你的文档路径 .docx')
```

步骤三：设置文档所有表格的单元格对齐方式。

```
for table in doc.tables:
    for row in table.rows:
        for cell in row.cells:
            cell.vertical_alignment = WD_CELL_VERTICAL_ALIGNMENT.CENTER
```

```
cell.paragraphs[0].alignment = WD_PARAGRAPH_ALIGNMENT.CENTER
```

代码解释如下。

（1）for table in doc.tables：使用 doc.tables 属性获取文档中的所有表格，并遍历它们。

（2）for row in table.rows：通过 table.rows 属性获取表格的所有行，并遍历它们。

（3）for cell in row.cells：通过 row.cells 属性获取行中的所有单元格，并遍历它们。使用 cell.vertical_alignment 属性设置单元格内容的垂直对齐方式。

cell.paragraphs[0].alignment = WD_PARAGRAPH_ALIGNMENT.CENTER：由于一个单元格可能包含多个段落，案例中假设每个单元格只有一个段落（cell.paragraphs[0]）。使用 alignment 属性设置该段落内容的水平对齐方式。

 知识链接

单元格的对齐方式

在对单元格对齐方式设置的时候，将单元格视为一个整体，要使用单元格中的垂直对齐（cell.vertical_alignment）和单元格中的段落对齐（paragraph.alignment）等 2 种对齐方式配合使用。在 docx.enum.table .WD_ALIGN_VERTICAL 定义了 TOP、CENTER 和 BOTTOM 等 3 种类型，含义如下。

WD_CELL_VERTICAL_ALIGNMENT.TOP：单元格内容靠上对齐。
WD_CELL_VERTICAL_ALIGNMENT.CENTER：单元格内容居中对齐。
WD_CELL_VERTICAL_ALIGNMENT.BOTTOM：单元格内容靠下对齐。

在单元格垂直对齐和段落对齐的配合过程中可以组合成 12 种方式，分别是靠上两端对齐、靠上居中对齐、靠上右对齐、中部两端对齐、中部居中对齐、中部右对齐、靠下两端对齐、靠下居中对齐、靠下右对齐、靠上左对齐、中部左对齐、靠下左对齐。其中，在 Word 软件中内置了前 9 种对齐方式。例如，设置单元格靠上两端对齐的代码如下。

```
cell.vertical_alignment = WD_CELL_VERTICAL_ALIGNMENT.TOP
cell.paragraphs[0].alignment = WD_PARAGRAPH_ALIGNMENT.JUSTIFY
```

步骤四：保存修改后的文档。

输入如下代码。

```
doc.save(' 新文件名 .docx')
```

3. 设置表格内容格式

例如，将表格中的字体设置为加粗、斜体、下划线、字号 12。输入如下代码。

```
from docx import Document
from docx.shared import Pt,RGBColor
# 加载一个已存在的 Word 文档
```

```
doc = Document(' 你的文档路径 .docx')
# 遍历文档中的所有表格
for table in doc.tables:
    # 遍历表格中的所有行
    for row in table.rows:
        # 遍历行中的所有单元格
        for cell in row.cells:
            # 遍历单元格中的所有段落
            for paragraph in cell.paragraphs:
                # 遍历段落中的所有文本块（run）
                for run in paragraph.runs:
                    run.font.size = Pt(12)       # 设置字体大小
                    run.bold = True              # 设置加粗
                    run.italic = True            # 设置斜体
                    run.underline = True         # 设置下画线
                    # 设置字体颜色红色
                    run.font.color.rgb = RGBColor(0xFF, 0x00, 0x00)
doc.save(' 新文件名 .docx')   # 保存文档
```

知识链接

字体大小、颜色设置

from docx.shared import Pt 这行代码是从 python-docx 库的 shared 模块中导入 Pt 类。Pt 是用来表示 Word 文档中的点（磅）单位的类，通常用于设置字体大小。

在 Word 文档处理中，字体大小通常是以磅（point，缩写为 pt）为单位的。例如，常见的字体大小为 10 磅、12 磅、14 磅等。Pt 类提供了一个方便的方式来在 python-docx 中表示和使用这种单位。

RGBColor 类用于表示 RGB 颜色，允许用户通过红、绿、蓝三个通道的值来定义颜色。RGB 值的范围通常是 0 ～ 255，但在 python-docx 中，需要使用十六进制形式来表示这些值，并且通常要以 0x 前缀开始。所以，红色（RGB 值为 255, 0, 0）在 python-docx 中表示为 RGBColor(0xFF, 0x00, 0x00)。

任务 3　图片的排版

图片的排版

任务描述

能使用 Python 对 docx 格式的 Word 文档进行编辑，设置文档中图片的大小、对齐方式，同时，确保图片下面的编号和描述性文字对齐方式与图片一致。

任务实施

1. 设置图片的大小

例如，将文档中的所有图片长度设置为 6.5 cm，高度设置为 4 cm。

步骤一：打开 Python，导入必要的模块和库。

新建一个 Python 程序，输入如下代码。

```
from docx import Document
from docx.shared import Cm
```

代码解释如下。

Cm 是一个函数，它用于将厘米（cm）单位转换为 python 可以理解和处理的内部度量单位。Word 文档中的元素（如字体大小、图片大小等）通常以 EMU（English Metric Units）为单位来表示，而不是常见的单位如厘米或英寸。Cm 函数提供了一种方便的方式来指定以厘米为单位的尺寸，然后自动转换为 EMU。

步骤二：加载 Word 文档。

使用 docx.Document 加载指定路径的 Word 文档，并将其对象存储在 doc 变量中，输入如下代码。

```
doc = Document(' 你的文档路径 .docx')
```

步骤三：定义参数大小。

给图片的宽度和高度赋值，输入如下代码。

```
new_width = Cm(6.5)
new_height = Cm(4)
```

步骤四：设置文档中所有图片的大小。

输入如下代码。

```
for image in doc.inline_shapes:
    image.width = new_width
    image.height = new_height
```

Shape 对象代表文档中的图形对象，Inline_Shape 代表文档中的嵌入式图形对象。所谓嵌入式图形对象，是指将图像作为文字处理，在排版上以文字方式进行排版。如果文档中的图片为非嵌入式，则无法用上面的代码识别。

步骤五：保存修改后的文档。

输入如下代码。

```
doc.save(' 新文件名 .docx')
```

2. 设置图片的对齐方式

使用 Python 编程将 Word 文档中所有图片和图注居中对齐，步骤基本与表格的设置一致。完整的代码如下。

```
from re import match
from docx import Document
from docx.enum.text import WD_PARAGRAPH_ALIGNMENT
# 加载一个已存在的 Word 文档
doc = Document(' 你的文档路径 .docx')
# 遍历所有段落
for paragraph in doc.paragraphs:
    txt = paragraph.text
    # 段落中不包含任何文本
    if not txt:
        paragraph.alignment = WD_PARAGRAPH_ALIGNMENT.CENTER
    else:
        # 设置图下面的编号和名字也居中
        if match(' 图 +',txt) and len(txt)<20:
            paragraph.alignment = WD_PARAGRAPH_ALIGNMENT.CENTER
doc.save(' 新文件名 .docx')
```

Word 的"查找和替换"功能也能快速将文档中的所有图片设置居中对齐，具体操作如下。

（1）不用选中任何内容，直接打开"查找和替换"对话框。

（2）在"查找和替换"对话框界面单击"更多"按钮，完整显示扩展后的对话框界面。

（3）单击"查找内容"编辑框；然后单击下方的"特殊格式"按钮，在打开的"特殊格式"列表中选择"图形（I）"，如图 18-9 所示。

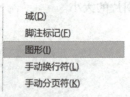

图 18-9 "特殊格式"列表

（4）单击"替换为"编辑框，然后单击"格式"按钮，在打开的"格式"列表中选择"段落"，即可打开"替换段落"对话框。

（5）在"替换段落"对话框中，设置"对齐方式"为"居中"，如图 18-10 所示。

（6）单击"确定"按钮，返回"查找和替换"对话框，单击"全部替换"按钮即可。

特别注意：如果文档中的图片为非嵌入式，如图片"浮于文字上方"，则无法使用上面的方法设置"居中"。

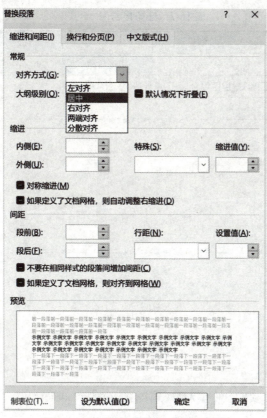

图 18-10 "替换段落"对话框设置

项目小结

本项目以团队协作的方式完成,任务实施前先组建团队,明确组长人选和小组任务分工,填写表 18-1。

表 18-1 学生任务分配表

组号		成员数量	
组长			
组长任务			
组员姓名	学号	任务分工	

根据任务分工要求，协作完成相关的操作，并填写任务报告，见表 18-2。

表 18-2　任务报告表

学生姓名		学号		班级	
实施地点		实施日期		20　年　月　日	
任务类型	□演示性　□验证性　□综合性　□设计研究　□其他				
任务名称					
一、任务中涉及的知识点 					
二、任务实施环境 					
三、实施报告（包括实施内容、实施过程、实施结果、所遇到的问题、采用的解决方法、心得反思等） 					
小组互评					
教师评价				日期	

自我提升

引导问题 1：自主学习，如何快速而有效地删除 Word 文档中多余的空白行？

引导问题 2：Word 内置的 9 种单元格对齐方式的 Python 代码分别是什么？

引导问题 3：查询资料，通过 Python 代码分别为 Word 文档中的中英文设置不同字体。

评价反馈

考核学生的专业能力和关键能力，采用过程性评价和结果评价相结合、定性评价与定量评价相结合的考核方法，填写考核评价表。注重学生动手能力和在实践中分析问题、解决问题能力的考核，对于在学习和应用上有创新的学生应给予特别鼓励（表 18-3）。

表 18-3　考核评价表

评价项目	评价内容		分值	自评	师评
相关知识（20%）	掌握了 Word 中查找和替换功能的使用方法		10		
	掌握了 python-docx 库处理 Word 中表格和图片的方法。		10		
工作过程（80%）	计划方案	工作计划制订合理、科学	10		
	自主学习	有计划地进行相关信息的探索，发现问题能及时和教师或同学讨论交流	15		
	任务及汇报	参见"任务报告表"任务完成情况进行评估	40		
	职业素养	注重团队合作，态度端正，工作认真、主动；具有良好的计算机使用习惯，爱护公共设施与环境	15		
附加分	考核学生的创新意识，在工作中有突出表现或特色做法		5		

项目 19　AI 协助数据处理

PROJECT 19

项目导读

随着大数据技术的飞速发展和广泛应用，数据处理与分析已成为各行各业不可或缺的关键环节。无论是企业决策、科学研究还是日常办公，都离不开对数据的有效管理和利用。Excel 作为一款强大的数据处理工具，因其易用性和灵活性而深受用户喜爱。本项目旨在借助人工智能自动生成 Excel 数据，并通过数据清洗确保数据质量。同时，利用 Python 实现 Excel 工作表的合并与拆分，以满足多样化的数据处理需求。在操作时若遇到疑问或困难可随时向 AI 提问以获取帮助，让 AI 成为处理数据的好助手。

学习目标

知识目标
1. 掌握 AI 数据生成与 Excel 操作基础。
2. 熟悉数据清洗方法与 Python 数据处理库。

能力目标
1. 能够利用 AI 生成 Excel 数据并评估其质量。
2. 能够清洗 Excel 数据并解决常见问题。
3. 能够通过 Python 编程合并与拆分 Excel 工作表。
4. 能够利用 AI 解决数据处理过程中遇到的问题。

素质目标
1. 深化学生对数据驱动的理解，激发其创新思维活力。
2. 提升学生的数字素养，强化其团结协作的合作精神。
3. 引导学生细心洞察，培养其审慎思考的习惯。

任务 1　使用 AI 生成 Excel 数据

任务描述

AI 不但可以帮助用户撰写 Word 文档，还可以帮助用户生成 Excel 表格数据。本任务使用"文心一言"生成需要的 Excel 数据。

任务实施

步骤一：确定表格的结构和内容。

因数据处理需要，想让"文心一言"帮助生成一份员工信息的 Excel 数据表格。数据表格中需要包含如下字段。

序号　姓名　性别　部门　基本工资　绩效工资

步骤二：编写指令。

为了保证所生成的数据表格中数据的规范性和一致性，可先告诉"文心一言"第 1 条记录的具体数据格式作为样板。数据表格中的记录不宜太少，也不需要太多，可以定为 50 条记录。

因此，可以把交给"文心一言"完成的工作任务描述如下。

> 请帮我生成一份 Excel 数据表格。
> 要求有 50 条记录，数据表格的第 1 条记录如下所示：
> 序号　姓名　性别　部门　　基本工资　绩效工资
> A001　张笑笑　女　　财务部　4500　　　6120

步骤三：使用"文心一言"生成表格数据。

向"文心一言"提交工作任务，"文心一言"将根据任务要求自动生成一份含有 50 条记录的数据样表，如图 19-1 所示。如果因记录过长，"文心一言"不能一次性输出，可以在它中断后，输入"继续"指令，让它继续生成数据。

步骤四：导出数据。

新建工作簿"员工信息表 .xlsx"，把"文心一言"自动生成的数据复制到工作表 Sheet1 中，效果如图 19-2 所示。

图 19-1 让"文心一言"生成表格数据

图 19-2 员工信息表原始数据

任务 2　数据清洗与保护

任务描述

工作表数据的清洗主要是为了保证数据的规范性、准确性及完整性，对于一些原始的数据往往需要进行清洗操作。以任务 1 中生成的员工信息表为例。

任务实施

1. 工作表数据的清洗

当用户有一份数据时，为了确保后续分析的准确性和有效性，数据清洗往往是不可或缺的首要步骤。那么什么是数据清洗呢，需要做些什么呢？当用户不清楚时，可以向"文心一言"寻求答案，如图 19-3 所示。

> **什么是数据清洗**
>
> 数据清洗是指在数据分析和处理过程中，对原始数据进行的一系列操作，包括筛选、转换、修正和删除等，以确保数据的准确性、完整性和一致性。它是数据预处理的重要环节，能够去除数据中的噪声、错误和冗余信息，提高数据的质量和可用性。
>
> 数据清洗的主要步骤包括：
>
> 1. 缺失值处理：检测并处理数据中的缺失值，这通常涉及对缺失数据的填充或删除。
> 2. 异常值处理：识别并处理数据中的异常值，这些异常值可能是由于输入错误、设备故障或其他原因导致的。
> 3. 重复值处理：检测并删除或合并数据中的重复记录，以确保数据的唯一性。
> 4. 数据格式转换：将数据转换为统一的格式，以便进行后续的分析和处理。

图 19-3 提问"文心一言"数据清洗

步骤一：打开"员工信息表 .xlsx"。

步骤二：缺失值处理。

对"员工信息表 .xlsx"进行详细检查，发现第 31 行的数据存在缺失值的情况。经过深入分析，原因是"文心一言"在生成文本时，内容过长导致文本被中断。在继续生成时，"文心一言"未能正确接续，而是直接从第 32 行开始，从而造成了第 31 行数据的缺失。针对这一问题，需要对缺失值进行补充，以确保数据的完整性，如图 19-4 所示。

	A	B	C	D	E	F	G
28	28	A027	曹强强	男	技术部	6300	7560
29	29	A028	胡芳芳	女	财务部	4500	5850
30	30	A029	邵飞飞	男	人力资源部	5700	7410
31	31	A030	高丽丽	女	财务部	6700	7800
32	32	A031	朱峰峰	男	市场部	4800	6240
33	33	A032	许梦婷	女	技术部	6000	7200

图 19-4 补充缺失值

知识链接

数据选择操作

在对 Excel 工作表中的数据进行操作前，一般应先选中被操作的单元格或单元格区域。

笔记

选择单元格或数据区域的具体操作方法见表 19-1。

表 19-1　单元格或区域的选择操作

选择项目	操作方法
单个单元格	单击要选定的单元格
	在名称框中输入单元格地址（如 A1），再按 Enter 键
矩形区域	鼠标左键单击区域左上角的单元格，按住不放，拖动鼠标至区域右下角单元格
	单击区域左上角的单元格，再按住 Shift 键单击区域右下角单元格
多个不相邻单元格（或区域）	先选中第一个单元格（或区域），再按住 Ctrl 键并选择其他单元格（或区域）
一行或一列	单击行号或列标
相邻的行或列	按住鼠标左键拖动行号或列标

步骤三：删除不需要的字段。

在数据表中，A 列数据为"文心一言"生成时的序号，此列数据不是必要的字段，因此可将其删除。具体操作步骤为：选中 A 列，单击鼠标右键，在弹出的列表中选择"删除"，即可将该列从数据表中删除。

步骤四：检查重复值。

检查姓名有无重复值：选中"姓名"列，单击"开始"选项卡"样式"选项组中的"条件格式"按钮，在打开的下拉列表中选择"突出显示单元格规则"下的"重复值"命令。在打开的"重复值"对话框中，选择或设置合适的"设置为"值，如图 19-5 所示，单击"确定"按钮。观察所有姓名情况，若有出现"设置为"的格式，说明是重复值，把它改成新的名字即可。

条件格式设置

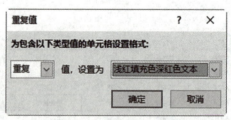

图 19-5　"重复值"对话框

步骤五：检查数据格式。

仔细检查工作表中的数据格式，特别注意"文本"格式的数字，在计算过程中可能会引发错误，导致结果不准确。如果发现存在"文本"格式的数字，且该数据需要被计算，请按照下面的步骤进行修正：选中包含"文本"格式数字的单元格或单元格区域，单击鼠标右键，在列表中选择"设置单元格格式"，在弹出的对话框"分类"列表中选择为"数值"，如图 19-6 所示，从而确保其能够正确参与计算。

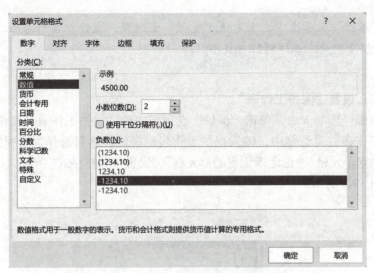

图 19-6 "设置单元格格式"对话框

2. 工作表数据的保护

可以使用单元格保护功能来保护工作表中的特定单元格,以防止错误操作或未经授权的更改。例如,可以将"员工信息表.xlsx"中的"基本工资"和"绩效工资"列数据锁定,不允许修改。

步骤一:设置单元格保护。

选中工作表 Sheet1 中除基本工资、绩效工资列外的其他所有数据单元格,打开"设置单元格格式"对话框,单击选择"保护"选项卡。在"保护"选项卡中,取消选中"锁定"复选框,单击"确定"按钮,如图 19-7 所示。这样可以确保所选单元格在保护工作表时不被锁定。

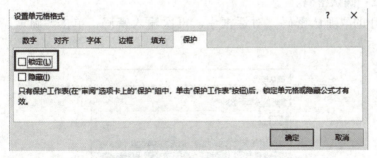

图 19-7 "设置单元格格式"对话框的"保护"选项卡

> **知识链接**
>
> **锁定与隐藏**
>
> 在默认情况下,工作表中的所有单元格都处于"锁定"状态。只有在保护工作表的情况下,"锁定"或"隐藏"才起作用。

> 在"保护"选项卡中,若勾选"隐藏"复选框,当保护工作表后,含有公式的单元格中的公式在编辑栏中将不显示。

步骤二:设置"保护工作表"。

在"审阅"选项卡中,单击"保护"选项组中的"保护工作表"按钮。在打开的"保护工作表"对话框中,输入保护工作表的密码,然后选择需要保护的操作,如"选定锁定单元格""选定未锁定的单元格""设置单元格格式"等,单击"确定"按钮,如图 19-8 所示。

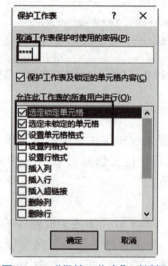

图 19-8 "保护工作表"对话框

数据的保护

步骤三:确认密码。

在打开的"确认密码"对话框中,再次输入密码,单击"确定"按钮,如图 19-9 所示。

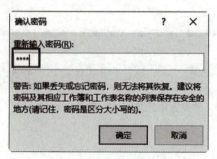

图 19-9 "确认密码"对话框

此时,工作表中的基本工资、绩效工资列数据已被保护,可对它们正常设置单元格格式,但若修改其中的数据,将出现如图 19-10 所示的警告提示。除基本工资、绩效工资数据外的其他数据单元格因未被保护,可正常编辑修改。若要取消单元格的保护，只需要单击"保护"选项组中的"取消保护工作表"按钮，输入正确的保护工作表密码即可。

图 19-10　修改数据警告提示

3. 工作簿的保护

在实际工作中，常常需要处理一些涉及个人隐私信息和敏感数据的内容，如身份证号码、银行卡号等。为了保护这些信息免受未经授权的访问、使用或泄露，可以利用工作簿和工作表来进行有效的保护措施。

安全意识

电影《孤注一掷》通过揭秘境外网络诈骗全产业链骇人内幕，警醒大众多加防范各种电信诈骗手段。当下，防范电信诈骗是社会焦点话题，而在通信不发达的古代，五花八门的诈骗案也是社会顽疾。

古代骗术花样繁多，明代张应俞所著《杜骗新书》便是史上首部防诈骗手册，通过真实案例揭示诈骗本质，警示世人。今日的假冒公职、金融交易等骗术，在古代早已有迹可循，如"妇人骗"类似于"杀猪盘"，而"伪装道士骗盐使"则类似"冒充公职人员"的手法。

小品《卖拐》里，演员一句浓重东北口音的"防不胜防啊"至今让人印象深刻。古往今来，诈骗手段层出不穷，总有人投机取巧进行诈骗，也就总有人妄图获利而被骗。传统伪诈犯罪尚易一网打尽，当下境外网络电信诈骗实难破案。放下"贪"心，捂好"钱袋子"，不要闷着头做梦赚大钱，否则等被骗了再哭诉"防不胜防"可就为时已晚了。

防诈需要时刻保持警惕，增强自我安全保护意识。对于任何涉及金钱交易、个人信息泄露或要求立即采取行动的信息，都应该保持高度警惕。不要轻易相信陌生人的承诺，特别是那些看似过于美好或容易获利的机会。不要轻易泄露个人敏感信息，如身份证号码、银行账户、密码等；对于要求提供这些信息的电话、短信或邮件，应格外警惕。

步骤一：设置保护工作簿结构。

在"审阅"选项卡中，单击"保护"选项组中的"保护工作簿"按钮。在打开的"保护结构和窗口"对话框中，在"密码"文本框中输入密码，单击"确定"按钮，如图 19-11 所示。在弹出的"确认密码"对话框中，再次输入密码进行确认。

鼠标右键单击工作表标签，在弹出的快捷菜单中，会发现其中的插入、删除、重命名、移动或复制等命令均已显示为灰色，不可使用，如图 19-12 所示。通过"保护工作簿"命令，保护的只是工作簿的结构，仍然可以打开工作簿，编辑修改工作表。

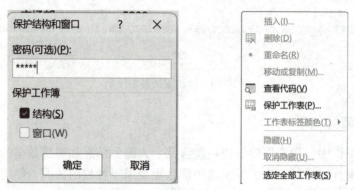

图 19-11　"保护结构和窗口"对话框　　图 19-12　右击工作表标签的快捷菜单

步骤二：设置工作簿的打开权限和修改权限密码。

执行"文件"→"另存为"命令，在打开的"另存为"对话框中，单击"工具"按钮，在打开的下拉菜单中选择"常规选项"命令，如图 19-13 所示。

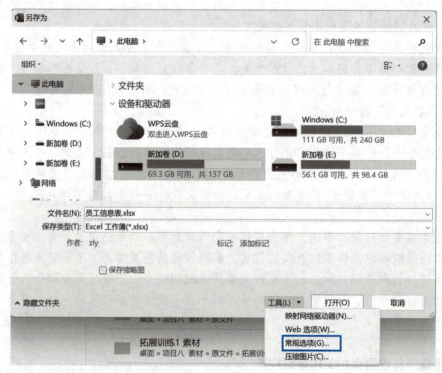

图 19-13　"另存为"对话框中的"常规选项"命令

在打开的"常规选项"对话框"打开权限密码"编辑框中输入打开权限密码，在"修改权限密码"编辑框中输入修改权限密码，单击"确定"按钮，如图 19-14 所示。在弹出的"确认密码"对话框中，再次输入密码进行确认。

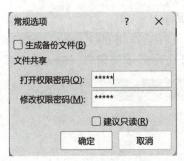

图 19-14 "常规选项"对话框

数据验证

任务 3　合并和拆分 Excel 工作表

任务描述

在实际工作中，经常需要对多个 Excel 工作簿中的工作表进行合并，或者将一个工作表按特定规则拆分为多个工作簿。本任务将利用 Python 编程实现这一需求，通过编写相应的脚本，可以快速地将多个工作簿中的数据合并为一个工作表，或者将一个工作表按指定规则拆分为多个工作簿，从而大大提高数据处理的效率和灵活性。

任务实施

1. 批量合并多个工作簿

现有 2015—2018 年的销售数据，这些数据分散在四个不同的 Excel 工作簿中，每个工作簿都包含 12 张工作表，且各工作表的数据结构均如图 19-15 所示。为了进行有效的数据分析和处理，需要将这些工作簿中的所有工作表数据合并到一个统一的工作表中。

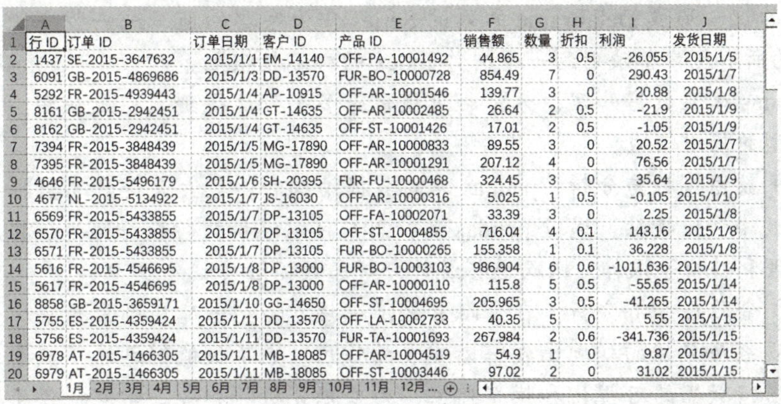

图 19-15　工作表数据结构

笔记

步骤一：安装 pandas 库。

使用快捷键"Win+R"，在弹出的"运行"窗口的"打开"文本框中输入"cmd"并按 Enter 键，打开命令提示符窗口，输入如下代码。

```
pip install pandas
```

 知识链接

pandas 库

pandas 是基于 NumPy 的一种工具，提供了丰富的数据结构和处理手段，使用户可以简单、直观、快速地处理各种类型的数据。相较于其他数据处理库，pandas 在处理关系型或带标签数据时展现出显著优势。它具备强大的数据分析能力，提供了一套全面的处理工具，支持数据的增、删、改、查操作，支持时间序列数据处理和分析。同时，pandas 能够灵活处理缺失数据，拥有丰富的数据处理函数，并以其快速、灵活且富有表现力的数据结构赢得了广泛赞誉。

pandas 支持读取和写入多种数据格式，如 CSV、Excel、SQL 数据库、HTML 等，通过 read_xxx() 和 to_xxx() 方法实现。pandas 的核心为两大数据结构，数据分析相关的所有事务都是围绕着 Series 和 DataFrame 这两种结构进行的。

序列 Series 是一个一维数组结构，可以存入任一种 Python 数据类型（整数、字符串、浮点数、Python 对象等）。序列 Series 由两部分构成，一个是 index（索引），另一个是对应的值，注意两者的长度必须相同；这种数据结构能够很方便地从 Python 数组或字典中按位置或指定的索引名称来检索数据。Series 和数组 array 很类似，大多数 NumPy 的函数都可以直接应用于序列 Series，但是 array 没有索引。

DataFrame 是一个二维的表格型数据结构，主要用于存储和处理结构化数据，类似于 Excel 或 SQL 表，既有行标签（index），又有列标签（columns），并且表格中每列的数据类型可以不同，如可以是字符串、整型或浮点型等。数据框 DataFrame 主要由行索引（index）、列名（columns）、数据取值（values）三部分构成。DataFrame 还可以理解为一个由 Series 组成的字典，其中每一列的名称为字典的键，形成 DataFrame 的列的 Series 作为字典的值。进一步来说，每个 Series 的所有元素都映射到一个叫作 Index 的标签数组上。

pandas 库在数据处理、分析和可视化等多个领域得到了广泛应用。以下是一些典型的应用领域。

（1）数据挖掘与分析：pandas 库的数据结构和函数大大提升了数据挖掘与分析的效率和便捷性。通过 pandas 库，用户可以轻松执行数据筛选、排序、过滤、清理和转换等操作，进而进行统计分析和数据汇总。

（2）金融与经济分析：在金融和经济领域，pandas 库在股票数据、金融指标和宏观经济数据的处理上发挥着重要的作用。它不仅能够迅速下载和清洗数据，还支持数据的可视化和模型建立，为金融分析师和经济学家提供了强大的工具支持。

（3）科学与工程计算：在处理科学和工程领域的大量数据集时，pandas 库同样表现出色。它能够读取多种文件格式的数据，并对数据进行清洗和转换，为后续的建模和分析工作提供有力的支持。

虽然 pandas 本身并不是专门的数据可视化库，但它集成了 Matplotlib，可以直接调用 Matplotlib 绘制图表，方便进行数据可视化分析。对于更复杂的可视化需求，可以将 pandas 的数据结构与其他可视化库结合使用。

步骤二：导入必要的库。

新建一个 Python 程序，输入如下代码。

```
import pandas as pd
import glob
```

知识链接

glob

在 Python 中，glob 是标准库中的一个模块，用来查找文件目录和文件，并将搜索到的结果返回到一个列表中。glob 模块常用的特殊字符见表 19-2。

表 19-2 常用的特殊字符

特殊字符	含义
*	匹配任意数量任意字符
**	匹配所有文件、目录、子目录以及子目录中的文件（Python3.5 新增）
?	匹配任意一个字符
[]	匹配指定范围内的字符，如 [0-9] 匹配数字

glob 模块常用的方法有 glob.glob() 和 glob.iglob()。

（1）glob.glob() 函数返回的是一个符合模式的文件路径名列表。如果没有符合模式的文件，它将返回一个空列表。例如，glob.glob(r'c:*.txt')将返回 C 盘下所有以 .txt 为扩展名的文件路径。

（2）glob.iglob() 获取一个可遍历对象，使用它可以逐个获取匹配的文件路径名。与 glob.glob() 的区别：glob.glob() 同时获取所有的匹配路径，而 glob.iglob() 一次只获取一个匹配路径。

步骤三：获取所有 Excel 文件的文件名。

使用 glob.glob() 函数来查找指定文件夹下所有".xlsx"结尾的文件，并将它们的文件名存储在"excel_files"列表中。输入如下代码。

笔记

```
excel_files = glob.glob(r" 你的文件夹路径 \*.xlsx")
```

步骤四：创建一个空的 DataFrame 来存储合并后的数据。
输入如下代码。

```
merged_data = pd.DataFrame()
```

步骤五：合并多个 Excel 文件的工作表数据。

使用 for 循环遍历所有的 Excel 文件，合并数据到 DataFrame 中，输入如下代码。

```
# 遍历所有 Excel 文件
for file in excel_files:
    # 读取当前 Excel 文件中的所有工作表
    excel_data = pd.read_excel(file, sheet_name=None)
    # 遍历当前 Excel 文件中的每个工作表
    for sheet_name, data in excel_data.items():
        # 将当前工作表的数据合并到总的 DataFrame 中
        merged_data = pd.concat([merged_data, data])
```

代码解释如下。

（1）excel_data =pd.read_excel(file, sheet_name=None)：用于读取当前 Excel 文件中的工作表，其中 sheet_name=None 表示读取所有工作表，并将它们存储在 excel_data 中。

（2）for sheet_name, data in excel_data.items()：用于遍历 excel_data 中的每个工作表，其中 sheet_name 是工作表名，data 是对应的数据。

（3）pd.concat() 函数：用于连接两个或多个 pandas 对象（如 DataFrame）。语句 merged_data = pd.concat([merged_data, data]) 是将当前工作表的数据 data 与之前已经合并的数据 merged_data 进行连接。由于每次连接会生成一个新的 DataFrame，所以将结果重新赋值给 merged_data 变量，以便在下一次迭代中继续添加数据。

步骤六：将合并后的数据保存为一个新的 Excel 文件。

使用"to_excel"方法将 merged_data 保存为一个新的 Excel 文件，输入的代码如下。

```
merged_data.to_excel(" 新文件名 .xlsx", index=False)
```

index=False 表示不将 DataFrame 的行索引写入 Excel 文件。不指定合成后的数据文件存放路径，默认存放在程序所在路径下。

 知识链接

取消 WPS 关联 Excel

在计算机上同时安装 WPS Office 和 MS Office 时，运行本程序需要取消

WPS 关联 Excel，具体操作步骤如下。

（1）打开开始菜单，找到 WPS Office，并单击它的"配置工具"，如图 19-16 所示。

（2）在配置工具界面中，单击"高级"按钮。

（3）在高级设置中，找到"兼容设置"或类似的选项。

（4）在兼容设置中，你将看到与不同文件格式关联的选项。找到与 Excel 文件相关的选项，并取消勾选。

（5）单击"确定"或应用按钮，保存更改。

图 19-16　配置工具

完成以上步骤后，WPS 将不再与 Excel 文件关联。当尝试打开 Excel 文件时，系统应该会使用默认的 Excel 程序（如 Microsoft Excel）来打开它，而不是 WPS。

需要注意的是，具体的操作步骤可能因 WPS Office 的版本和操作系统而有所不同。如果在操作过程中遇到问题，建议查阅 WPS Office 的官方文档获取更详细的帮助。

2. 一个工作表按条件拆分为多个工作簿

在实际工作中，经常会遇到要将一个 Excel 工作表，按一定条件拆分为多个工作簿。以任务 2 经过数据清洗后的"员工信息表 .xlsx"为例，将总表的 50 条数据，按"部门"字段进行拆分，以便发给部门负责人。

步骤一：导入必要的库。

新建一个 Python 程序，输入如下代码。

```
import pandas as pd
```

步骤二：读取 Excel 文件。

输入如下代码。

```
file_path='员工信息表 .xlsx'
data=pd.read_excel(file_path)
```

如果程序和 Excel 文件位于同一目录下，那么程序可以直接使用文件名来访问和操作该文件，无须提供完整的文件路径。这样可以简化操作流程，减少程序出错的可能性，使程序更加简洁高效。

步骤三：按"部门"列分组。

输入如下代码。

```
groups_data=data.groupby('部门')
```

groupby() 函数是 pandas 库中一个非常强大的功能，它允许用户根据一个或多个列的值将 DataFrame 划分为多个组，并对这些组执行各种操作。

笔记

步骤四：遍历分组并保存为新的 Excel 文件。

输入如下代码。

```
for i,j in groups_data:
    new_file_path=(i+'.xlsx')
    j.to_excel(new_file_path,sheet_name=i,index=False)
```

通过 for 循环遍历 groups_data 中的每个分组。在每次迭代中，i 是当前分组的名称（部门的名称）；j 是当前分组中的数据（属于该部门的员工信息）。循环体内部执行以下操作。

（1）创建一个新的文件名 new_file_path，它是部门名称（i）加上".xlsx"后缀。

（2）使用 j.to_excel() 方法将当前分组的数据保存为一个新的 Excel 文件。文件的路径由 new_file_path 指定，工作表名称（sheet_name）设置为部门名称（i），并设置 index=False 以避免在输出的 Excel 文件中包含行索引。

项目小结

本项目以团队协作的方式完成，任务实施前先组建团队，明确组长人选和小组任务分工，填写表 19-3。

表 19-3　学生任务分配表

组号		成员数量	
组长			
组长任务			
组员姓名	学号	任务分工	

根据任务分工要求，协作完成相关的操作，并填写任务报告，见表19-4。

表 19-4 任务报告表

学生姓名		学号		班级	
实施地点		实施日期		年　月　日	
任务类型	□演示性　□验证性　□综合性　□设计研究　□其他				
任务名称					
一、任务中涉及的知识点					
二、任务实施环境					
三、实施报告（包括实施内容、实施过程、实施结果、所遇到的问题、采用的解决方法、心得反思等）					
小组互评					
教师评价				日期	

自我提升

引导问题 1： 自主学习，完成对 Excel 工作表的指定区域数据设置查看密码。

引导问题 2： 在 Excel 中，数据有效性用以限制单元格中输入的数据。那么如何设置数据的有效性？要求 A1 单元格中设置为只能录入 8 位数字或文本；当录入位数错误时，提示错误原因，样式为"警告"，错误信息为"只能录入 8 位数字或文本"。

引导问题 3： 查询资料，了解 Python 提供的操作 Excel 的库有哪些？对比它们的功能。

评价反馈

考核学生的专业能力和关键能力，采用过程性评价和结果评价相结合、定性评价与定量评价相结合的考核方法，填写考核评价表。注重学生动手能力和在实践中分析问题、解决问题能力的考核，对于在学习和应用上有创新的学生应给予特别鼓励（表 19-5）。

表 19-5　考核评价表

评价项目	评价内容		分值	自评	师评
相关知识 （20%）	掌握了 Excel 数据清洗与保护的基本方法		10		
	掌握了 Excel 工作表的合并与拆分		10		
工作过程 （80%）	计划方案	工作计划制订合理、科学	10		
	自主学习	有计划地进行相关信息的探索，发现问题能及时和教师或同学讨论交流	15		
	任务及汇报	参见"任务报告表"任务完成情况进行评估	40		
	职业素养	注重团队合作，态度端正，工作认真、主动；具有良好的计算机使用习惯，爱护公共设施与环境	15		
附加分	考核学生的创新意识，在工作中有突出表现或特色做法		5		

项目 20　公式与函数的应用

PROJECT 20

项目导读

Excel 不仅是一个记录与存储数据的得力助手，更是一款拥有卓越计算功能的软件。它内置的丰富公式与函数，能够有效地帮助用户分析和处理数据，使 Excel 在数字化时代中脱颖而出，成为高效数据处理的重要工具。本项目致力于探索 Excel 中公式和函数的具体应用；同时，通过利用 AI 强大的自然语言处理能力，有效协助并优化 Excel 公式和数据的处理过程，实现更高效、精准的数据分析与管理。

学习目标

知识目标
1. 熟悉基本运算符的具体应用。
2. 熟悉绝对引用与相对引用的使用方法。
3. 了解常用的 Excel 函数。

能力目标
1. 能够运用公式与函数解决一些工作、学习中的实际问题。
2. 能够合理利用多个函数的配合使用解决复杂的问题。
3. 在数据处理中遇到困难能够随时向 AI 寻求帮助。

素质目标
1. 培养学生乐于探索、勇于实践的精神。
2. 培养学生的创新精神。

任务 1　使用 AI 编写和解释公式

任务描述

"文心一言"不仅具备出色的语言理解能力,能够准确捕捉用户的意图和需求,还能提供智能化的建议和指导,帮助用户更精准地编写复杂的 Excel 公式。同时,它还能自动优化公式,减少错误和冗余,提高数据处理的速度和准确性。本任务利用"文心一言"来辅助我们编写和理解 Excel 公式。

任务实施

1. 使用 AI 编写公式

公式

例如,有一张"销售数据.xlsx"表,如图 20-1 所示,现想要获取每位员工的销售额,应该使用哪个 Excel 公式呢?

	A	B	C	D	E	F
1	员工姓名	销售数量	销售额			
2	梁辰浩	81			单价	59.8
3	郑云	66				
4	邹巍龙	16				
5	杨秀	67				
6	梅潇秀	52				
7	陈丽文	52				
8	杨熙琴	81				
9	胡美	47				

图 20-1　销售数据表

知识链接

Excel 运算符

Excel 中的运算符主要包括算术运算符、文本运算符、比较运算符。

1. 算术运算符

算术运算符有负号(-)、百分数(%)、乘幂(^)、乘(*)和除(/)、加(+)和减(-)。

2. 文本运算符

Excel 的文本运算符只有一个,即"&"。"&"的作用是将两个文本连接起来组成一个连续的文本。

3. 比较运算符

比较运算符有等于（=）、小于（<）、大于（>）、小于等于（<=）、大于等于（>=）、不等于（<>）。

步骤一：提出需求。

在"文心一言"对话框中输入如下内容。

> 我有一个数据集，A列员工姓名，B列销售数量，单价放在F2单元格，我想求出每位员工的销售额，放在C列，数据从第2行开始

步骤二：阅读解决方案，完成Excel的相关操作。

根据"文心一言"的回答，如图20-2所示，操作Excel，完成销售额的统计。

单元格引用

> 基于你提供的信息，你可以使用Excel中的公式来计算每位员工的销售额，并将结果放在C列。销售额是销售数量与单价的乘积。由于单价是放在F2单元格的，你可以使用绝对引用来确保在拖动公式到其他单元格时单价单元格保持不变。
>
> 以下是如何操作的步骤：
>
> 1. 在C2单元格（假设这是第一个员工的销售额计算位置）中输入公式 =B2*$F$2 。这里，B2是相对引用，表示当前行的销售数量；而 $F$2 是绝对引用，表示无论公式拖动到哪里，都引用F2单元格中的单价。
> 2. 按Enter键，C2单元格现在应该显示了第一个员工的销售额（销售数量乘以单价）。
> 3. 现在，你需要将这个公式复制到C列的其他单元格中，以计算其他员工的销售额。你可以通过以下几种方式之一来实现：
>   - 将鼠标放在C2单元格的右下角，直到鼠标变成一个黑色的小十字（这是填充柄），然后按住鼠标左键并向下拖动，直到覆盖所有需要计算销售额的员工行。释放鼠标后，Excel会自动将公式复制到选定的单元格中，并自动调整相对引用的单元格以匹配每行的数据。
>   - 另一种方法是双击填充柄。这通常在你已经拖动填充柄填充了一个或几个单元格后可用，双击填充柄可以自动填充到C列中与B列数据对应的最后一个单元格。
>
> 完成上述步骤后，C列现在应该显示了每位员工的销售额。由于我们使用了绝对引用，所以无论公式被拖动到哪里，它都会引用F2单元格中的单价。
>
> 请注意，如果你的数据集中有员工没有销售记录（即B列中的销售数量为0或为空），则相应的销售额也会显示为0或错误值。你可以根据需要调整公式或处理这些情况。
>
> 由文心大模型3.5生成

图20-2 "文心一言"给出的销售额求解方法

知识链接

"绝对引用"与"相对引用"

绝对引用和相对引用是指在Excel公式中使用的单元格引用的两种不同方式。

绝对引用是指在公式中使用的固定引用方式，不会因为复制或移动公式而自动调整。绝对引用使用"$"符号来标识。

相对引用是公式中默认的引用方式。当在一个单元格中编写公式并使用相对引用时，公式中的单元格引用会自动调整，以适应公式在其他单元格中的位置，这个调整是根据公式相对于目标单元格的位置而进行的。

2. 使用AI解释数组公式

数组是单元的集合或一组处理的值的集合。数组公式可以认为是Excel对公式和数组的一种扩充，也可以说是以数组为参数的公式。数组公式可以同时处理多个单元格的数值，并返回多个结果。通常，普通的Excel公式只能处理单个单元格，并返回一个结果，而数组公式可以在单个公式中执行多个计算，并对整个区域产生结果。如果对"数组公式"理解有难度，可以借助"文心一言"详细了解，如图20-3所示。

图20-3 "文心一言"解析数组公式

任务2 函数的简单使用

任务描述

在数据处理任务中，根据实际需求选择合适的函数并正确设置参数，是提升数据处理效率的关键步骤。不同的函数适用于不同的数据类型和场景，因此，需要根据数据的实际情况进行选择。同时，还需要了解函数的参数设置和用法，确保能够正确设置参数，避免出现错误或偏差。

任务实施

1. 了解 Excel 函数

Excel 函数实际上是预先定义的特定计算公式，它允许用户按照这些特定的计算公式对一个或多个参数进行计算，并得出一个或多个计算结果，这些结果被称为函数值。使用 Excel 函数，不仅可以完成许多复杂的计算任务，还可以大大简化公式的繁杂程度，从而提高工作效率。

Excel 提供了大量的内置函数，这些函数涵盖了数学、统计、财务、文本处理、日期和时间等各个领域。例如，SUM 函数可以用于计算一系列数值的总和；AVERAGE 函数可以计算数值的平均值；IF 函数可以根据条件进行逻辑判断并返回相应的结果。

那么，在 Excel 中，该如何使用函数来处理实际问题？通过询问"文心一言"，可以得到如图 20-4 所示的回答。

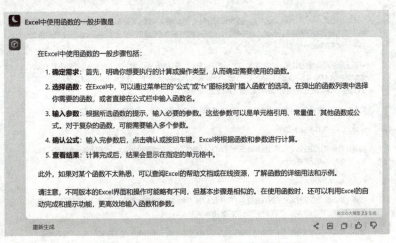

图 20-4 "文心一言"描述使用函数步骤

当明确了所要使用的函数，但又不知道该如何使用时，可以更进一步询问"文心一言"。以最受欢迎的 VLOOKUP 函数为例，大多数 Excel 用户不理解它的工作原理，可以在"文心一言"对话框中输入如下内容。

> 请解释下 VLOOKUP 函数在 Excel 中是如何工作的，并给出示例

"文心一言"给出的回答如图 20-5 所示，如果想要更加具体的实际使用案例，还可以输入如下内容。

> 举一个使用 VLOOKUP 函数的例子，使用实际业务样例数据的表格

笔记

“请解释下VLOOKUP函数在Excel中是如何工作的，并给出示例”

VLOOKUP函数在Excel中的主要作用是，在表格或区域中按行查找特定的值，并返回该值所在行的指定列中的值。该函数在数据匹配、数据查询和数据整合等场景中非常有用。

VLOOKUP函数的基本语法如下：

```
=VLOOKUP(lookup_value, table_array, col_index_num, [range_lookup])
```

- lookup_value：要查找的值，可以是一个单元格引用或具体的值。
- table_array：要在其中查找 lookup_value 的单元格区域或表。
- col_index_num：table_array 中包含返回值的列的编号。第一列是1，第二列是2，依此类推。
- [range_lookup]：一个逻辑值，决定函数查找时是近似匹配还是精确匹配。如果为TRUE或省略，则返回近似匹配值；如果为FALSE，则返回精确匹配值。

下面是一个具体的示例：

图 20-5 “文心一言”解释 VLOOKUP 函数

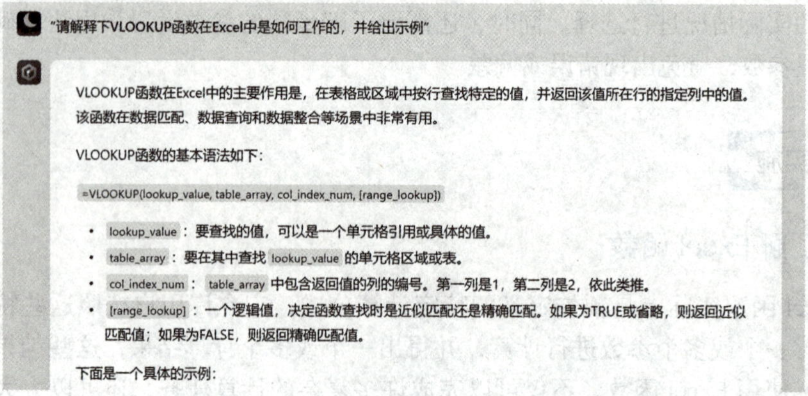

在实际工作场景中，编写 Excel 公式时难免会遇到各种错误，而往往这些错误并不容易被一眼识破。幸运的是，借助 AI 技术，能够迅速定位并解决 Excel 公式中存在的错误，极大地提升了在 Excel 中进行调试的效率，从而更加流畅地完成数据处理和分析任务，案例如图 20-6 所示。

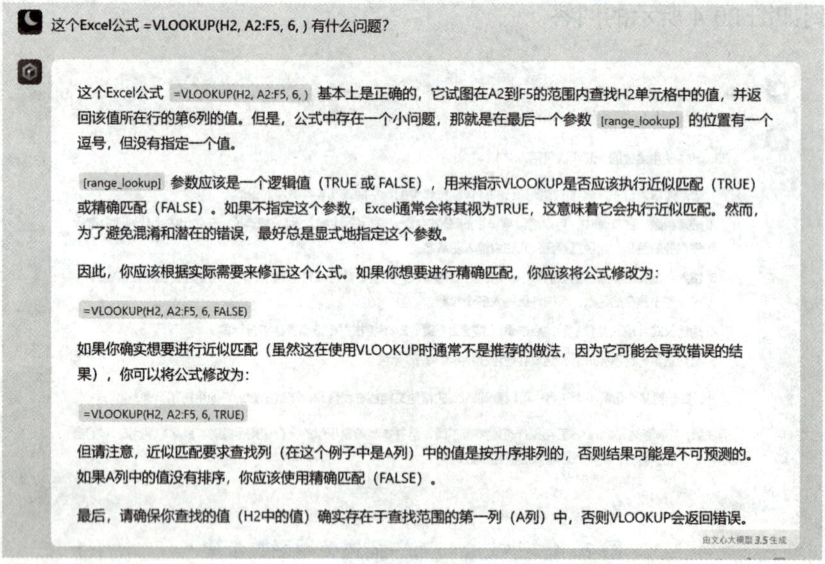

这个Excel公式 =VLOOKUP(H2, A2:F5, 6,) 有什么问题？

这个Excel公式 =VLOOKUP(H2, A2:F5, 6,) 基本上是正确的，它试图在A2到F5的范围内查找H2单元格中的值，并返回该值所在行的第6列的值。但是，公式中存在一个小问题，那就是在最后一个参数 [range_lookup] 的位置有一个逗号，但没有指定一个值。

[range_lookup] 参数应该是一个逻辑值（TRUE 或 FALSE），用来指示VLOOKUP是否应该执行近似匹配（TRUE）或精确匹配（FALSE）。如果不指定这个参数，Excel通常会将其视为TRUE，这意味着它会执行近似匹配。然而，为了避免混淆和潜在的错误，最好总是显式地指定这个参数。

因此，你应该根据实际需要来修正这个公式。如果你想要进行精确匹配，你应该将公式修改为：

```
=VLOOKUP(H2, A2:F5, 6, FALSE)
```

如果你确实想要进行近似匹配（虽然这在使用VLOOKUP时通常不是推荐的做法，因为它可能会导致错误的结果），你可以将公式修改为：

```
=VLOOKUP(H2, A2:F5, 6, TRUE)
```

但请注意，近似匹配要求查找列（在这个例子中是A列）中的值是按升序排列的，否则结果可能是不可预测的。如果A列中的值没有排序，你应该使用精确匹配（FALSE）。

最后，请确保你查找的值（H2中的值）确实存在于查找范围的第一列（A列）中，否则VLOOKUP会返回错误。

由文心大模型 3.5 生成

图 20-6 “文心一言”查找函数错误

知识链接

公式或函数出错信息

如果输入的公式中有错误，不能正确计算出结果，那么在单元格中将显示一个以 # 开头的错误值。表 20-1 给出了错误值、产生错误的原因和简单示例。

表 20-1　公式或函数常见出错信息

错误值	原因	示例
######	单元格所含的数字、日期等数据宽度比单元格宽	在 A1 单元格中输入"2024-03-18",减少 A 列宽度,可以发现该单元格显示成"######"
#DIV/0!	除法时除数为 0	在 B1 单元格中输入公式"=8/0"
#VALUE!	各参数或运算对象类型不一致	在 C1 单元格中输入文字"Python",在 D1 单元格中输入"=C1+2"
#NAME?	在公式中使用了不能识别的文本	在 B2 单元格中输入公式"=AB+8"
#REF!	引用了无效的单元格	在 C2 单元格中输入公式"=A2+9",将 C2 单元格中的公式复制到 B4 单元格
#NUM!	在数学函数中使用了无效数字	在 E1 单元格中输入公式"=SQRT(-9)"
#N/A	公式或函数不可用	在 G2 单元格中输入公式"=RANK(F2,F2:F10)",若 G2 单元格中没有输入数据,则导致函数 RANK 不可用

2. 使用 Excel 函数完成特定任务

根据任务 1 完成的"销售数据.xlsx"表,选择合适的函数完成下面的任务。

(1)在 D 列增加一列"是否优秀员工",条件是:员工的销售数量达到或超过 60 的显示"是",否则显示"否"。

(2)在 G5、H5、I5 单元格分别输入销售额<2 000、2 000≤销售额<3 000、销售额≥3 000,选择合适的函数进行统计,并将结果分别存入 G6、H6、I6 单元格。

(3)在 E10 单元格输入"优秀员工的销售总额:",选择合适的函数计算并将结果存放在 G10 单元格。

(4)在 D 列"是否优秀员工"前增加一列,输入"名次",下面的各单元格利用公式按销售额,从高到低填入对应的名次(说明:当销售额相同时,名次相同,取最佳名次)。

步骤一:打开函数对话框。

在 D1 单元格中输入"是否优秀员工",选中单元格 D2,单击"插入函数"按钮。在打开的"插入函数"对话框中,找到"或选择类别(C)",单击其右侧按钮,在下拉列表里选择"逻辑",然后在出现的"选择函数"列表中找到"IF",如图 20-7 所示,单击"确定"按钮。当知道函数名称时,也可以直接通过"搜索函数"编辑框快速搜索"IF"函数。

图 20-7 "插入函数"对话框

知识链接

IF 函数

IF 函数是 Excel 中常用的一个条件函数，其基本功能是根据指定的条件来判断并返回相应的结果。IF 函数的基本语法是 IF(Logical_test, [Value_if_true], [Value_if_false])。

（1）Logical_test：需要测试的条件，其结果必须为 TRUE 或 FALSE。

（2）Value_if_true：如果 Logical_test 的结果为 TRUE，则返回此参数的值。

（3）Value_if_false：如果 Logical_test 的结果为 FALSE，则返回此参数的值。这是一个可选参数，如果省略，当条件为 FALSE 时，IF 函数将返回逻辑值 FALSE。

步骤二：编辑各参数。

在打开的"函数参数"对话框中，"Logical_test"参数中输入"B2>=60"，"Value_if_true"参数中输入"是"，"Value_if_false"参数中输入"否"，如图 20-8 所示，单击"确定"按钮。通过向下填充将这个公式复制到 D 列的其他单元格中。

步骤三：使用统计函数。

在 G5、H5、I5 单元格分别输入销售额<2 000、2 000≤销售额<3 000、销售额≥3 000，并调整合适的列宽，再选择 G6 单元格，打开 COUNTIF 函数对话框。参数设置如图 20-9 所示。

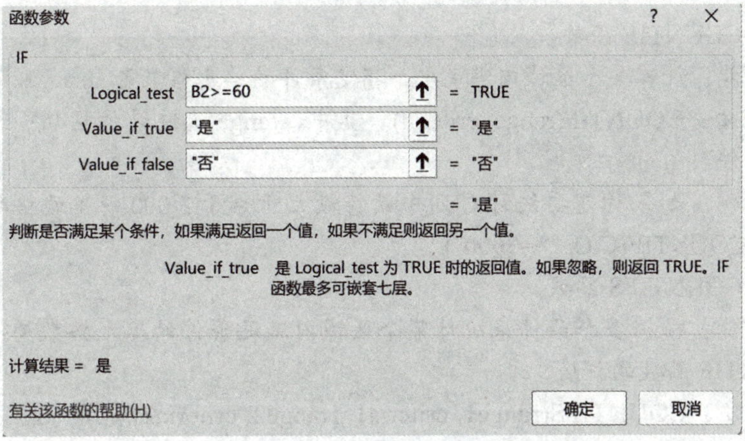

图 20-8　IF 函数的参数设置

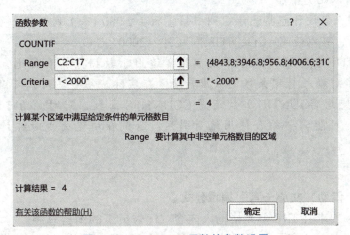

图 20-9　COUNTIF 函数的参数设置

当你对函数比较熟悉时，可以不用打开函数对话框，直接在对应的单元格输入公式。

选中 H6 单元格，输入如下的公式。

=COUNTIFS(C2:C17,">=2000",C2:C17,"<3000")

选中 I6 单元格，输入如下的公式。

=COUNTIF(C2:C17,">=3000")

知识链接

COUNTIF/COUNTIFS 函数

COUNTIF 函数和 COUNTIFS 函数都是 Excel 中用于条件计数的函数，但它们在功能和参数上有所不同。

> (1) COUNTIF 函数。
> ①功能：计算某个区域内满足单个指定条件的单元格数量。
> ②语法：COUNTIF(range, criteria)。其中，range 是统计的区域，criteria 是统计的条件。
> ③示例：如果你想要统计 C 列中销售额大于等于 3 000 的单元格数量，可以使用 =COUNTIF(C:C, ">=3000")。
>
> (2) COUNTIFS 函数。
> ①功能：根据多个条件来统计某个区域内满足条件的单元格数量。该函数是 COUNTIF 函数的扩展。
> ②语法：COUNTIFS(range1, criteria1, [range2, criteria2], ...)。这里，range1 和 criteria1 是第一个统计区域和条件，range2 和 criteria2 是第二个统计区域和条件（可选），以此类推。
> ③示例：假设你想要统计 C 列中销售额在 2 000（含）到 3 000（含）之间的单元格数量，可以使用 =COUNTIFS(C:C, ">=2000", C:C, "<=3000")。
>
> COUNTIF 和 COUNTIFS 函数都非常适用于数据分析和筛选，可以帮助用户快速了解满足特定条件的数据数量。在实际应用中，用户可以根据具体需求选择使用 COUNTIF 函数还是 COUNTIFS 函数。同时，为了确保统计的准确性，可能需要结合使用绝对引用，避免在填充公式时统计区域发生变化。

步骤四：借助"文心一言"编辑公式。

根据任务要求在 E10 单元格输入内容"优秀员工的销售总额："。如果不会求解，可以向"文心一言"寻求帮助，如图 20-10 所示。参考"文心一言"的回答提示，在 G10 单元格输入公式："=SUMIF(D2:D17," 是 ",C2:C17)"。

> 🌙 我有一张数据表，A列"员工姓名"，B列"销售数量"，C列"销售额"，D列"是否优秀员工"，数据在2-17行，现请你使用合适的函数计算优秀员工的销售总额
>
> 🤖 要计算优秀员工的销售总额，你可以使用Excel中的 SUMIF 函数（注意不是 SUMIFS，因为 SUMIFS 函数不是所有版本的Excel都支持）。SUMIF 函数允许你基于某个条件对另一列的数据进行求和。
>
> 假设"是否优秀员工"列中，"优秀"员工用"是"来表示，你可以按照以下步骤操作：
>
> 1. 选择一个空白单元格，比如E1，用于显示结果。
> 2. 输入以下公式：
>
> ```excel
> =SUMIF(D2:D17, "是", C2:C17)
> ```
>
> 这个公式的意思是：如果D列（D2到D17范围）中的某个单元格的值是"是"，则将该行对应的C列（C2到C17范围）中的值加总起来。
>
> 3. 按Enter键。

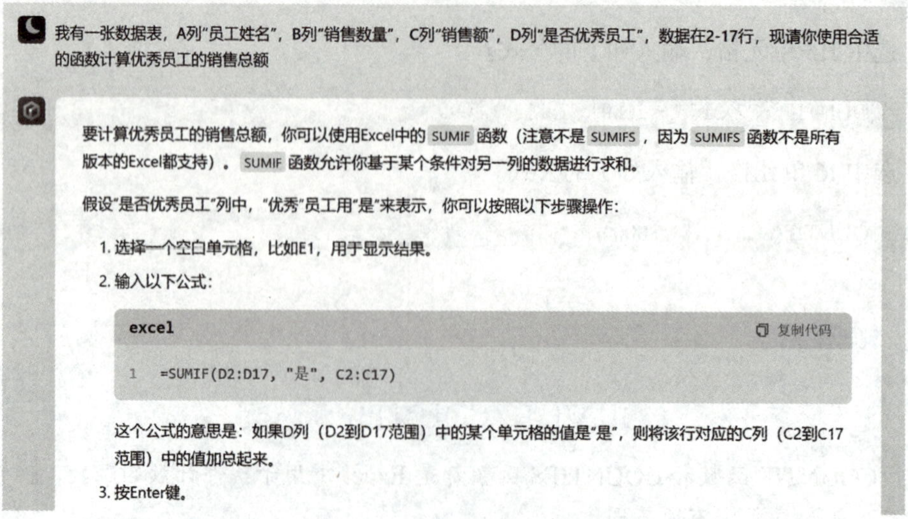

图 20-10 "文心一言"给出的 SUMIF 函数求解方法

知识链接

SUMIF 函数 /SUMIFS 函数

SUMIF 函数可用于在某个范围内根据某个条件进行求和。其语法如下。

SUMIF(range, criteria, [sum_range])

range：指定要进行条件判断的范围，可以是单个列或行，或整个表格。

criteria：指定条件，如使用表达式、文本、数字等。

[sum_range]：可选参数，指定要进行求和的范围。如果省略该参数，则默认使用 range 进行求和。

SUMIFS 函数可用于在多个范围内根据多个条件进行求和。其语法如下。

SUMIFS(sum_range, criteria_range1, criteria1, [criteria_range2, criteria2],...)

sum_range：指定要进行求和的范围。

criteria_range1：指定第一个条件的范围。

criteria1：指定第一个条件。

[criteria_range2, criteria2]：可选参数，指定其他条件的范围和条件。

步骤五：使用 **RANK.EQ** 函数。

选中 D 列，单击鼠标右键选择"插入"命令，新增一列，在 D1 单元格中输入"名次"，选中 D2 单元格，输入的公式如下。

=RANK.EQ(C2,$C$2:$C$17,0)

知识链接

RANK 函数 /RANK.EQ 函数

RANK 函数用于返回一个数值在数组或数据集合中对应的排名，排名是基于数值在数据集合中的大小而定。其语法如下。

RANK(number, ref, [order])

number：指定要计算排名的数值。

ref：指定包含数据的范围或数组。

order：可选参数，指定升序或降序排列。默认为降序，用"0"或 FALSE 表示降序，用"1"或 TRUE 表示升序。

RANK.EQ 函数与 RANK 函数在功能上是类似的，也用于确定一个值在一组数据中的排名位置。其语法为 RANK.EQ(number, ref, [order])，与 RANK 函数的主要区别在于 RANK.EQ 函数在处理相同值时的排名方式。RANK.EQ 函数根据数值的大小来确定排名，如果两个值相同，它们将被分配相同的排名，而不会考虑它们实际在列表中的位置。

任务3 函数的嵌套使用

任务描述

函数嵌套是指在一个函数的参数中使用另一个函数。在 Excel 中，可以将多个函数嵌套在一起，以实现复杂的功能，例如，本任务要求利用 IF、MOD、MID 函数，根据身份证号码判断"性别"。

团结协作

在 Excel 中，面对复杂的数据处理任务，通常需要多个函数紧密协作，才能得出准确的结果。正如在一个大型项目中，团队成员们各司其职，彼此依赖，共同为完成目标而努力。

在 Excel 函数的嵌套使用中，一个函数的准确执行往往依赖于另一个函数的正确输出。这种依赖关系在团队协作中同样体现得淋漓尽致。每个团队成员的工作成果，都是团队整体效率和成果的重要组成部分。因此，在团队协作中，建立和维护成员之间的相互信任至关重要。只有相互信任，才能确保团队成员在面对挑战和问题时，能够坦诚沟通、相互支持，共同寻找解决方案。这种相互依赖和信任，不仅是团队协作的基石，更是实现共同目标的关键所在。

在 Excel 函数的嵌套调用中，执行顺序的把握也至关重要。一个函数的输出，往往直接作为另一个函数的输入，这就要求我们在进行嵌套调用时，必须确保每个函数的执行顺序正确无误。这种对执行顺序的严格把控，与团队协作中对信息传递和任务推进的精准要求不谋而合。团队成员之间需要保持良好的沟通，确保信息的准确传递，从而推动任务的顺利进行。

任务实施

完整的身份证号码由18位数字组成，第1、2位数字表示所在省份的代码；第3、4位数字表示所在城市的代码；第5、6位数字表示所在区县的代码；第7~14位数字表示出生年、月、日；第15、16位数字表示所在地的派出所的代码；第17位数字表示性别：奇数表示男性，偶数表示女性；第18位数字是校验码。

步骤一：提取出身份证第 17 位数字。

打开 Excel，在 A1 单元格中输入一个 18 位的数字。需要注意的是，由于数字位数过长，直接输入可能会导致它自动转换为科学计数法显示。为了避免这种情况，需要先将该单元格的格式设置为"文本"。完成这一设置后，再输入 18 位数字，这样就可以确保数字以完整的形态显示，而不会被转换成科学计数法。

在 B1 单元格中使用 MID 函数提取出身份证号码的第 17 位数字，输入的公式如下。

`=MID(A1,17,1)`

 **知识链接**

MID 函数

MID 函数用于从一个文本字符串的指定位置开始，截取指定数目的字符。它的语法格式是 "MID(text, start_num, num_chars)"。其具体解释如下。

text 代表要处理的文本字符串。

start_num 表示开始截取字符的位置，它必须大于等于 1，否则会返回错误。如果 start_num 大于文本长度，将返回空；如果 start_num 加上 num_chars 大于文本长度，MID 函数只返回直到文本末尾的字符。

num_chars 表示要截取的字符数目，它必须大于 0，若小于 0 会返回错误值 #VALUE!。

MID 函数在处理文本时，无论是汉字、字母还是数字，都视为一个字符。这使 MID 函数在提取特定位置的字符或截取特定长度的字符串时非常有用。

步骤二：使用 MOD 函数求余。

根据提取出的第 17 位数字，输入的求余公式如下。

`=MOD(MID(A1,17,1),2)`

知识链接

MOD 函数

MOD 函数用于返回两个数相除的余数。该函数的语法如下。

`=MOD(number, divisor)`

number：被除数。

divisor：除数。

MOD 函数返回的结果为 number 除以 divisor 的余数。

步骤三：根据余数判断奇偶性。

根据得到的余数，使用 IF 函数判断奇偶性并输出性别，输入的公式如下。

=IF(MOD(MID(A1,17,1),2)=0," 女 "," 男 ")

项目小结

本项目以团队协作的方式完成，任务实施前先组建团队，明确组长人选和小组任务分工，填写表 20-2。

表 20-2　学生任务分配表

组号		成员数量	
组长			
组长任务			
组员姓名	学号	任务分工	

根据任务分工要求，协作完成相关的操作，并填写任务报告，见表 20-3。

表 20-3 任务报告表

学生姓名		学号		班级	
实施地点		实施日期		年 月 日	
任务类型	□演示性 □验证性 □综合性 □设计研究 □其他				
任务名称					
一、任务中涉及的知识点					
二、任务实施环境					
三、实施报告（包括实施内容、实施过程、实施结果、所遇到的问题、采用的解决方法、心得反思等）					
小组互评					
教师评价				日期	

人工智能基础与应用

自我提升

引导问题 1：使用数组公式，计算"销售数据.xlsx"表中每位员工的奖金，假设奖金为销售额的 10%。

引导问题 2：自主学习，思考如何设定工作表 D 列中不能输入重复的数值？

引导问题 3：如何从身份证号码中提取出"出生日期"，显示格式为"****年**月**日"？

评价反馈

考核学生的专业能力和关键能力，采用过程性评价和结果评价相结合、定性评价与定量评价相结合的考核方法，填写考核评价表。注重学生动手能力和在实践中分析问题、解决问题能力的考核，对于在学习和应用上有创新的学生应给予特别鼓励（表 20-4）。

表 20-4 考核评价表

评价项目		评价内容	分值	自评	师评
相关知识（20%）		掌握了公式的基本编辑方法	5		
		掌握了函数的简单使用和嵌套使用	15		
工作过程（80%）	计划方案	工作计划制订合理、科学	10		
	自主学习	有计划地进行相关信息的探索，发现问题能及时和教师或同学讨论交流	15		
	任务及汇报	参见"任务报告表"任务完成情况进行评估	40		
	职业素养	注重团队合作，态度端正，工作认真、主动；具有良好的计算机使用习惯，爱护公共设施与环境	15		
附加分		考核学生的创新意识，在工作中有突出表现或特色做法	5		

项目 21 AI 协助 PPT 制作

PROJECT 21

项目导读

制作 PPT 是许多人在工作和学习中常常需要进行的任务之一。然而，有时候可能会遇到创意不足、内容组织困难或时间紧迫的情况。在这种情况下，借助 AI 工具可以提高 PPT 制作的效率和质量。比如，向"文心一言"描述 PPT 的主题和需要包括的内容，它可以生成一个基本的 PPT 大纲框架，包括每一页的主题和关键要点，这使得用户可以更加有条理地组织内容。AI 制作工具也能帮助人们快速完成 PPT 初稿的创作，无论是调整布局、配色，还是智能添加图表、图片等多媒体元素，它都能轻松胜任。

学习目标

知识目标
1. 熟悉"文心一言"在辅助制作 PPT 演示文稿中的应用潜力。
2. 了解 AI 自动生成 PPT 工具。

能力目标
1. 能够有效使用 AI 工具，从中获取有关 PPT 演示文稿制作的信息和建议。
2. 能够评估 AI 生成的内容，进行适当的修改和编辑。
3. 能够利用 AI 工具快速制作 PPT。

素质目标
1. 发展信息获取和整理的能力。
2. 培养创新思维和解决问题的能力。
3. 提高判断与决策能力。

任务1 使用"文心一言"生成PPT大纲

任务描述

"文明""健康"是人们生活中不可或缺的两个元素,它们相辅相成,共同构建着我们美好的生活。教师希望通过班会,让每位学生都能够深刻认识到,只有当人们真正做到文明同行、健康共筑时,生活才会变得更加美好、更加充实。请围绕"文明"与"健康"为班会设计一个主题并拟定一份详细的PPT大纲。

健康中国

党的二十大报告指出"深入开展健康中国行动和爱国卫生运动,倡导文明健康生活方式"。健康的生活方式是每一个公民的愿望和追求,是新时代践行社会主义核心价值观,树立文明风尚的时代要求,也是增进民生福祉,提高人民生活品质的重要体现。

2023年6月5日,世界环境日全球主题是"塑战速决",呼吁全球为抗击塑料污染制订解决方案,将展现国家、企业和个人在怎样学习更加可持续地使用塑料。中国近期采取的减少海洋塑料的行动是一个良好的开端。例如,浙江省政府与当地企业合作,应用物联网(IoT)和区块链技术,推出了一个用于控制海洋塑料污染的数字平台。

无论是政府、生产商还是消费者,都对塑料危机负有责任。通过即刻的行动,我们可以减少塑料污染我们的星球,损害我们的健康。通过共同努力,我们可以创造一个更加可持续的未来,终结塑料之祸。

任务实施

1. 使用AI生成PPT主题

根据要求,通过与"文心一言"对话,生成PPT主题,如图21-1所示。如果对生成的主题不满意,还可以单击"重新生成"按钮,直到满意为止,或者以AI生成的主题为参考,自拟。

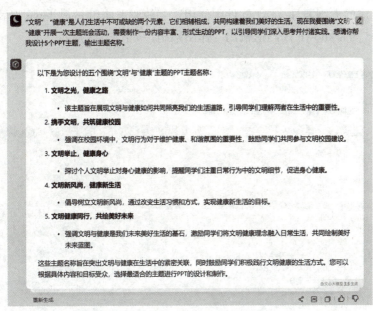

图 21-1 "文心一言"输出 PPT 主题

2. 指定角色和输出格式

如何在短时间内非常快速整理 PPT 内容结构？可借助 AI 来辅助撰写 PPT 的大纲和文案。比如，可以给"文心一言"指定一个角色及输出的格式要求，让它生成一个大纲。例如，在"文心一言"对话框中输入如下内容。

> 你是一位 PPT 内容策划与指导专家，根据"文明新风尚、健康新生活"主题，创建一个带有项目符号的详细大纲

"文心一言"将根据输入的指令，生成并输出 PPT 大纲，如图 21-2 所示。

图 21-2 "文心一言"输出 PPT 大纲

Markdown 语法简介

如果生成的大纲要导入 AI 软件中使用，一般要求使用 markdown 形式。这时提示语可以用"markdown 代码框输出"作出限制，如图 21-3 所示。

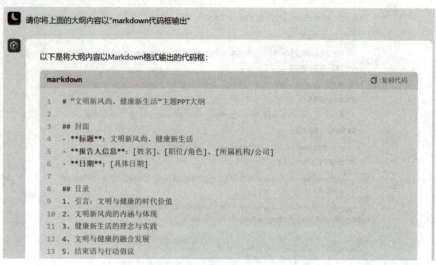

图 21-3　markdown 代码框示例

图 21-3 中带"##"格式的提纲即是 markdown 形式。

3. 调整或补充大纲

针对生成的大纲中不清楚的内容，可以追加提问。例如，对于图 21-2 所示的大纲，可以发现欠缺更详细的校园文明与健康分析，则可再追加一些要求。比如用提示语："你提供的提纲中，关于校园文明与健康的内容欠缺，请根据你的经验增加，融合原有提纲"，结果如图 21-4 所示。

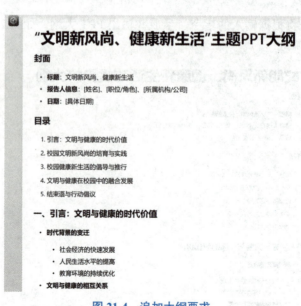

图 21-4　追加大纲要求

项目 21 | AI 协助 PPT 制作

任务 2　借助 AI 工具制作 PPT

任务描述

为了围绕"文明"与"健康"这两个核心主题开展一次富有成效的主题班会活动，计划借助先进的 AI 工具来生成一份内容丰富、形式生动的 PPT 初稿，旨在引导学生深入思考文明与健康的重要性，并激发其付诸实践的积极性。

任务实施

1. 使用"讯飞智文"生成 PPT

"讯飞智文"是一款 AI 智能 PPT 生成工具，旨在通过人工智能技术帮助用户快速创建专业的演示文稿。它利用先进的算法分析用户的内容，自动生成布局和设计，从而节省设计时间，提高工作效率。

步骤一：打开"讯飞智文"网站。

打开"讯飞智文"网站，进入创作平台界面，如图 21-5 所示。随着 AI 技术的日新月异与时间的流逝，可以预见，网站会不断焕发出新的生机与活力，界面呈现也会不同。

使用"讯飞智文"

图 21-5　"讯飞智文"创作平台界面

步骤二：选择创建方式。

选择图 21-5 所示的"PPT 创作"后，进入图 21-6 所示的"选择创建方式"界面，以"主题创建"为例。

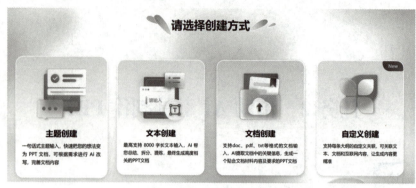

图 21-6　选择创建方式

步骤三：输入主题内容。

在打开的界面中输入"文明健康"主题班会，单击发送后，进入自动创作，生成图 21-7 所示的 PPT 标题和大纲。

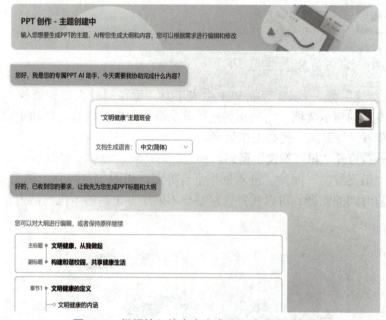

图 21-7　根据输入的内容生成 PPT 标题和大纲

如果对生成的主题和大纲不满意，还可以进行手动编辑修改，也可以在大纲的最后，单击"重新生成"按钮，如图 21-8 所示。直到用户对标题和大纲内容满意后，单击"下一步"按钮。

图 21-8　重新生成标题大纲

步骤四：选择配色。

在打开的配色界面，如图 21-9 所示，选择合适的模板配色，单击"下一步"按钮。

图 21-9　模板配色

知识链接

"讯飞智文"模板配色

"讯飞智文"为用户提供了多种高品质的模板配色方案，以满足不同场景和需求下的视觉设计。

紫影幽蓝：这种配色方案以深紫色和幽蓝色为主，给人一种神秘而深邃的感觉。这种配色适用于需要展现专业、稳重氛围的 PPT 或文档，如企业年报、项目汇报等。

清新翠绿：以浅绿色为主色调，搭配清新的白色和淡黄色，呈现出一种自然、清新的视觉效果。这种配色适用于环保、健康、教育等领域的 PPT 或文档，能够传达出积极向上的氛围。

清逸天蓝：以天蓝色为主，辅以白色和淡灰色，营造出一种清爽、简洁的视觉感受。这种配色适用于科技、互联网、创新等领域的 PPT 或文档，能够凸显出前沿、现代的气息。

质感之境：这种配色方案注重质感和层次感的营造，通过对不同深浅的灰色和黑色进行搭配，形成一种低调而高级的视觉效果。其适用于高端、豪华、时尚等领域的 PPT 或文档。

此外，"讯飞智文"还提供了其他多种模板配色方案，用户可以根据实际需要进行选择和切换。这些模板配色方案不仅丰富了用户的视觉选择，同时也能够提升 PPT 或文档的整体美观度和专业度。同时，讯飞智文的模板配色还支持快速切换，使得用户在制作 PPT 或文档时能够更加灵活和高效。

步骤五：生成 PPT。

等待"讯飞智文"自动生成 PPT。首次使用会弹出图 21-10 所示的界面，可以选择"开始导览"，它将会展示如何使用演示文稿编辑器，也可以选择"跳过"。

步骤六：修改 PPT。

对于已生成的 PPT，应依据个人审美和实际需求，进行细致的调整与修改，直至达到心目中的满意效果。倘若发现 PPT 中的图片不尽如人意，可以选中需要替换的那张图片，如图 21-11 所示，单击"编辑图片"选项，随后在页面的右侧会弹出一个名为"图片编辑"的功能窗口，如图 21-12 所示。在这个窗口中，有两个选择：一是利用"AI 文生图"功能，通过文字描述自动生成符合需求的图片；二是通过"图片上传"功能，手动上传自己心仪的图片进行替换。

图 21-10　演示文稿编辑器

图 21-11　选中要替换的图片

图 21-12　"图片编辑"窗口

知识链接

AI 文生图

AI 文生图是一种基于生成式对抗网络（GAN）的技术，通过文字描述自动生成对应的图像。它利用生成器和判别器的对抗训练，提高生成图像的真实度和准确性。AI 文生图具有自动化、高精度和可定制化的特点，广泛应用于艺术创作、设计、广告和游戏开发等领域。随着技术的不断发展，AI 文生图将在更多领域发挥重要作用，提供更丰富多样的视觉创作体验。由于文生图工具涉及版权和隐私等问题，用户在使用时应遵守相关的法律、法规和道德规范。

步骤七：导出 PPT。

在导出 PPT 之前，建议先单击图 21-13 中的"演示"按钮，进入 PPT 的预览模式。当确认 PPT 内容无误并满意其展示效果后，便可通过单击"导出"按钮来导出文件。

图 21-13　演示、模板、导出

单击"导出"按钮后,一个提示导出文件格式的窗口将会弹出,如图21-14所示。可以选择"导出到PPT文件"选项,随后指定文件保存的路径。完成这些步骤后,生成的PPT便会顺利下载到用户的本地计算机中指定的位置,供用户随时使用或分享。

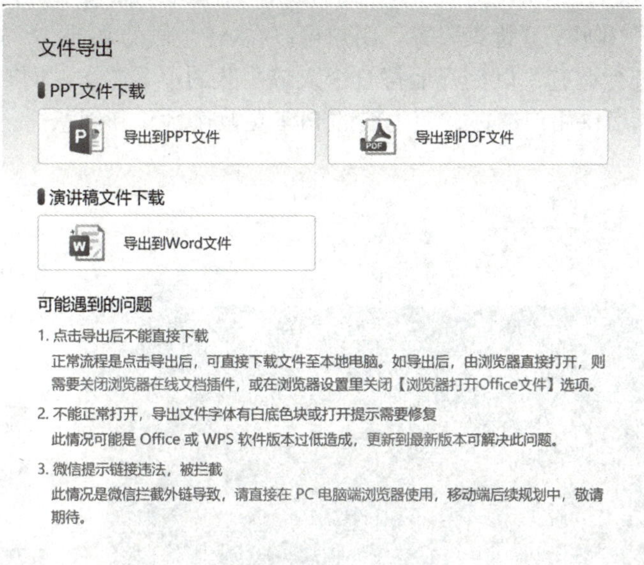

图 21-14 选择导出文件格式

2. 使用"美图设计室 AI PPT"生成 PPT

"美图设计室 AI PPT"是一款 AI 辅助 PPT 生成制作工具,旨在帮助用户快速创建专业的 PPT。它通过先进的算法理解用户的需求,并提供一系列自动化设计选项,从而简化了演示文稿的制作过程。

步骤一:进入 AI PPT 生成界面。

打开"美图设计室 AI PPT"官网,界面如图 21-15 所示。

图 21-15 "AI PPT"生成界面

步骤二:输入内容,等待生成。

在图 21-15 所示的文本框中,输入想让它生成的主题内容,如"文明健康"主题班会,单击"生成"按钮,等待生成。

步骤三:修改 PPT。

完成 PPT 的生成后,将看到如图 21-16 所示的界面。可以使用↑和↓按钮轻松换页，便捷地切换 PPT 页面，还可以通过 ⊕ 添加页面，▣ 复制页面，🗑 删除页面。在界面的右侧，有"画布"工具组，它提供了丰富的设置选项，如"画布尺寸"和"画布背景"等。通过这些设置，可以根据实际需求调整画布的大小，选择适合的背景颜色或图片，让演示文稿更加个性化。

  "美图设计室 AI PPT"提供了丰富的素材和装饰选项，如图 21-16 所示的左侧工具栏："素材""画图""背景"等。用户可以在 AI 生成的基础上，对 PPT 的颜色、字体、背景等进行调整，以更好地符合个人或团队的审美需求。同时，它还提供了大量的模板和风格供用户选择，使生成的 PPT 更具个性化和创意性。

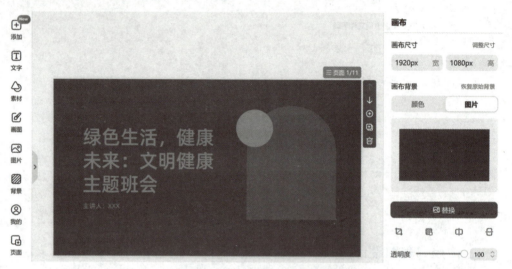

图 21-16　生成 PPT 后的界面

  如果想要快速查看生成的 PPT 页面，可以单击"页面"按钮；如果想要更改其中不满意的页面，可以把鼠标移动到对应的页面上，在页面下方会出现"重新生成"按钮，单击该按钮后出现如图 21-17 所示的界面，在"prompt（指令）"文本框中输入想要的内容指令，提交后即可重新生成 PPT 页面。

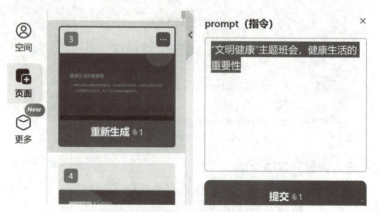

图 21-17　通过指令重新生成 PPT 页面

  此外，为了让较为简单的 PPT 页面更具设计感和吸引力，可以巧妙地添加一些元素设计。以给 PPT 首页添加"树木"图案为例，操作过程非常简单，只需单击图 21-16 所示的左侧"素材"按钮，在其右侧弹出的"搜索素材"对话框中输入"树木"这一关键词，并按下 Enter 键，界面便会迅速呈现出如图 21-18 所示的相关素材。可以根据自己的喜好和需求，轻松选择并添加合适的"树木"图案。

图 21-18　搜索"树木"素材

如果要替换 PPT 中的图片，可以通过 AI 图片生成，如图 21-19 所示，在"AI 图片画面描述"文本框中输入内容，单击"重新生成"按钮，等待它生成图片后进行替换。

图 21-19　AI 图片生成

还可以通过"图片设置"中的"替换图片"按钮，如图 21-20 所示，导入自己预先准备的图片。

图 21-20　替换图片

WPS AI 插件的应用

步骤四：导出 PPT。

在导出 PPT 之前，建议先单击"演示"按钮，进入 PPT 的预览模式。当确认 PPT 内容无误并满意其展示效果后，便可通过单击"下载"按钮来导出文件。

项目小结

本项目以团队协作的方式完成，任务实施前先组建团队，明确组长人选和小组任务分工，填写表 21-1。

表 21-1 学生任务分配表

组号		成员数量	
组长			
组长任务			
组员姓名	学号	任务分工	

根据任务分工要求，协作完成相关的操作，并填写任务报告，见表 21-2。

表 21-2　任务报告表

学生姓名		学号		班级	
实施地点		实施日期		年　月　日	
任务类型	□演示性　□验证性　□综合性　□设计研究　□其他				
任务名称					
一、任务中涉及的知识点					
二、任务实施环境					
三、实施报告（包括实施内容、实施过程、实施结果、所遇到的问题、采用的解决方法、心得反思等）					
小组互评					
教师评价				日期	

人工智能基础与应用

自我提升

引导问题1：自主学习，尝试使用"讯飞智文"其他的创建方式快速生成PPT。

_____

_____

引导问题2："美图设计室AI PPT"在处理图片方面提供了哪些有效的功能？请尝试使用这些功能处理图片，使图片更具有创意和吸引力。

_____

_____

_____

引导问题3：查询资料，AI制作PPT工具还有哪些？请介绍它们的功能特点和使用方法。

_____

_____

_____

评价反馈

考核学生的专业能力和关键能力，采用过程性评价和结果评价相结合、定性评价与定量评价相结合的考核方法，填写考核评价表。注重学生动手能力和在实践中分析问题、解决问题能力的考核，对于在学习和应用上有创新的学生应给予特别鼓励（表21-3）。

表21-3 考核评价表

评价项目	评价内容	分值	自评	师评
相关知识（20%）	掌握了常用的AI制作PPT工具	10		
	会评估AI生成的内容，并进行修改和编辑	10		
工作过程（80%）	计划方案 工作计划制订合理、科学	10		
	自主学习 有计划地进行相关信息的探索，发现问题能及时和教师或同学讨论交流	15		
	任务及汇报 参见"任务报告表"任务完成情况进行评估	40		
	职业素养 注重团队合作，态度端正，工作认真、主动；具有良好的计算机使用习惯，爱护公共设施与环境	15		
附加分	考核学生的创新意识，在工作中有突出表现或特色做法	5		

项目 22 PPT 的创意设计

项目导读

视觉效果是制作精美、有创意的 PPT 的关键，涉及图像、动画和布局设计等方面。PPT 创意设计不仅仅是为了美化幻灯片，更是为了提升信息传达的效果和吸引观众的兴趣。在 PPT 中巧妙地融入 3D 模型，不仅能够极大地丰富演示文稿的视觉效果，更能使内容跃然纸上，呈现出立体而生动的质感，为观众带来沉浸式的全新体验。通过色彩、字体、图像和动画等视觉元素，创意设计让信息更有趣、吸引人，激发观众的好奇心和探索欲。iSlide 插件提供了丰富模板、主题和图表等功能，助力用户快速构建专业美观的 PPT。

学习目标

知识目标
1. 熟悉"画图 3D"软件的基本操作方法。
2. 掌握 iSlide 插件的基本功能和操作方法。

能力目标
1. 能够使用"画图 3D"软件制作 3D 模型。
2. 能够结合实际需求，选择合适的 iSlide 插件功能进行 PPT 制作。
3. 能够运用所学知识，解决在制作 PPT 过程中遇到的问题，提高制作效率和质量。

素质目标
1. 培养学生的学习兴趣，激发其创造力和想象力。
2. 引导学生形成认真细致的工作态度，注重作品的质量和创新性。
3. 培养学生的审美意识。

任务 1　制作 3D 图片旋转动画

任务描述

使用"画图 3D"软件制作 3D 图片模型，具体要求：绘制六边形，导入图片为 3D 对象，旋转对齐至六边形边缘；删除六边形，按序旋转图片至竖直；调整角度，保存为 3D 模型；将模型导入 PPT 并添加转盘动画，实现 3D 图片旋转动画效果。

制作 3D 图片旋转动画

知识链接

3D 模型

3D 模型是用三维软件建造的立体模型，包括各种建筑、人物、植被、机械等，如一个大楼的 3D 模型图。3D 模型是现代数字媒体和设计领域中不可或缺的工具，它们为创作者提供了无限的创作可能性，以实现各种视觉和交互性目标。3D 模型广泛应用于影视、游戏、建筑、工业等领域，用于创建视觉效果、游戏角色和场景、建筑设计和规划、产品设计和制造等。它们通过一系列的三维顶点、线、面，以及贴图、材质、光照等信息来呈现立体效果，可以通过各种 3D 打印技术或虚拟现实技术来转化为实物或实现沉浸式体验。

任务实施

1. 制作 3D 模型

步骤一：打开"画图 3D"软件，绘制正六边形。

打开计算机自带的"画图 3D"软件，选择"新建"，再单击"2D 形状"选项，在"2D 形状"工具组中选择"六边形"，按住 Shift 键绘制一个正六边形，如图 22-1 所示。

如果计算机尚未安装"画图 3D"软件，可以尝试前往 Windows 应用商店，在其中搜索"画图 3D"，并依照界面提示进行软件的下载与安装。当然，也可以选择从微软官网直接下载并安装该软件。

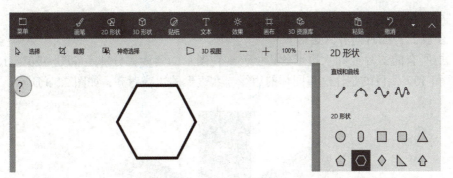

图 22-1 绘制正六边形

知识链接

3D 资源库

如图 22-1 所示，菜单栏里的"3D 资源库"是一个丰富的资源集合，它为用户提供了各种类型的 3D 模型，以满足不同的创作需求。通过访问这个资源库，用户可以轻松找到并导入所需的 3D 模型，然后在其基础上进行编辑、修改和创作。

3D 资源库具有以下几个特点。

（1）模型种类丰富：资源库中包含了各种各样的 3D 模型，涵盖了建筑、动物、植物、车辆等多个类别。无论是需要创建一个复杂的场景，还是仅仅需要一个简单的物体来点缀作品，用户都可以在这里找到合适的模型。

（2）模型质量高：资源库中的模型都是经过精心设计和制作的，质量上乘。这些模型通常具有逼真的纹理和细节，能够为用户的作品增添真实感和立体感。

（3）易于搜索和使用：在资源库中查找模型非常简单。用户可以通过关键词搜索、分类浏览等方式快速定位到所需的模型。一旦找到模型，用户就可以将其导入"画图3D"软件，然后对其进行编辑和调整，以满足自己的创作需求。

（4）不断更新和扩展：随着技术的不断进步和用户需求的变化，3D 资源库也在不断更新和扩展。开发者会不断添加新的模型、优化搜索功能、提升用户体验，以满足用户的创作需求。

步骤二：导入图片。

复制一张待展示的图片，随后将其粘贴至 3D 画图软件中。完成粘贴后，单击软件右侧的"制作 3D 对象"按钮，如图 22-2 所示，以便将图片转化为 3D 对象。对于其余 5 张待展示的图片，也需按照这一步骤逐一操作。为了确保视觉效果的一致性，建议使用大小相同的图片。若图片大小存在差

图 22-2 "制作 3D 对象"按钮

异，可在导入后进行适当的调整，以确保整体效果协调统一。

步骤三：图片对齐六边形。

把所有的图片放到六边形的边上，旋转图片的角度，分别是 60°、120°、180°、240° 和 300°，目的是让这些图片的边缘与六边形的边缘对齐，如图 22-3 所示。

图 22-3　对齐六边形边缘

步骤四：删除六边形。

选中最中间的六边形，按 Delete 键删除六边形。

步骤五：按序设置图片。

选中最下面这张图片，选择"X-轴旋转"，如图 22-4 所示，竖着旋转 90°。全选所有图片，整体旋转 60°，如图 22-5 所示。

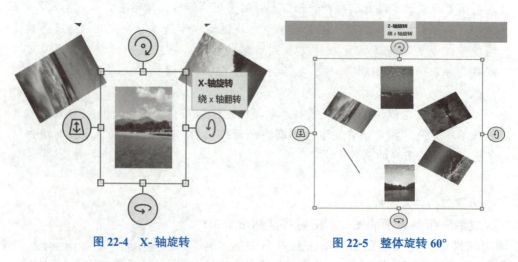

图 22-4　X-轴旋转　　　　图 22-5　整体旋转 60°

继续选中最下面的这张图片，选择"X-轴旋转"，竖着旋转 90°，再全选所有图片，整体旋转 60°。其余图片以此类推，直到把所有的图片都变成竖着的，如图 22-6 所示。

步骤六：调整角度，保存模型。

全选所有图片，选择"X-轴旋转"，竖着再旋转 –90°，一个 3D 图片模型就做好了。调整角度的操作也可以忽略，模型导入 PPT 后，可以在 PPT 中选择想要呈现的"3D 模型视图"，或在 PPT 中自行调整想要的视图角度。

在菜单栏中选择"文件"→"另存为"→"3D 模型"命令，保存制作完成的图片 3D 模型。

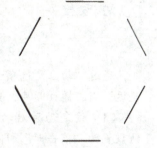

图 22-6　设置完的效果图

2. 导入 3D 模型完成动画设置

在 PPT 中插入 3D 模型，可以丰富演示文稿的视觉效果，使内容更加生动和具有立体感。

步骤一：导入 3D 模型。

将制作完成的 3D 模型巧妙地融入 PPT 中，有两种方法可供选择。

（1）在 3D 画图软件中，通过快捷键 Ctrl+A 实现全选，再借助快捷键 Ctrl+C 完成复制。随后，在 PPT 软件的幻灯片页面，通过快捷键 Ctrl+V 将模型粘贴到位，简单快捷，轻松实现 3D 模型与 PPT 的完美融合。

（2）在 PPT 软件中，单击菜单栏中的"插入"选项，选择"3D 模型"功能，定位到保存好的 3D 模型文件，单击插入，即可将该模型直接导入 PPT。

在插入 3D 模型后，PPT 的菜单栏会新增一个"3D 模型"菜单，如图 22-7 所示，可以在这个菜单下对插入的 3D 模型进行必要的编辑和设置。例如，可以直接挑选一个合适的"3D 模型视图"样式进行应用。如果视图样式不能满足需求，还可以对 3D 模型进行自由旋转。选中插入的 3D 模型，将鼠标放在模型的 3D 旋转按钮上，就可以对模型进行旋转，以调整到需要的视图角度。

图 22-7　"3D 模型"菜单

步骤二：设置动画效果。

选中插入的"3D 模型"，单击"动画"菜单，选择"转盘"动画，如图 22-8 所示。当添加了动画效果后，就需要设置动画的播放参数，以便确定动画的播放方式或效果。

图 22-8　转盘动画

知识链接

设置动画的基本参数和播放顺序

通过"动画"选项卡的"计时"选项组可设置动画的开始时间、持续时间、延迟时间、播放顺序，如图22-9所示。

（1）设定动画启动时机。动画的启动时机默认设置为"单击时"，即需要用户单击才能触发动画播放。然而，通过单击"开始"后的下拉列表按钮，可以选择"与上一动画同时"或"上一动画之后选项。若选择"与上一动画同时"，则当前动画将与同一张幻灯片中的前一个动画同步播放；若选择"上一动画之后"，则当前动画将在前一个动画播放完毕后才开始播放，确保动画之间的衔接更为流畅。

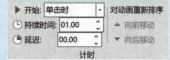

图22-9 "计时"选项组

（2）调整动画播放速度。动画的播放速度可以通过调整"持续时间"来精确控制。根据需求，可以轻松设定动画的播放时长，使其符合演示节奏。

（3）设置动画延迟时间。若希望控制动画之间的衔接，让观众能够更清晰地观察到每个动画的内容，可以通过调整"延迟时间"来实现。在设定的延迟时间到达后，动画才会开始播放，从而确保动画之间的过渡自然且易于理解。

（4）调整动画播放次序。若需要在同一张幻灯片内调整多个动画的播放次序，只需单击相应的对象或动画编号标记以选中动画。随后，利用"对动画重新排序"下方的"向前移动"或"向后移动"按钮，可以轻松改变动画的播放顺序，确保演示的逻辑性和连贯性。

在"动画"选项卡的"高级动画"组中，单击"动画窗格"按钮，便会呈现出一个详尽的"动画窗格"界面。选中已设置的3D模型动画，并单击其右侧的小三角，在弹出的列表中选择"效果选项"，便可进一步调整和优化动画效果，如图22-10所示。例如，可以设置"转盘"动画的效果持续播放直到幻灯片末尾，如图22-11所示。

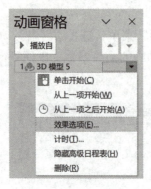 

图22-10 动画窗格　　图22-11 效果设置

知识链接

动画窗格

"动画窗格"是 PowerPoint 中一项非常实用的功能,它允许用户查看、编辑和管理幻灯片中的动画效果。

(1)查看动画效果:当在幻灯片中设置了动画后,这些动画会在"动画窗格"中列出。每个动画都有一个序号,表示它在幻灯片中出现的顺序。选中某个对象后,其对应的动画序号会变成橙色底纹,便于识别。

(2)调整动画顺序:在"动画窗格"中,用户可以轻松调整动画的播放顺序。只需选中一个或多个动画,然后使用窗格列表右上角的上下按钮,或者直接通过拖动鼠标到目标位置来重新排序。

(3)编辑或删除动画:在"动画窗格"中,用户可以方便地编辑或删除动画。选中动画后,单击动画右侧的小三角,在弹出的列表里选择"效果选项"或"删除"等。

(4)预览动画效果:无须播放整个幻灯片,用户可以通过"动画窗格"预览动画效果。选中某个动画后,单击播放即可预览该动画的播放效果,也可以不选中,直接单击"全部播放",即可浏览当前幻灯片页面的所有动画效果,这对于调整和检查动画非常有帮助。

任务 2　iSlide 插件赋能 PPT 设计

任务描述

通过运用 iSlide 插件的丰富功能和便捷操作,如幻灯片布局设计、主题配色选择、动画效果添加、图表制作等,快速高效地完成 PPT 的创意设计。

安装 iSlide 插件

任务实施

1. 安装 iSlide 插件

步骤一:下载并安装 iSlide 插件。

从 iSlide 的官方网站获取 iSlide 插件的安装包。下载完成后,双击打开安装包,按照提示进行安装。

步骤二:验证安装成功与否。

安装完成后,启动 Microsoft PowerPoint,在顶部菜单栏中,一般能看到一个名为"iSlide"的新菜单,这表示 iSlide 插件已成功安装到 PowerPoint 中。

如果打开 Microsoft PowerPoint 后并没有发现 iSlide 插件，这时就需要手动加载。打开"开发工具"菜单，选择"COM 加载项"，弹出"COM 加载项"对话框，在该对话框中勾选"iSlide Tools"复选框，如图 22-12 所示，单击"确定"按钮即可。

图 22-12　"COM 加载项"对话框

知识链接

"开发工具"菜单

通常情况下，"开发工具"菜单并不会默认显示，而是需要手动进行调出。调出方法：在 PowerPoint 的顶部菜单栏中找到并单击"文件"菜单，接着在下拉列表中选择"选项"。在弹出的"PowerPoint 选项"窗口中，单击"自定义功能区"选项卡，在右侧的"主选项卡"列表中勾选"开发工具"复选框，最后单击"确定"按钮即可。

如果 PPT 软件的菜单栏中还是没出现"iSlide"，可以尝试打开 iSlide 诊断工具箱。方法：在计算机"开始"菜单的 iSlide Tools 组中，选择"iSlide 诊断工具箱"，如图 22-13 所示。在弹出的"工具箱"窗口中，单击"一键诊断"，选择"自动修复"按钮完成对检出问题的修复，如图 22-14 所示。注意：修复后需要重启 PowerPoint 软件。如果还是未能解决问题，可以在 iSlide 官网上寻求在线帮助。

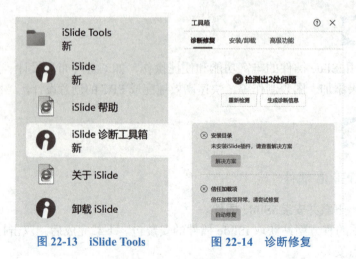

图 22-13　iSlide Tools　　　图 22-14　诊断修复

2. 使用 iSlide 插件

运用 iSlide 插件围绕"绿色技能"主题创作一份具有创意设计和动画效果的 PPT。

项目 22 | PPT 的创意设计

 和谐共生

绿色技能在当今社会变得越来越重要，这主要是因为环境问题和可持续发展已成为全球面临的重要挑战。随着全球人口的增长、资源的日益稀缺和环境污染的加剧，必须转向可持续的生活方式、消费模式、发展模式。

党的二十大报告指出："中国式现代化是人与自然和谐共生的现代化。人与自然是生命共同体，无止境地向自然索取甚至破坏自然必然会遭到大自然的报复。我们坚持可持续发展，坚持节约优先、保护优先、自然恢复为主的方针，像保护眼睛一样保护自然和生态环境，坚定不移走生产发展、生活富裕、生态良好的文明发展道路，实现中华民族永续发展。"

人类依赖自然环境提供的资源来维持生存和发展，同时人类的活动也对自然环境产生影响。因此，保护和维护自然环境的平衡与稳定，实现人与自然的和谐共生，是人类社会可持续发展的重要前提。绿色技能不是只有高科技行业、专业人士才具有的技能，而是各行各业都可以拥有的技能，并且青年时刻可以以一种饱满向上的学习心态不断打造自己的绿色技能，服务社会、绿色消费、减塑捡塑、助力"众生的地球"，推动人与自然和谐共生。

步骤一：打开 iSlide 插件。

打开 PowerPoint 软件，新建一份演示文稿，切换到"iSlide"菜单，如图 22-15 所示。借助"iSlide AI"工具可以快速生成符合主题的 PPT 初稿。

图 22-15 "iSlide"菜单

步骤二：使用"iSlide AI"快速生成 PPT。

单击"iSlide AI"，打开"iSlide AI"窗口，在该窗口中选择"生成 PPT"，在对话框中输入"绿色技能"主题，如图 22-16 所示，单击发送后等待"iSlide AI"生成 PPT 大纲，如图 22-17 所示。如果生成的大纲未能完全满足期望，单击"编辑"按钮，即可进入修改模式。根据需求对大纲进行针对性调整。修改完毕后，单击"生成 PPT"，iSlide AI 便会迅速呈现一份完整且符合主题的 PPT。

知识链接

iSlide AI

iSlide AI 工具是 iSlide 推出的强大智能辅助工具，能够帮助用户更快、更高效地完成 PPT 制作。嵌入 PPT 的 iSlide AI 界面具备高度自定义性，支持实

现窗口最小化以浮于 PPT 操作界面之上。用户可通过简便的鼠标拖曳，灵活地调整窗口尺寸。此外，一键分屏功能进一步提升了 PPT 操作的灵活性和便捷性。

（1）AI 文本优化。生成 PPT 大纲、生成单页、替换单页、精简文本、扩充文本、润色文本、拆分文本和生成标题等多个功能，能够自动去除文本中的冗余信息，生成相关的段落、标题、列表等文本内容，自动检测并纠正文本中的语法、拼写和标点等错误，以及按照标点符号或指定字符进行文本拆分，让文本更加精准、规范、易读，大大提高用户的文本处理效率和质量。

（2）AI 辅助设计。在线资源库快速筛选（插入模板图示/图表、插图/图片等）、快速对齐设计工具、文本框设计工具、快速形状插入工具等，进一步提升 PPT 制作效率。

使用 iSlide 完善演示文稿

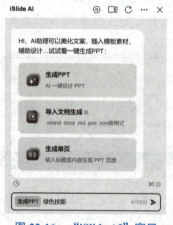

图 22-16 "iSlide AI" 窗口

图 22-17 "iSlide AI" 大纲生成

步骤三：添加图表。

iSlide 图表库提供专业的 PPT 条形图、柱状图、渐变图、环形图、饼状图等 Excel 可编辑的数据图表模板，同时，还提供智能图表，通过参数调节快速实现数据和图形的精准表达，将数据以更直观、灵活的形式展示给观众，轻松实现数据视觉化设计。例如，给 PPT 页面添加智能图表，用直观的数据呈现绿色技能人才的占比。

方法：单击"iSlide"菜单下的"图表库"按钮，弹出"图表库"窗口，在该窗口中可以看到右侧的"筛选"按钮，如图 22-18 所示，单击该按钮后，会进入高级筛选界面，在此界面中，可以设置"权限""分类""格式"等，以便筛选出符合条件的图表。例如，选择"免费"和"智能图表"，如图 22-19 所示。完成筛选条件的设置后，单击"确定"按钮，即可返回"图表库"窗口。在窗口中，可以浏览并挑选一幅智能图表，以便为演示文稿增添生动而专业的视觉效果。

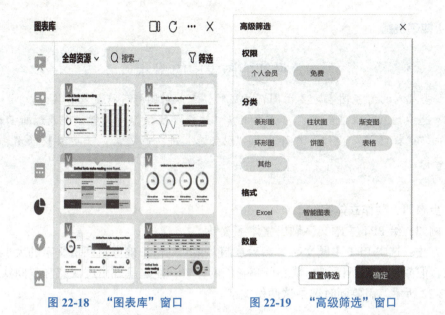

图 22-18 "图表库"窗口　　图 22-19 "高级筛选"窗口

插入智能图表后，选择右上角的"编辑"按钮可对智能图表的数据进行调整。例如，通过"添加"复制一份智能图表，设置相关参数和颜色，如图 22-20 所示。

图 22-20　编辑智能图表

在占位符中添加相对应的文本内容，最终的效果如图 22-21 所示。

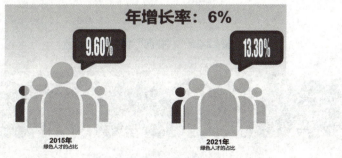

图 22-21　最终效果图

知识链接

替换智能图表中的图标

当插入的智能图表主要由图标构成时，可以对图标进行灵活替换修改。

选中插入的智能图表，单击左上角"编辑"按钮，打开智能图表编辑面板，单击"选择图标"按钮，在弹出的"图标库"进行筛选后，选中替换的图标即可替换。

步骤四：制作立体字。

例如：给 PPT 主题文字做出立体字效果。

方法：选中 PPT 主题文字，然后复制并粘贴一份，确保这两份文字的大小保持一致，但颜色要有所区别。精心调整它们的位置，使之呈现出层次感和空间感，如图 22-22 所示，需要同时选中这两份文字。

图 22-22　文字位置

在"iSlide"菜单的"动画"选项卡中，找到并单击"补间"按钮，弹出"补间"窗口，按图 22-23 所示设置参数，并单击"应用"按钮。此时，iSlide 插件将自动生成一个立体字效果，如图 22-24 所示，使文字仿佛跃然于屏幕之上，更具立体感和视觉冲击力。

图 22-23　"补间"窗口参数设置

制作立体字

图 22-24　立体字效果

为进一步增强立体效果，可以尝试调整补间动画的参数，如动画时长、补间数量等，让立体字的呈现更加自然流畅。此外，还可以结合 PPT 的其他功能，如阴影、倒影等，来进一步增强文字的立体感。

知识链接

"补间"动画

1. 功能描述

在两个相同形状 A、B（不同大小，格式属性）之间，按设置数量，补充创建中间的过渡形状，同时可设置动画，实现 A 到 B 的动画过渡示意，补间常用于创建形状的大小过渡，和形状色阶示意。

2. 参数说明

（1）补间数量：设置两个形状之间过渡的数量（设置数量过大可能会导致编辑性能下降）。

（2）添加动画：若勾选，补间后将自动生成动画。

（3）每帧时长：每一帧生成动画的单位时长。

（4）高级设置：可独立设置两个补间形状之间过渡的格式属性，每个设置项内还有对应的设置参数。

步骤五：添加动画效果。

平滑切换是 PPT 自带的页面切换效果。而平滑过渡，则是 iSlide 插件中的元素动画效果。平滑过渡的优点在于，它可以在一页 PPT 中就完成过渡效果，还能精确控制各元素的动画时间，这就为页面元素的动画添加增添了更多的可能性。通常情况下"平滑过渡"常用于两个形状之间的等比例缩放、旋转过渡、颜色过渡、位置过渡等。

例如：给页面中的多个元素，设计自页面中心向外扩散的效果。选取本任务步骤二中利用"iSlide AI"快速生成的 PPT 中的一个页面，如图 22-25 所示。在挑选 PPT 页面时，可以根据个人喜好或实际需要，选择任何适合的页面来进行设计制作。

图 22-25 案例页面

笔记

方法：先选中整体，原位复制一份，按住快捷键 Ctrl+Shift 中心缩小，并取消所有形状的组合，如图 22-26 所示。

向内聚合动画

图 22-26　取消组合

不选中任何形状，点击"iSlide"菜单"动画"选项卡中的"扩展"按钮，在弹出的下拉列表中选择"平滑过渡"，弹出的窗口如图 22-27 所示。根据图 22-27 的提示，先选小形状"01"，按住 Shift 键，再选外侧的大形状"01"，调整"平滑过渡"的相关参数，如图 22-28 所示，点击"应用"按钮。依次对图中的其他形状添加平滑过渡，这样形状会由小变大，由内向外；还可以将缩小的形状全部删除，只保留大形状即可。此外，通过调整动画延迟，形状的出现会更有层次。

图 22-27　"平滑过渡"窗口　　　图 22-28　设置平滑参数

知识链接

"序列化"和"时间缩放"

"序列化"和"时间缩放"是 iSlide 动画功能中的一部分。

1. 序列化

可以按一定规则设置一组动画出现的时长或动画延迟，常用于设置多个元素动画的随机出现效果。通过 iSlide 动画功能中的序列化，只需要设置一个最小值和最大值（时间），在"序列选项"中选择"随机序列"，就可以在最小和最大时间值之间随机建立延时，实现打乱出现效果。同样的方式，也可以实现动画时长的随机设置。应用 iSlide 序列化中的随机"延迟时间"和"动画时长"组合的方式，可以实现更多动画创意效果。参数说明如下。

（1）延迟时间：间隔多久之后才执行动画效果。
（2）动画时长：当前动画效果持续的时间。

2. 时间缩放

当 PPT 存在背景音乐，需要根据音乐，调整动画的整体时长，以配合音乐节奏时，可以使用时间缩放功能来更准确地调整动画的整体时长，避免烦琐地逐个动画调整。

通过调整"时间缩放"窗口中的"缩放比例"，来控制动画的整体时长，从而达到动画持续时间的快速调整。例如：一个 PowerPoint 页面动画总时长为 8 s，其中动画延迟 2 s，设置"时间缩放"的"缩放比例"为 0.5，则时间缩放为原动画的 50%，设置后该页面动画总时长为 4 s，动画延迟为 1 s。

项目小结

本项目以团队协作的方式完成，任务实施前先组建团队，明确组长人选和小组任务分工，填写表 22-1。

表 22-1 学生任务分配表

组号		成员数量	
组长			
组长任务			
组员姓名	学号	任务分工	

根据任务分工要求，协作完成相关的操作，并填写任务报告，见表 22-2。

表 22-2　任务报告表

学生姓名		学号		班级	
实施地点			实施日期	年　月　日	
任务类型	□演示性　□验证性　□综合性　□设计研究　□其他				
任务名称					
一、任务中涉及的知识点					
二、任务实施环境					
三、实施报告（包括实施内容、实施过程、实施结果、所遇到的问题、采用的解决方法、心得反思等）					
小组互评					
教师评价				日期	

自我提升

引导问题 1：查询资料，了解其他 3D 模型制作软件，对比不同的操作方法。

引导问题 2：使用 "iSlide AI" 的 "导入文档生成" 功能时有哪些注意事项？

引导问题 3：自主学习，iSlide 插件还有哪些快速高效的功能？利用这些功能结合 PPT 自带的相关功能，根据 "iSlide AI" 自动生成的 "绿色技能" 主题 PPT 进行创意设计，从而打造出既符合主题要求又独具特色的演示文稿。

评价反馈

考核学生的专业能力和关键能力，采用过程性评价和结果评价相结合、定性评价与定量评价相结合的考核方法，填写考核评价表。注重学生动手能力和在实践中分析问题、解决问题能力的考核，对于在学习和应用上有创新的学生应给予特别鼓励（表 22-3）。

表 22-3 考核评价表

评价项目	评价内容		分值	自评	师评
相关知识（20%）	掌握了 3D 图片旋转动画的制作方法		10		
	掌握了 iSlide 插件的基本功能和操作方法		10		
工作过程（80%）	计划方案	工作计划制订合理、科学	10		
	自主学习	有计划地进行相关信息的探索，发现问题能及时和教师或同学讨论交流	15		
	任务及汇报	参见 "任务报告表" 任务完成情况进行评估	40		
	职业素养	注重团队合作，态度端正，工作认真、主动；具有良好的计算机使用习惯，爱护公共设施与环境	15		
附加分	考核学生的创新意识，在工作中有突出表现或特色做法		5		

参考文献

[1] 许春艳，杨柏婷，张静，等. 人工智能导论（通识版）[M]. 北京：电子工业出版社，2022.
[2] 郭新，任红卫. Python 与人工智能应用技术 [M]. 北京：电子工业出版社，2023.
[3] 聂哲，肖正兴. 人工智能技术导论 [M]. 北京：中国铁道出版社有限公司，2019.
[4] 耿煜. 人工智能基础 [M]. 北京：电子工业出版社，2022.
[5] 史荧中，钱晓忠. 人工智能应用基础 [M]. 北京：电子工业出版社，2020.
[6] 陈锐，王恒心，葛鹏. 人工智能应用与体验 [M]. 北京：机械工业出版社，2023.
[7] 周连兵，纪兆华，李京文. 人工智能应用基础 [M]. 东营：中国石油大学出版社，2021.
[8] 李华晶. 人工智能与创新创业十讲 [M]. 北京：机械工业出版社，2021.
[9] 高登，刘洋，原锦明. Python 编程案例教程 [M]. 2 版. 北京：航空工业出版社，2021.
[10] 王万良，王铮. 人工智能应用教程 [M]. 北京：清华大学出版社，2023.
[11] 李永胜，谢晴. 人工智能与计算机应用实践教程 [M]. 北京：电子工业出版社，2023.